"十二五"国家重点图书出版规划项目

重大生产安全事故情景构建理论与方法
——基于高含硫油气田井喷等重大事故应急准备研究

刘铁民 等◎著

本书受国家科技支撑计划课题"城镇生命线系统安全运行与应急处置技术研究与示范"(编号：2015BAK12B01)和国家自然科学基金重大研究计划集成项目"突发事件应急准备与应急预案体系研究"(编号：91024031)资助

科学出版社

北　京

内 容 简 介

本书基于重大事故灾难风险治理的思想,从科学、技术和工程应用三个层面,系统阐述以情景构建为基础,以应急准备规划区为核心载体,以应急预案、监测预警、公众保护和能力评估等为支撑的高风险油气田重大事故情景构建理论及技术体系框架,由此可能形成新的"事故预防与应急准备并重"的重大工程技术灾难应对策略,对我国应急准备规划、应急预案管理和应急培训演练等一系列应急管理工作实践及公共安全科技发展具有重要的支撑和指导作用。

本书可供各级政府、相关部门和企事业单位从事安全生产监管、应急管理的人员,特别是高含硫油气田设计、开发的技术人员参考,也可作为高等院校安全工程、应急管理专业高年级本科生和研究生的参考用书。

图书在版编目(CIP)数据

重大生产安全事故情景构建理论与方法:基于高含硫油气田井喷等重大事故应急准备研究 / 刘铁民等著. —北京:科学出版社,2017.1
(公共安全应急管理丛书)
ISBN 978-7-03-049038-4

Ⅰ. ①重… Ⅱ. ①刘… Ⅲ. ①油气钻井-井喷-工程事故-应用系统-研究-中国 Ⅳ. ①TE28

中国版本图书馆 CIP 数据核字(2016)第 141889 号

责任编辑:马 跃 李 莉 王丹妮 / 责任校对:赵桔芬
责任印制:霍 兵 / 封面设计:无极书装

科学出版社 出版
北京东黄城根北街 16 号
邮政编码:100717
http://www.sciencep.com

中国科学院印刷厂 印刷
科学出版社发行 各地新华书店经销

*

2017 年 1 月第 一 版 开本:720×1000 1/16
2017 年 1 月第一次印刷 印张:22
字数:440 000

定价:152.00 元
(如有印装质量问题,我社负责调换)

丛书编委会

主　编

　　范维澄　教　授　清华大学
　　郭重庆　教　授　同济大学

副主编

　　吴启迪　教　授　国家自然科学基金委员会管理科学部
　　闪淳昌　教授级高工　国家安全生产监督管理总局

编　委（按姓氏拼音排序）

　　曹河圻　研究员　国家自然科学基金委员会医学科学部
　　邓云峰　研究员　国家行政学院
　　杜兰萍　副局长　公安部消防局
　　高自友　教　授　国家自然科学基金委员会管理科学部
　　李湖生　研究员　中国安全生产科学研究院
　　李仰哲　局　长　国家发展和改革委员会经济运行调节局
　　李一军　教　授　国家自然科学基金委员会管理科学部
　　刘　克　研究员　国家自然科学基金委员会信息科学部
　　刘铁民　研究员　中国安全生产科学研究院
　　刘　奕　副教授　清华大学
　　陆俊华　副省长　海南省人民政府
　　孟小峰　教　授　中国人民大学
　　邱晓刚　教　授　国防科技大学
　　汪寿阳　研究员　中国科学院数学与系统科学研究院
　　王飞跃　研究员　中国科学院自动化研究所
　　王　垒　教　授　北京大学
　　王岐东　研究员　国家自然科学基金委员会计划局

王　宇	研究员	中国疾病预防控制中心
吴　刚	研究员	国家自然科学基金委员会管理科学部
翁文国	教　授	清华大学
杨列勋	研究员	国家自然科学基金委员会管理科学部
于景元	研究员	中国航天科技集团710所
张　辉	教　授	清华大学
张　维	教　授	天津大学
周晓林	教　授	北京大学
邹　铭	副部长	民政部

本书课题组成员名单

主编
　　刘铁民
编委
　　郭再富　席学军　邓云峰　王永明
　　姜传胜　江田汉　李　群　周建新
　　王建光　朱　慧　徐永莉

总　　序

自美国"9·11事件"以来，国际社会对公共安全与应急管理的重视度迅速提升，各国政府、公众和专家学者都在重新思考如何应对突发事件的问题。当今世界，各种各样的突发事件越来越呈现出频繁发生、程度加剧、复杂复合等特点，给人类的安全和社会的稳定带来更大挑战。美国政府已将单纯的反恐战略提升到针对更广泛的突发事件应急管理的公共安全战略层面，美国国土安全部2002年发布的《国土安全国家战略》中将突发事件应对作为六个关键任务之一。欧盟委员会2006年通过了主题为"更好的世界，安全的欧洲"的欧盟安全战略并制订和实施了"欧洲安全研究计划"。我国的公共安全与应急管理自2003年抗击"非典"后受到从未有过的关注和重视。2005年和2007年，我国相继颁布实施了《国家突发公共事件总体应急预案》和《中华人民共和国突发事件应对法》，并在各个领域颁布了一系列有关公共安全与应急管理的政策性文件。2014年，我国正式成立"中央国家安全委员会"，习近平总书记担任委员会主任。2015年5月29日中共中央政治局就健全公共安全体系进行第二十三次集体学习。中共中央总书记习近平在主持学习时强调，公共安全连着千家万户，确保公共安全事关人民群众生命财产安全，事关改革发展稳定大局。这一系列举措，标志着我国对安全问题的重视程度提升到一个新的战略高度。

在科学研究领域，公共安全与应急管理研究的广度和深度迅速拓展，并在世界范围内得到高度重视。美国国家科学基金会（National Science Foundation，NSF）资助的跨学科计划中，有五个与公共安全和应急管理有关，包括：①社会行为动力学；②人与自然耦合系统动力学；③爆炸探测预测前沿方法；④核探测技术；⑤支持国家安全的信息技术。欧盟框架计划第5~7期中均设有公共安全与应急管理的项目研究计划，如第5期（FP5）——人为与自然灾害的安全与应急管理，第6期（FP6）——开放型应急管理系统、面向风险管理的开放型空间数据系统、欧洲应急管理信息体系，第7期（FP7）——把安全作为一个独立领域。我国在《国家中长期科学和技术发展规划纲要（2006—2020年）》中首次把公共安全列为科技发展的11个重点领域之一；《国家自然科学基金"十一五"发展规划》把"社会系统与重大工程系统的危机/灾害控制"纳入优先发展领域；国务院办公厅先后出台了《"十一五"期间国家突发公共事件应急体系建设规划》、《国家突发事件应急体系建设"十二五"规划》、《国家综合防灾减灾规划（2011—2015年）》和《关于加快应急产业发展的意见》等。在863、973等相关科技计划中也设立了一批公共安全领域的重大项目和优先资助方向。

针对国家公共安全与应急管理的重大需求和前沿基础科学研究的需求，国家自然科学基金委员会于2009年启动了"非常规突发事件应急管理研究"重大研究计划，遵循"有限目标、稳定支持、集成升华、跨越发展"的总体思路，围绕应急管理中的重大战略领域和方向开展创新性研究，通过顶层设计，着力凝练科学目标，积极促进学科交叉，培养创新人才。针对应急管理科学问题的多学科交叉特点，如应急决策研究中的信息融合、传播、分析处理等，以及应急决策和执行中的知识发现、非理性问题、行为偏差等涉及管理科学、信息科学、心理科学等多个学科的研究领域，重大研究计划在项目组织上加强若干关键问题的深入研究和集成，致力于实现应急管理若干重点领域和重要方向的跨域发展，提升我国应急管理基础研究原始创新能力，为我国应急管理实践提供科学支撑。重大研究计划自启动以来，已立项支持各类项目八十余项，稳定支持了一批来自不同学科、具有创新意识、思维活跃并立足于我国公共安全核应急管理领域的优秀科研队伍。百余所高校和科研院所参与了项目研究，培养了一批高水平研究力量，十余位科研人员获得国家自然科学基金"国家杰出青年科学基金"的资助及教育部"长江学者"特聘教授称号。在重大研究计划支持下，百余篇优秀学术论文发表在SCI/SSCI收录的管理、信息、心理领域的顶尖期刊上，在国内外知名出版社出版学术专著数十部，申请专利、软件著作权、制定标准规范等共计几十项。研究成果获得多项国家级和省部级科技奖。依托项目研究成果提出的十余项政策建议得到包括国务院总理等国家领导人的批示和多个政府部门的重视。研究成果直接应用于国家、部门、省市近十个"十二五"应急体系规划的制定。公共安全和应急管理基础研究的成果也直接推动了相关技术的研发，科技部在"十三五"重点专项中设立了公共安全方向，基础研究的相关成果为其提供了坚实的基础。

重大研究计划的启动和持续资助推动了我国公共安全与应急管理的学科建设，推动了"安全科学与工程"一级学科的设立，该一级学科下设有"安全与应急管理"二级学科。2012年公共安全领域的一级学会"（中国）公共安全科学技术学会"正式成立，为公共安全领域的科研和教育提供了更广阔的平台。在重大研究计划执行期间，还组织了多次大型国际学术会议，积极参与国际事务。在世界卫生组织的应急系统规划设计的招标中，我国学者组成的团队在与英、美等国家的技术团队的竞争中胜出，与世卫组织在应急系统的标准、设计等方面开展了密切合作。我国学者在应急平台方面的研究成果还应用于多个国家，取得了良好的国际声誉。各类国际学术活动的开展，极大地提高了我国公共安全与应急管理在国际学术界的声望。

为了更广泛地和广大科研人员、应急管理工作者以及关心、关注公共安全与应急管理问题的公众分享重大研究计划的研究成果,在国家自然科学基金委员会管理科学部的支持下,由科学出版社将优秀研究成果以丛书的方式汇集出版,希望能为公共安全与应急管理领域的研究和探索提供更有力的支持,并能广泛应用到实际工作中。

为了更好地汇集公共安全与应急管理的最新研究成果,本套丛书将以滚动的方式出版,紧跟研究前沿,力争把不同学科领域的学者在公共安全与应急管理研究上的集体智慧以最高效的方式呈现给读者。

重大研究计划指导专家组

前　言

重大生产安全事故是企业生产经营活动与国家公共安全最主要的威胁和挑战，由于重大或特别重大生产安全事故，具有极端小概率、巨大破坏性和应急处置非常困难的特点，必须对其风险做好应急准备，应急准备不足是重大生产安全事故频繁发生和造成严重伤亡后果的主要原因。现代应急管理的思想认为：要将传统的以应急处置为主的应急工作转变为以应急准备为基础的思想。情景构建是21世纪初在国际上引起高度重视的应急准备理论与方法。情景构建可以为应急准备提供一致性的目标和规律性的范式，从这个意义上讲，传统的以应急处置为主的方法是一种被动应急，而基于情景构建的应急准备则是主动应急的范式。

本书为高含硫油气田勘探开发的安全生产提供科学的应急准备理论与方法，提出基于情景构建应急准备的技术路线。本书不但可以为石油天然气开发企业的安全生产提供管理依据，同时也可以为有效保护高风险油气田开发区域公众安全提供一套较完整的解决方案，对应对同类重大突发事件风险具有一定的示范意义。

本书设置研究背景、高风险油气田重大事故情景构建理论与方法、重大事故应急准备规划区技术与方法、重大事故应急准备关键技术研发与应用和基于演练的应急准备能力压力测试评估方法五个章节。

本书是基于"十一五"国家科技支撑计划课题"高风险油气田重大事故预防及应急救援技术"（编号：2008BAB37B05）、国务院应急管理办公室2009年研究课题"国外应急预案编制对完善我国应急预案体系建设的启示"、国家自然科学基金重点项目"城市重大危机事件动态演化及应急行为规律研究"（编号：70833006）等相关成果和国家自然科学基金重大研究计划"非常规突发事件应急管理研究"的资助。

在本书撰写过程中，所引用的文献资料，在参考文献中均尽力给予客观全面的说明，在此深表感谢。

作者在本书的撰写过程中尽了最大的努力，但由于水平有限，不足之处敬请读者和有关专家批评指正。

刘铁民

2016年于北京

目 录

第1章 高风险油气田安全生产与重大事故概论 ··················· 1
  1.1 总体思路 ··· 2
  1.2 国内外概况 ··· 3
  1.3 中石油川东北气矿"12·23"井喷事故案例研究分析报告 ····· 7

第2章 高风险油气田重大事故情景构建理论与方法 ··············· 63
  2.1 重大事故情景构建理论 ······································· 63
  2.2 含硫气田井喷事故情景原型 ··································· 69

第3章 重大事故应急准备规划区技术与方法 ······················ 73
  3.1 井喷事故后果分析技术 ······································· 74
  3.2 基于井喷事故情景的含硫气井应急准备规划区划分方法 ····· 77

第4章 重大事故应急准备关键技术研发与应用 ··················· 114
  4.1 基于情景-任务-能力的应急预案编制技术 ················· 114
  4.2 基于风险管理的高风险油气田重大事故现场监测预警技术及系统
    ·· 151
  4.3 基于情景应对的公众安全保护技术 ························· 181
  4.4 应用前景展望 ·· 230

第5章 基于演练的应急准备能力压力测试评估方法——以×省大面积停电应急演练评估为例 ··· 232
  5.1 前言 ··· 232
  5.2 应急演练评估技术概述 ······································ 233
  5.3 演练评估方法与内容 ·· 237
  5.4 演练评估 ··· 242
  5.5 评估结果分析 ·· 272
  5.6 评估改进建议 ·· 277

附录1 《应急演练评估表》和《应急演练反馈表》数据统计 ······· 281

附录 2　×省 2014 年应对"西电东送"大通道故障应急综合演练评估手册 ………………………………………………………………………… 297

附录 3　国外应急演练理论与实践介绍 ………………………………… 314

参考文献 ……………………………………………………………………… 325

第 1 章

高风险油气田安全生产与重大事故概论

天然气是当今世界主要的能源和重要的化工原料,广泛应用于人类社会活动的各个领域,深深地渗透在人们生活的方方面面。天然气是由各种碳氢化合物组成的混合物,具有易扩散、易燃、易爆等特点,油气田开发过程中本身就存在重大的天然气泄漏及火灾爆炸事故风险,特别是天然气中含有硫化氢(H_2S)的气田,风险更为突出。

我国天然气资源蕴藏量丰富,但其中很多含硫气藏。至 2007 年年底,我国累计探明高含硫天然气储量已超过 7 000 亿立方米,约占探明天然气总储量的 1/6。我国的含硫气田在四川盆地、鄂尔多斯盆地、塔里木盆地和渤海湾盆地等主要油气产区都有不同程度分布,而川渝地区分布最广,目前该地区规模最大的罗家寨气田、普光气田及龙岗气田均已投入开发。随着我国经济对天然气能源的依赖程度加深,国内众多含硫天然气田的大规模开发成为迫切需求。

硫化氢是一种无色、可燃、比空气略重的气体,有臭鸡蛋气味,硫化氢的毒性较一氧化碳的毒性大五至六倍,几乎与氰化物同样剧毒,当人吸入极高浓度的硫化氢时,将在极短时间内发生闪电型死亡;同时硫化氢化学活性大,溶于水会形成弱酸,对金属的强烈腐蚀作用会导致电化学失重腐蚀、氢脆和硫化物应力腐蚀开裂,能加速非金属材料的老化,并对钻井液造成污染;而氢脆破坏往往会造成井下管柱的突然断裂、地面管汇和仪表的爆炸、井口装置的破坏,甚至发生严重的井喷失控或着火事故,也可能造成井内套管腐蚀开裂,气体沿着裂缝窜至地面,导致重特大安全事故的发生。

含硫气田由于其特殊的气藏地质特征和安全清洁开发需要,开发工程技术比一般气田更复杂、要求更高,开发过程主要涉及钻完井工程、采气工程、地面集输工程、天然气净化工程等方面。国外含硫化氢气田开发从 20 世纪中叶开始至今已有半个多世纪，经过不断探索和实践，加拿大、美国、法国、俄罗斯等国家逐步建立了一套较为完整的开发技术及管理体系，有效保障了含硫天然气的安全开发和利用，而目前国内尚无完善的指导含硫气藏合理开采的开发工程技术标准，也没有形成系统开发含硫气藏的实践经验。

含硫气田的钻探开发是石油工业的一个世界性难题，按照国际通行的标准，天然气中硫化氢含量超过0.05%就会威胁生命安全，而我国的含硫气田天然气中硫化氢含量极高，如普光气田硫化氢平均含量达15%，而目前国内发现的气田又大都分布在人口稠密、地形复杂的地区，这就更增加了开发的风险和难度。国内对该类气田的钻探开发经验不足，技术不成熟，存在着严重安全隐患。近年来，我国含硫气田勘探开发的安全生产形势严峻，在国内江汉、新疆、胜利、华北、四川等油气田区相继发生了多起重特大井喷失控、硫化氢中毒事故，造成大量人员伤亡或导致大量群众疏散，给社会带来了严重不良影响。据不完全统计，自1990年以来，我国含硫气田已发生10余次事故，造成大量人员伤亡及财产损失，特别是2003年12月23日重庆开县罗家16H井井喷事故，富含硫化氢的气体从钻具喷涌出来达30米高程，失控的有毒气体随空气迅速扩散，导致在短时间内发生大面积灾害，人民群众的生命财产遭受了巨大损失。据统计，井喷事故造成9.3万余人受灾，6.5万余人被迫疏散转移，累计门诊治疗27 011人次，住院治疗2 142人次，243人遇难，直接经济损失达9 262.7万元。

我国含硫气田处于勘探开发初期，相关人员及装备的技术水平、质量和安全管理体系、含硫气田整体开发经验等方面和国外差距非常明显。目前，由于该领域的安全技术保障体系尚未形成，可遵循的含硫气田开发安全环保标准不多，国外标准又不适应我国含硫气田环境的特殊性。含硫气田开发单位大都采用常规设备和技术加以调整，再结合经验进行设计和施工，一旦遇到复杂情况，只能仓促应对，往往就会造成更加复杂的情况，甚至严重事故。如此，也导致了目前部分已探明的含硫气田被迫交由外国公司开发的现状，造成了巨大的社会效益和经济效益损失。

1.1 总体思路

面向我国高风险油气田安全高效开发的重大需求，以公众保护为核心目标，从科学—技术—工程应用三个层面，针对高风险油气田重大事故情景构建理论与方法、重大事故应急准备规划区技术与方法、重大事故应急准备关键技术研发与应用进行剖析，建立基于重大突发事件情景的高风险油气田应急准备理论及关键技术，解决高风险油气田勘探开发全过程的安全"短板"问题，为政府监管和企业安全生产提供有效的科技支撑,确保我国高风险油气田实现安全勘探开发。

针对我国高风险油气田安全勘探开发的迫切需求及总体目标,通过对相关问题的调研、思考及设计,本书主要内容分为三大部分,如图 1.1 所示。

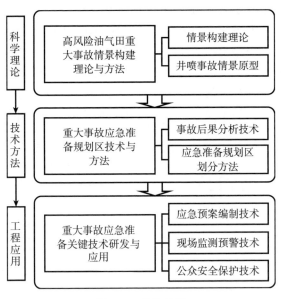

图 1.1　总体思路

1.2　国内外概况

1.2.1　突发事件情景构建

突发事件情景构建是当前公共安全领域最前沿的科学问题之一,国内外学界对这一方向的研究成果给予关注,并不完全在于其重要的理论价值,更主要的是重大突发事件情景规划对应急准备规划、应急预案(deliberative planning)管理和应急培训演练等一系列应急管理工作实践具有不可或缺的支撑和指导作用,"情景"引领和整合,可以使应急管理中规划、预案和演练三大主体工作在目标和方向上能够保持一致。近几年,国外在重大突发事件情景构建的科学研究取得重大进展,尤其是美国在这个领域的基础和应用性基础研究都取得令人瞩目的成果。

"9·11"恐怖袭击事件之后,美国政府对公共安全,尤其是国家应急管理体系进行认真反省,深刻认识到应急准备的重要性,特别强调针对最容易造成众多人员伤亡、大规模财产损失和严重社会影响、难以恢复的重大灾难性威胁的应急准备。为明确国家应急准备目标,美国国土安全部与联邦多个部门合作,组织实施了《国家应急规划情景》重大研究计划,美国国土安全部组织了近1500名应急管理官员和来自大专院校与科研单位的科学家,经过一年多的调查研究,认真总结回顾了近些年来发生在美国和其他国家重大突发事件典型案例,尤其是对未来可能发生重大突发事件的风险做了系统分析与评估,对可能发生事件的初始来源、破坏严重性、波及范围、复杂程度及长期潜在影响做了系统归纳和收敛,经过多次评审和修改,总结提出有15种重大突发事件情景是美国面临最严重的风险和挑战,这些情景被列为美国应急准备战略最优先考虑的应对目标。为强调对应急预案编制工作指导性,又进一步把这15种重大突发事件情景整合集成为具有共性特点的8个重要情景组(表1.1),使应急准备的重心更加聚焦。

表1.1 美国国家突发事件重要情景组与国家预案制订情景

重要情景组	国家预案制订情景
1. 爆炸物攻击——使用自制爆炸装置进行爆炸	情景12:爆炸物攻击——使用自制爆炸装置进行爆炸
2. 核攻击	情景1:核爆炸——自制核装置
3. 辐射攻击——辐射扩散装置	情景11:辐射学攻击——辐射学扩散装置
4. 生物学攻击——附病原体附件	情景2:生物学攻击——炭疽气溶胶 情景4:生物学攻击 情景13:生物学攻击——食品污染 情景14:生物学攻击——体表损伤皮肤疾病
5. 化学攻击——附各种毒剂附件	情景5:化学攻击 情景6:化学攻击——有毒工业化学品 情景7:化学攻击——神经毒剂 情景8:化学攻击——氯容器爆炸
6. 自然灾害——附各种灾害附件	情景9:自然灾害——特大地震 情景10:自然灾害——大飓风
7. 计算机网络攻击	情景15:计算机网络攻击
8. 传染病流感	情景3:生物学疾病暴发——传染性流感

美国《国家应急规划情景》被认为是近年应急管理科技领域最重要的研发成果之一,甚至认为这是国家应急管理战略走向成熟的标志。

值得特别关注的是,在表1.1列出的15种重大突发事件情景中,只有4种在美国的历史上曾经发生过,而另外11种不但在美国本土从未发生,即使在全世界范围内也极为罕见,甚至从未出现,但专家坚持认为,这些重大突发事件情景仍然是美国今后公共安全最主要的威胁,同时一再强调,就是因为美国国内从未发生,反而才更有必要做好应急准备。

德国以情景构建为基础,从2004年起启动两年一次的国家层面跨州演练。其中2004年和2007年分别举行了"高压线结冰造成大规模断电,同时发生恐怖袭击"和"传染病暴发"演练后，在几年后都真实发生了类似事件。由于应急准备工作充分、到位、针对性强，有效避免了更大的经济和人员损失。

1.2.2 高风险油气田应急准备

发达国家已将应急准备提升为一个涵盖预防、保护、响应和恢复各项使命的基础性工作，从而将应急准备工作提升为应急管理工作的重点。通过由预案、组织、培训、资源配备、演练和评估改进等构成的应急准备循环，持续提高国家的应急准备能力。针对含硫气田开发的安全问题，世界各国普遍采用应急准备方法进行事故风险管理，应急准备工作是事故应急管理过程的重要活动之一，也是安全生产工作和公众保护的一项关键内容，其主要内容包括针对可能发生的事故，为迅速、有效地开展应急活动而预先进行的风险分析、区域规划、监测预警、应急协同、公众疏散及防护等准备工作。

加拿大、美国、法国、俄罗斯等国家含硫化氢气田开发时间较长，通过多年的开发，在含硫化氢气田的安全管理上积累了丰富的经验，建立了比较有效的管理方法，在含硫气田开发应急准备方面有以下特点。

1. 范围和对象

各地区对含硫气田开发的应急准备范围都基本涵盖了开发的整个过程。对含硫气田勘探、生产阶段的安全规划，都以含硫气井作为对象。

2. 分级管理

各地区的含硫气田监管机构均根据不同的分级指标对含硫气井进行了分级管理，对不同等级的含硫气井有不同的管理规定。

3. 规划方法

各地区对含硫气井大多以划分安全距离和应急计划区(emergency planning zone，EPZ)作为安全规划方法，支撑技术手段多以后果分析及定量风险分析为主。

4. 技术要求

各地区的应急准备对气井信息、疏散、点火、毒物监测等公众安全防护措施提出了具体明确的要求。

在我国，重大事故灾难应急准备关键技术研究已经列入《国家中长期科学和技术发展规划纲要(2006—2020年)》中"重大生产事故预警与救援"部分。然而，长期以来我国对这方面虽有前瞻性的研究，但投入明显不足，"九五""十五""十一五"期间，我国均未开展有针对性的科技攻关，因此尚未形成整体的应急准备技术，难以使国家应急管理工作得到可靠的技术支撑和保障。我国高风险油气田安全生产及应急管理理论、技术及方法主要存在以下问题。

1. 重大突发事件情景不明确

重大突发事件情景构建是应急准备的先导和应急预案的基础，如何科学地构建和描述重大突发事件情景的理论与方法具有前沿性和挑战性，对应急准备规划、应急预案管理和应急培训演练等一系列应急管理工作实践具有不可或缺的支撑和指导作用。近几年，国外在重大突发事件情景构建方面的科学研究取得重大进展，尤其是美国在这个领域的基础和应用性基础研究都取得了令人瞩目的成果。

重大突发事件情景构建实质上是危害识别和风险分析过程，国内对突发事件情景的认识还不够深刻，相关工作开展还不充分，对突发事件的情景设计过于简单，对突发事件最坏、最困难的极端情况考虑不足，也未紧密结合潜在突发事件的性质和后果提出合理、适度的应急资源需求，很难为有效的准备工作提供依据。

2. 应急准备工作不充分

应急预案（计划）是整个应急管理工作的具体反映，编制应急预案是应急准备工作的核心内容。应急预案能否成功发挥作用，不仅仅取决于应急预案自身的完善程度，还取决于应急准备的充分与否。现有的一些规定中，对应急预案提出了相关的要求，但缺乏对应急准备方面的具体要求。

应急预案不仅限于事故发生过程中的应急响应和救援措施，还包括事故发生前的各种应急准备以及预案的管理与更新等。实际当中，有关石油天然气开发企业制订的应急预案通常主要针对应急响应和救援措施，常常忽略了应急准备，而应急准备工作不足会造成应急救援过程中应急预案难以有效实施，从而大大影响应急处置工作的效率。在加拿大艾伯塔省，制定含硫气井的应急准备规划区是制订应急计划的一个必要条件，应急计划中制定的应急救援措施主要是在应急准备规划区内展开实施的，我国含硫气田方面还未有应急准备规划区相关的规定。应急准备规划区的范围需要基于事故情景的基础之上来确定，因此制定应急准备规划区可为应急准备的实施提供科学依据。

3. 公众安全防护技术不够完善

"12·23"井喷事故造成了惨重的人员伤亡，这使人们更清楚地认识到高风险油气田开发具有很高的风险，对公众的安全具有极大的威胁，在认识到风险的存在，分析含硫气井对公众的危害程度，评价风险是否可以接受之后，最终需要对不同危害程度的气井采取相应的公众防护措施来保障公众的安全。

我国目前相关的标准规定中对于人员安全防护措施方面，较多的内容是针对作业人员的安全防护，对于作业场所周边公众安全防护，大多没有明确提出应采取哪些防护措施。国外如加拿大艾伯塔省等地，则根据含硫气井的分级提出了对应的最小缓冲距离，并明确要求在应急计划中说明如何进行疏散、室内避险、空气监测等公众防护措施，这些措施一方面对企业提出了明确要求，可操作性较强;另一方面也使监管部门易于掌握企业的具体措施以及措施是如何确定的,便于实施监察。

1.3 中石油川东北气矿"12·23"井喷事故案例研究分析报告

1.3.1 前言

1. 概述

2003年12月23日,重庆市开县高桥镇中石油川东北气矿罗家16H井发生井喷事故。事故导致243人死亡,其中公众241人,6.5万余人被迫疏散转移,9.3万余人受灾,直接经济损失达9200余万元。事故发生后,国家有关领导、重庆市委市政府、国家安全生产监督管理局(现国家安全生产监督管理总局,以下简称国家安监局)、国家环境保护总局(现环境保护部,以下简称国家环保总局)、中国石油天然气集团公司(以下简称中石油)等有关部门和单位参与了事故应急救援。2007年2月,受国务院应急管理办公室委托,国家安监局会同国家环保总局、重庆市人民政府、中石油及有关专家,对中石油川东北气矿2003年"12·23"井喷事故(以下简称"12·23"井喷事故)应急处置工作展开分析,以总结经验教训,全面提高事故应急能力。

本小节希望通过分析"12·23"井喷事故案例,获得以下问题的答案。

问题1:"12·23"井喷事故发生后各级政府和企业采取了哪些应对措施?

问题2:应对措施取得了怎样的效果?产生这样效果的原因是什么?

问题3:为什么有的应急措施达不到预期的效果?

问题4:如何改进我们的事故应急工作?

中石油川东北气矿"12·23"井喷事故案例研究分析报告包含以下四部分内容。

第一部分——前言。简要介绍中石油川东北气矿"12·23"井喷事故案例研究分析报告的来源、目的和主要内容。

第二部分——事故情况。概述"12·23"井喷事故的起因背景、各阶段发展情况、采取的应对措施、事故后果及事故处理情况。

第三部分——典型决策事件。对"12·23"井喷事故处置过程中重要环节的决策、执行过程和采取的主要措施进行深入分析。

第四部分——经验教训及建议。根据对"12·23"井喷事故过程的介绍和对重要环节的分析,提出含硫气田开发突发事故应急处置方面的经验教训和改进建议。

2. 分析范围和方法

1)分析范围

中石油川东北气矿"12·23"井喷事故案例研究分析报告的分析工作主要针对事故发生后的应对处置过程,分析范围不包括事故的起因和发生过程。

中石油川东北气矿"12·23"井喷事故案例研究分析报告编写过程中主要依据以下有关资料。

(1)国内外有关法律、法规、标准和规范。

(2)中石油川东钻探公司"12·23"井喷特大事故调查报告。

(3)中石油川东钻探公司"12·23"井喷特大事故原因专家鉴定报告。

(4)中石油川东钻探公司"12·23"井喷特大事故调查组技术报告。

(5)关于对中石油川东钻探公司"12·23"井喷特大事故有关责任人员处理意见的函(监执字〔2004〕14号)。

(6)国家环保总局关于"12·23"井喷事故的总结材料。

(7)重庆市关于"12·23"井喷事故的总结材料。

(8)有关人员的采访记录。

(9)新华社有关报道。

(10)开县档案馆"12·23"井喷事故有关资料。

中国安全生产科学研究院和中国石油天然气股份有限公司曾于2006年联合完成了"高风险油气田开发安全生产监管机制研究"项目,中石油川东北气矿"12·23"井喷事故案例研究分析报告在编写过程中参考了该项目研究过程中所获得的调查分析数据。

2)分析方法

案例分析研究小组通过资料调查、统计分析、现场调研、人员访谈等研究手段,获得了大量数据,并结合计算机模拟、风洞实验等技术手段进行分析验证,对"12·23"井喷事故各阶段进行了写实性评述,对重点环节的决策、执行过程和采取的主要措施进行了认真、客观的分析。

1.3.2 事故情况

1. 罗家16H井基本情况

1)罗家16H井概况

罗家16H井位于重庆市开县高桥镇北约1.2千米的晓阳村境内,是罗家寨气田的开发井,也是中石油的科技开发井。井场地处凹地,西北面有一背斜、走向北东的山麓,山脊高程约为900米;西南面发育较多次级山麓及沟谷;东南面山势相对平缓;井场右侧邻近高桥镇至麻柳镇主公路(图1.2)。井场所在地常年平均气温为 16.7℃，冬季 1 月平均气温为 5.4℃，易发生大雾天气。

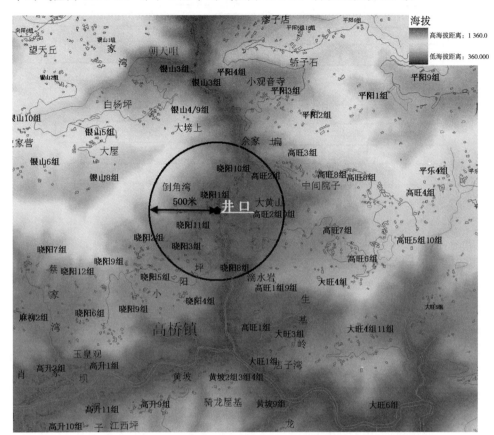

图 1.2　罗家 16H 井井场地形示意图

罗家 16H 井于 2003 年 5 月 23 日开始钻探，目的层是三叠系飞仙关段鲕粒溶孔性白云岩，天然气中各组分按体积百分比，甲烷占 82.14%，硫化氢占 9.02%，二氧化碳占 6.7%，属高含硫化氢，中含二氧化碳气井。该井原始地层压力为 4.17×10^7 帕，具有统一的压力系统。设计井深 4 322 米，其中垂直深度 3 410 米，水平段长度 700 米。预测日产气量为 1.00×10^6 立方米。事故发生时已经开钻 7 个月，钻至井深 4 049.68 米，层位为飞仙关组。

2）有关单位隶属情况

罗家 16H 井隶属于中国石油天然气股份有限公司西南油气田分公司，该分公司实施"分公司→气矿→作业区→井场（站）"的统一垂直管理，其下辖的川东北气矿宣汉作业区负责管理罗家 16H 井。罗家 16H 井承钻单位是四川石油管理局川东钻探公司钻井二公司川钻 12 队，隶属中石油，中石油是中国石油天然气股份有限公司的控股公司（图 1.3）。

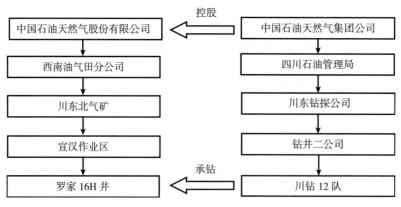

图 1.3　罗家 16H 井隶属关系图

2. 井喷失控与抢险救援

1）井喷失控过程

2003年12月23日21时55分，罗家16H井起钻过程中发生溢流，23日21时57分，发生井喷，23日22时4分左右，井喷完全失控。从起钻到井喷失控，可以分为四个阶段，即起钻、溢流、井喷、井喷失控，各个阶段的详细过程如表1.2所示。

表 1.2　"12·23"井喷事故的发生过程情况表

序号	时间	事件	过程
1	2003年12月23日3时27分～21时55分	起钻	23日12时起钻至井深1 948.84米时，顶驱滑轨发生偏移，停止起钻，开始检修顶驱。16时20分检修顶驱完成，继续起钻
2	23日21时55分	发生溢流	起钻至井深209.31米，录井员发现录井仪显示泥浆密度、电导、出口温度、烃类组分出现异常，泥浆总体积上涨，同时发现泥浆从钻杆水眼内和环空喷出，喷射高度为5～10米，钻具上顶2米左右，溢流约1.1立方米。录井员向司钻报告发生井涌。司钻发出井喷警报，停止起钻，下放钻具，准备抢接顶驱关旋塞
3	23日21时57分	发生井喷	下放钻具10米左右，大量泥浆强烈喷出井外，将转盘的两块大方瓦冲飞，因无钻具支撑点而无法对接，停止下放钻具，抢接顶驱关旋塞未成功。通过远程控制台关球型、半闭防喷器，钻杆内喷势增大，钻井液和天然气同时喷出，达到二层台
4	23日22时4分	井喷失控	井喷完全失控

2）抢险救援经过

2003年12月23日22时4分左右，罗家16H井井喷完全失控，27日11时压井成功，井喷失控过程持续时间约 84 小时 56 分。

事故发生后，胡锦涛、温家宝、黄菊、华建敏等中央领导同志做出重要批示，要求地方和有关部门全力搜救中毒和遇难人员，防止有毒气体继续扩散，尽量减少伤亡，组织疏散周围群众。国务委员兼国务院秘书长华建敏率国家安监局、国家环保总局等有关部门负责同志组成的工作组，以及重庆市委、市政府和中石油等有关单位先后投入事故应急救援。

从发生井喷至压井成功的应急救援过程中，主要事件时间与井喷失控时间的对照关系如表 1.3 所示。

表 1.3 应急救援过程主要事件与井喷失控时间对照关系表

序号	应急过程发生事件	事件发生时间	至井喷失控时间
1	发生井喷	2003 年 12 月 23 日 21 时 57 分	—
2	井喷失控	23 日 22 时 4 分	—
3	抢接顶驱失败，上提顶驱拉断钻杆未成功。开通反循环压井通道，向井筒环空内注入重泥浆，重泥浆由放喷管线喷出，内喷仍在继续	23 日 22 时 8 分	4 分钟
4	钻井队向川东北气矿汇报井喷信息，并转报川东钻探公司，川东北气矿与川东钻探公司联合部署抢险工作	23 日 22 时 20 分	16 分钟
5	当班人员开始撤离井场，疏散周围群众	23 日 22 时 30 分	26 分钟
6	井队向高桥镇汇报事故险情，请求帮助紧急疏散井场周围 1 千米范围内的群众	23 日 22 时 40 分	36 分钟
7	钻井队值班人员向 110、120、119 报警，并向当地政府通报情况	23 日 22 时 50 分	46 分钟
8	川东北气矿向重庆市安全生产监督管理局报告事故情况	23 日 23 时	56 分钟
9	重庆市安全生产监管局接到川东北气矿关于罗家 16H 井发生井喷险情，以及请市政府协调抢险车队交通的报告，随后转报市政府值班室	23 日 23 时	56 分钟
10	钻井当班人员返回井场关闭高架罐总闸阀、泥浆泵、柴油机、发电机。钻井队人员全部撤离井场，设立了警戒线	23 日 23 时 20 分	1 小时 16 分钟
11	重庆市政府值班室传真通知开县人民政府事故情况，要求立即组织相关部门赶赴事故现场。高桥镇政府按照开县政府办公室和开县安全生产监督管理局的要求，组织机关干部利用移动电话拨打井场附近各村电话，通知人员撤离，组织群众沿公路转移	23 日 23 时 26 分	1 小时 22 分钟

续表

序号	应急过程发生事件	事件发生时间	至井喷失控时间
12	开县政府领导率有关部门负责人及消防官兵、警察、医务人员赶赴现场	23日23时50分	1小时46分钟
13	川东钻探公司第一批应急抢险人员启程赶赴事故现场	24日0时	1小时56分钟
14	川东钻探公司和川东北气矿以书面形式联合向重庆市人民政府发出紧急救援报告（传真）	24日0时30分	2小时26分钟
15	四川石油管理局、西南油气田分公司应急抢险第一批人员赶赴事故现场	24日0时40分	2小时36分钟
16	开县政府成立疏散领导小组，组织疏散井场周围群众，组织突击队搜救中毒人员	24日3时	4小时56分钟
17	四川石油管理局向中石油办公室值班人员汇报井喷情况	24日5时25分	7小时21分钟
18	四川石油管理局和西南油气田分公司联合召开紧急会议，安排应急抢险工作	24日8时20分	10小时16分钟
19	四川石油管理局川东钻探公司第一批抢险人员到达距离井喷地点较近的正坝镇，设立现场抢险指挥点和临时看守点	24日9时30分	11小时26分钟
20	四川石油管理局川东钻探公司抢险人员到达距井喷地点较近的高桥镇	24日10时30分	12小时26分钟
21	四川石油管理局抢险人员接到现场点火指示，与开县武警联系点火事宜	24日11时20分	13小时16分钟
22	四川石油管理局川东钻探公司第一批抢险人员与开县、企业现场人员成立临时抢险领导小组，布置点火、井喷控制等事宜	24日11时30分	13小时26分钟
23	搜救人员发现井喷声音变小后，有关人员进入现场证实，井口已经停喷，同时3#放喷管线出口处喷出气体	24日14时	15小时56分钟
24	四川石油管理局和西南油气田分公司在高桥镇成立抢险领导小组	24日14时	15小时56分钟
25	前线领导小组派出技术人员和突击队员对井口、放喷管线进行第一次检查，初步确定点火地点	24日14时20分	16小时16分钟
26	前线领导小组派出技术人员和突击队员对井口、放喷管线进行第二次检查，确定点火地点，返回临时指挥部	24日15时	16小时56分钟
27	现场抢险人员紧急撬开附近一家商店，找到魔术弹	24日15时	16小时56分钟
28	现场领导小组派第一批点火人员两人，在距离井口50米处用魔术弹实施点火，因喷势太大，点火失败后返回高桥镇	24日15时20分	17小时16分钟
29	现场抢险人员在商店找到礼花，实施第二次点火。第二批点火人员在距离喷口70米处用礼花点火成功	24日15时55分	17小时51分钟

续表

序号	应急过程发生事件	事件发生时间	至井喷失控时间
30	重庆市人民政府副市长吴家农赶到前方警戒点，成立抢险救灾指挥部	24日21时	22小时56分钟
31	中石油有关领导到达现场。由地方政府、中石油、四川石油管理局、西南油气田分公司、技术专家和现场人员组成抢险指挥部	24日22时20分	24小时16分钟
32	抢险指挥部组织460名搜救人员组成20个搜救小组，展开大范围搜救，发现大量人员死亡	25日1时	26小时56分钟
33	抢险指挥部决定全面清理现场，在井口5千米处设立警戒线，出动102个搜救小组，对以井口为中心、5千米为半径的地区实施逐户搜救，疏散滞留人员；研究制订压井方案和应急方案，调集压井装备和物资	26日1时	50小时56分钟
34	正式开始压井	27日9时36分	83小时32分钟
35	压井成功	27日11时	84小时56分钟

事故应急处置过程中，从罗家16H井录井员发现溢流向司钻报告，到国务院收到事故报告，各级政府和企业各级单位之间事故警报信息的传递过程如图1.4所示。

3. 毒气扩散与事故后果

1）毒气扩散

井喷失控后，井口溢出的天然气开始向井场周边区域扩散，无阻流量为400万～1000万立方米/天。罗家16H井的天然气为高含硫化氢，中含二氧化碳，其中剧毒气体硫化氢含量为9.02%。

(1)硫化氢毒理数据。

硫化氢是可燃性无色气体，具有典型的臭鸡蛋味，比空气略重，易溶于水，空气中爆炸极限为4.3%～45.5%(体积比)，为强烈的神经毒物，其对人体的危害见表1.4。

(2)地形及气象条件对毒气扩散的影响。

第一，地形条件。实地调研表明，井场位于高桥镇晓阳村。右侧邻近公路，公路右侧紧邻一条近北南流向的小河，利于毒性气体沿河道扩散；井场西北面有一山麓，山脊高程约为900米，对毒气扩散有一定的阻挡；井场位于山麓坡脚处，身处凹地，利于毒性气体在井场附近的积聚。

第二，气象条件。根据气象统计资料，罗家16H井所在的区域属亚热带湿润季风气候，区内冬季一月平均温度为5.4℃，容易发生大雾天气并形成逆温层，不利于毒性气体的扩散。

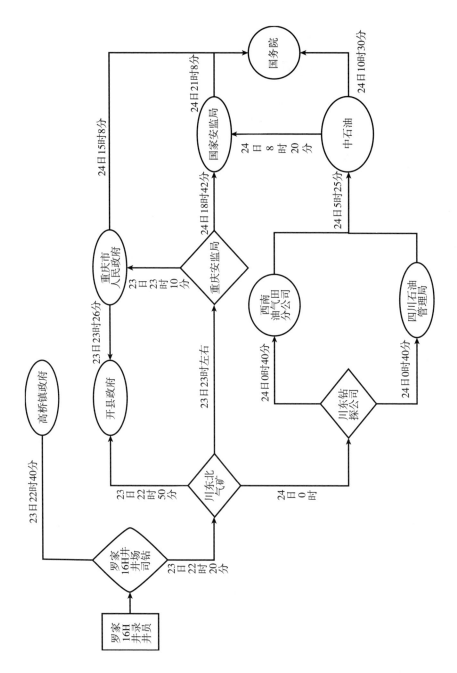

图1.4 "12·23"井喷事故报警信息流程图

表 1.4 硫化氢对人体的危害

硫化氢在空气中的浓度		暴露于硫化氢的典型特性
毫克/立方米	ppm	
0.18	0.13	有明显和令人讨厌的气味。随着浓度的增加，嗅觉就会疲劳，不能通过气味进行辨别
14.41	10.00	有令人讨厌的气味，眼睛可能受刺激
28.83	20.00	在暴露1小时或更长时间后，眼睛有烧灼感，呼吸道受到刺激
72.07	50.00	暴露15分钟后嗅觉丧失，超过75毫克/立方米（50ppm）出现肺水肿，对眼睛产生严重刺激或伤害
144.14	100.00	3~15分钟后出现咳嗽、眼睛刺激和嗅觉丧失，5~20分钟后出现呼吸变样、眼睛疼痛、昏昏欲睡
432.40	300.00	明显的结膜炎和呼吸道刺激
720.49	500.00	头晕、失去理智和平衡感。短期暴露后就会不省人事，如不迅速处理就会停止呼吸
1008.55	700.00	意识快速丧失，如果不迅速营救，呼吸就会停止并导致死亡
1440.98以上	1000.00以上	立即丧失知觉，产生永久性的脑伤害或脑死亡

(3)毒气扩散范围。

井喷失控后，井队在离井口300米的半径范围内设立了警戒线，后扩至1.2千米，事故发生后近12小时内，警戒区内没有硫化氢浓度监测设备及数据，因此，采用实地调研的人员、牲畜死亡情况（图1.5和图1.6）及后期硫化氢监测数据来说明井喷后的毒气扩散范围。

由人员及牲畜死亡地点可以看出：在地形及气象条件影响下，毒气溢出后在井场附近积聚，且向西南方向扩散较为明显，造成晓阳村及高旺村大量人员及牲畜死亡，位于井场北向的平阳村死亡人员及牲畜主要是沿山谷中河道方向向北扩散的毒气所致。

2003年12月27日监测结果表明：天和—白岩—高桥线一带的低洼处大气中硫化氢浓度高于0.01毫克/立方米的居民区标准，但低于0.03毫克/立方米的恶臭污染物厂界排放标准。表明毒气已扩散至西南方向距井场10千米的天和乡一带，但浓度很低。

2）人员伤亡情况

井喷溢出的天然气中含有大量的剧毒物硫化氢，毒性气体的大面积扩散导致井场周边区域出现大量人员伤亡。

(1)人员伤亡数据。

据统计，"12·23"井喷事故共造成242人死亡，3000多人出现不同程度中毒，累计门诊治疗27011人(次)，住院治疗2142人(次)。

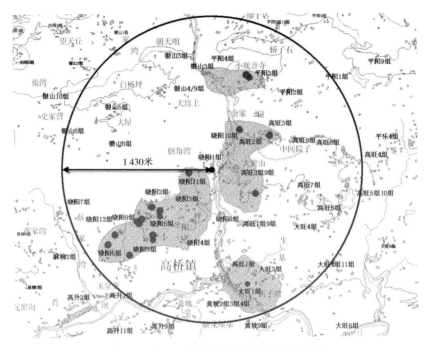

图 1.5 "12·23"井喷事故死亡人员分布图

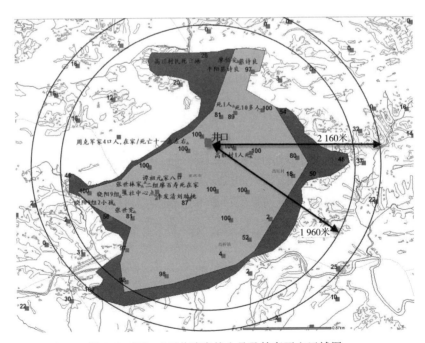

图 1.6 "12·23"井喷事故人员及牲畜死亡区域图

开县民政局统计的人员死亡情况为242人,如表1.5所示,此外还有两名井队人员死亡。

表 1.5 "12·23"井喷事故人员死亡情况统计表(单位:人)

死亡人员属地	死亡人数	死亡人员属地	死亡人数
晓阳	177	宣汉	2
高旺	35	麻柳	1
平阳	10	高升	1
银山	4	平乐	1
大旺	3	黄柏	1
正坝	3	向坪	1
黄坡	2	粮管所	1
共计			242

(2)死亡人员分布地点。

国务院"12·23"井喷事故调查组给出的事故调查报告中中石油川东钻探公司"12·23"井喷事故死亡人数分布图如图1.7所示。

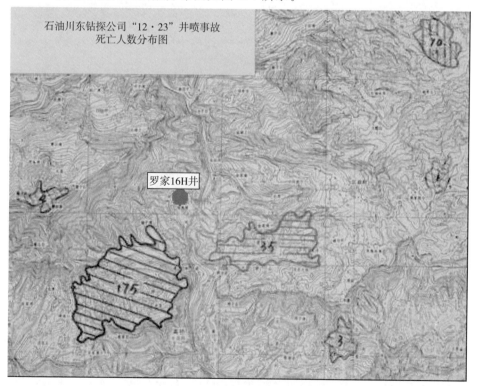

图 1.7 "12·23"井喷事故死亡人数分布图

从国务院事故调查组绘制的图(图1.7)中可以看出,死亡人数分布在6个村子,死亡地点离井口最远距离为4千米左右,调查报告中还提到正坝镇、麻柳乡、宣汉县塔河乡死亡5人,这些地方最远离井口有十几千米。

而通过实地调研发现:人员实际死亡区域最远处距离井口1.5千米,分布在晓阳、高旺、平阳、大旺四个村,硫化氢致死污染范围没有达到正坝镇、麻柳乡、宣汉县塔河乡等行政村,国务院事故调查报告中死亡地点较远的人,实际死亡地点都在离井口1.5千米范围内,在绘制死亡人员位置分布图的时候由于依据其户籍所在地,而忽略了死亡地点,所以与实际死亡情况存在偏差。根据实地调研结果绘制的"12·23"井喷事故死亡人员位置分布图如图1.8所示。

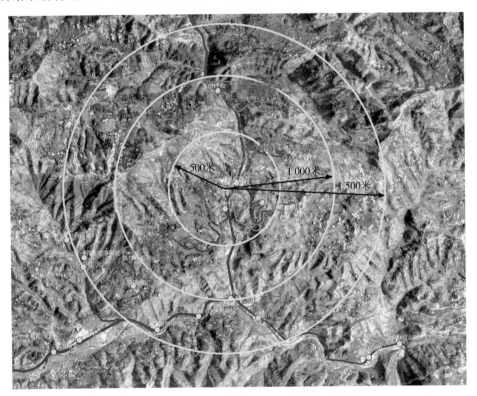

图1.8 "12·23"井喷事故死亡人员位置分布图

(3)死亡人员尸体检验鉴定。

根据重庆市公安局刑警总队及重庆医科大学检验系对死者的尸表检验情况,将其硫化氢中毒情况分为三种类型。

第一,颜面暗紫色、暗绿色,尤以口唇明显,双眼睑球结膜充血,甲床发绀,尸斑呈紫红色,尿液中检出硫化氢(89例)。与文献及教科书记载的有关硫化氢中毒尸体的尸斑呈紫绿色或暗绿色不尽相同。调查发现这些死者基本在同一区域内居住,环境类似,且距罗家 16H 井较近,有较高浓度的天然气聚集。对此,推测这些死者系电击样突然中毒死亡,此时硫化氢还未与体内的血红蛋白充分结合形成硫化血红蛋白,以致背、胸尸斑为紫红色。遗憾的是对死者血、尿等检材只进行了硫化氢定性检验,未进行定量检验以证实。

第二,颜面紫绿色、暗绿色,尤以口唇明显,双眼睑球结膜充血,甲床发绀,尸斑呈暗绿色,尿液中检出硫化氢(152 例)。尸表征象与文献及教材中有关典型硫化氢中毒的尸表特点相同。

第三,颜面青紫肿胀,面部黏附大量淤泥,双眼睑球结膜出血点,甲床发绀,尸斑呈暗红色,尿液中检出硫化氢(2 例)。尸表征象不仅有硫化氢中毒的征象,而且还有机械性窒息的改变。经调查发现这两位死者系在逃离过程中摔倒在泥潭中窒息死亡,非直接的硫化氢中毒死亡。

在本次硫化氢中毒死亡事故中,有许多尸体的尸表征象与文献及教材的描述不尽相同,究其原因可能与死亡的快慢等众多因素有关,但在其尿液中均检出硫化氢。此外,在这次群体性中毒事故的检验中,还存在许多问题,如民政、卫生等部门的工作人员不与法医工作人员沟通,在毫无这方面工作经验的前提下防腐处理尸体,结果导致法医在工作时无法提取死者的心血进行定量分析,以确定每个死者的死因。

(4)事故后村民生理及心理影响。

根据对受灾村民在事故发生后的身体症状、日常生活功能等几个方面进行的问卷调查,事故后村民生理及心理状况影响结果如下。

第一,事故后村民的身体症状。从表 1.6 可以看出,井喷事故对村民的身体影响很大:62%的人视力比以前更差,45.5%的人听力比以前更差,76.0%食欲没有以前好,77.8%的人睡眠也比以前更差。另外,根据调查,村民还存在其他方面的不适,如头痛、胸闷、腰酸、恶心、胃不舒服、呼吸异样,以及感到时冷时热,身体发麻等。

表 1.6 事故后村民的身体症状

题目	选项	人数/人	占比/%
您的视力与以前相比怎么样	一样	106	38.0
	差一些	119	42.7
	差得多	54	19.3
您的听力与以前相比怎么样	一样	152	54.5
	差一些	92	33.0
	差得多	35	12.5

续表

题目	选项	人数/人	占比/%
您的食欲与以前相比怎么样	一样	67	24.0
	差一些	121	43.4
	差得多	91	32.6
您的睡眠与以前相比怎么样	一样	62	22.2
	差一些	113	40.5
	差得多	104	37.3

第二，对村民日常生活功能的影响。从表1.7可以看出，井喷事故对村民日常生活影响较大：71.7%的人感觉承担日常的家务劳动比以前更困难，72.8%的人感觉提重物比以前更困难，62.7%的人感觉生活的条理性与以前相比有所变化。

表1.7 井喷事故对村民日常生活功能的影响

题目	选项	人数/人	占比/%
您与以前相比承担日常的家务劳动更困难吗	一样	79	28.3
	更困难些	123	44.1
	困难得多	77	27.6
您与以前相比自己提重物（担、背、抱、扛等）更困难吗	一样	76	27.2
	更困难些	137	49.1
	困难得多	66	23.7
您感觉生活的条理性与以前相比有变化吗	一样	104	37.3
	有一些	79	28.3
	变化较大	96	34.4

3)财产损失情况

井喷产生的高浓度硫化氢及点火后生成的二氧化硫对人员、畜禽、农作物及环境等多方面造成了不同程度的损害和污染，使人民群众的生命财产遭受了巨大损失。

(1)直接经济损失。

据统计，井喷事故造成开县高桥镇、麻柳乡、正坝镇、天和乡4个乡镇，30个村，389个社，共9.3万余人受灾，3.04万亩(1亩≈666.7平方米)农作物受灾，0.15亩塘库污染，25平方千米农业生态环境污染，直接经济损失达9 200

余万元。

(2)畜禽死亡情况。

受灾区域的高桥镇、麻柳乡、正坝镇、天和乡4个乡镇范围内，牲畜、家禽损失情况如表1.8所示。

表1.8 "12·23"井喷事故牲畜、家禽损失情况表

种类	原有存栏数量	事故中死亡数量
猪/头	43 295	7 012
牛/头	4 047	48
羊/只	29 424	591
兔/只	72 307	27 158
家禽/只	79 109	16 058

4)环境影响及监测

井喷失控后，为便于组织应急救援工作，中石油、国家环保总局、重庆市环境保护局及开县环境保护局紧急抽调人员和装备，对事故发生地周边区域的大气、水和土壤环境进行了监测。

(1)环境监测过程。

从川东钻探公司的第一批抢险人员到达正坝并组织监测硫化氢浓度到压井完成后对环境的监测工作，整个环境监测过程大致分为三个阶段。

第一阶段：2003年12月24日9时30分，四川石油管理局川东钻探公司的第一批抢险人员到达正坝并组织监测大气中的硫化氢浓度。24日10时30分，抢险人员到达高桥镇并开始监测。可以看出，事故发生前企业在井场周边没有布置硫化氢监测设备，导致从井喷失控开始至少12小时之内对警戒线以内区域缺乏环境监测，不利于应急救援工作的组织开展。

第二阶段：2003年12月24日晚，重庆市环境保护局环境监测人员对事发地警戒线外的地域进行应急监测，布设了4个监测点位，采集分析了57组数据，进一步确定了受污染区域。

第三阶段：12月27日11时宣布压井工作完成后，由国家环保总局、重庆市环境保护局、开县环境保护局组成的6个环境应急监测小组分三路先后进入警戒区，沿途对大气和水体进行环境监测，并布置了14个固定监测点位，连续48小时对水体和大气进行监测，采集分析了108组数据。

期间动用的环境监测设备包括多台环境自动监测车以及12月27日凌晨3时送抵开县事故现场的20台正压式空气呼吸器、1台空气压缩机和4部硫化氢直读仪，但环境监测人员对后期运抵设备经现场培训后方能使用。

(2) 环境监测结果。

2003年12月27日监测结果表明,天和—白岩—高桥线一带的低洼处大气中硫化氢浓度仍然高于0.01毫克/立方米的居民区标准(TJ 36—1979),但低于0.03毫克/立方米的恶臭污染物厂界排放标准(GB 14554—1993)。设在高桥镇镇区、晓阳村和高旺村的自动监测车自2003年12月27日17时起每半小时监测数据均高于0.01毫克/立方米,最低值为0.052毫克/立方米,最高值为0.061毫克/立方米。环境条件还达不到灾民返乡的要求。14处地表水的监测结果表明,水体中的硫化物和pH值均基本符合《地表水环境质量标准(三类)》三类标准的要求。其中16H井施工排水(污水,未进入河流)和罗家16H井下游溪沟的石油类分别超标1 000倍和240倍。

截至2003年12月28日中午12时,开县晓阳—高旺—高桥核心区自动监测车每半小时连续监测结果显示:大气中硫化氢浓度呈下降趋势,但仍超过0.01毫克/立方米,27日夜间和28日凌晨最高曾达到0.076毫克/立方米,到28日中午12时,硫化氢浓度已降低到0.04毫克/立方米。关于罗家16H井施工排水和下游溪流的石油类超标的问题,确认系冲井水直接排放造成,现场提出意见后得到了改正。经连续监测,受污染区域的大气和水质已基本符合环境标准。

4. 灾民疏散安置与善后处置

1) 灾民疏散与安置

"12·23"井喷事故中,抢险指挥部门通过多种渠道、采取多种形式组织群众疏散,并妥善安置灾民6万余人。

(1) 灾民疏散与安置。

井喷失控后,井场周边群众的疏散过程大致可分为三个阶段,分别由井队、高桥镇政府及抢险指挥部组织。

第一阶段:2003年12月23日22时左右,井喷失控后,井队开始以井口为中心,半径300米设立警戒线,并通知高桥镇井口周围群众转移。

第二阶段:23时左右,警戒线扩至半径1.2千米,高桥镇政府组织群众顺公路转移,至24日凌晨2时前,约10 000人转移到齐力工作站。

第三阶段:2003年12月24日3时50分左右,齐力工作站出现硫化氢气味,指挥部组织将气井为中心,半径5千米范围内的群众全部转移到离井口5千米外的高升煤矿。24日16时30分左右点火前,除转移到宣汉方向无法统计外,共计转移群众33 100人。

据重庆市政府统计,"12·23"井喷事故中共计疏散并安置灾民65 632人,其中32 526人安置在指挥部设置的县内15个政府集中救助点,10 228人有序转移到四川省宣汉县,其余采取投亲靠友和群众互帮互助等方式进行了安置。

(2) 灾民搜救。

事故救援过程中对井场周边群众的搜救大致可分为三个阶段，由开县政府及抢险指挥部组织。

第一阶段：2003年12月24日3时左右，开县政府在钻井队配合下成立疏散搜救领导小组，组织突击队搜救中毒人员，截至24日16时30分左右点火前，共搜救出45人。

第二阶段：25日开始，抢险指挥部派出460名公安干警、武警官兵，组成20个搜救组，进入井场附近全面展开搜救，发现大量死亡人员。

第三阶段：26日为配合压井工作，抢险指挥部决定全面清理现场，组建102个搜救组，对以井口为中心、半径为5千米的近80平方千米的区域，进一步实施拉网式搜救。在实施压井之前共搜救出900多名滞留危险区的群众。

2) 善后处置

事故后，由于党和政府的高度重视及各级干部的工作，灾区生活、生产恢复较快。

(1) 组织灾民返乡。

压井获得成功后，整个应急救援工作的重心由组织灾民大规模疏散和生活安置转移到组织灾民返回家园，指挥部采取了多项措施确保灾区环境安全。

第一，组织人员清理灾区内被毒死的动物，对动物尸体分类进行深埋或焚烧。

第二，组织庞大的卫生防疫队伍，对事故区进行消毒处理，防止疫病的发生。

第三，由环保部门建立六个流动监测站，对灾区环境进行全天候采集监测。

第四，由卫生部门对灾区的粮食、蔬菜、肉食品等进行抽样化验。

第五，印制并发放《灾民返乡须知》，详细告知灾民返家的注意事项。

在以上措施全面实施，大气、地表水的环境质量整体达到安全值，灾区内的粮食、动植物的食用安全性评估达标的基础上，指挥部决定分两个步骤组织灾民返乡，确保灾民的生命安全万无一失。

第一步，组织离事故核心区5千米以外的灾民有序返家。

2003年12月28日，调集客车125辆，抽派600多名工作人员，在指挥部的统一指挥下，安全护送2.6万名灾民返家（其中政府集中救助点1.4万人）。

第二步，组织事故重灾区内的灾民有序返家。

在卫生防疫部门对事故核心区内的晓阳、高旺、平阳、平乐、银山等村房屋进行再次消毒后，2003年12月29日，组织486辆客车、760余名工作人员，安全护送3.9万名灾民返家。

据重庆市政府统计，截至12月30日，65 632名灾民已全部返回家园，其中组织返回 38 923 名，分散返回 26 709 名，实现了指挥部提出"不伤一人、不掉一人、不亡一人"的大返乡目标。

(2) 灾后恢复与重建。

灾民返家后，应急救援工作的重心转移到稳定灾民情绪、组织群众恢复生产、对遇难群众的理赔等善后工作上，主要采取了以下措施。

第一，深入细致地做好遇难者亲属工作，加快善后工作进度。截至 2004 年 1 月 5 日，243 具遇难者遗体全部火化完毕。

第二，做好医疗保障。开放收治医院 19 所，参与医务人员 1 076 人，并组成 30 个巡回医疗队，发送药品共计 310 万元。

第三，管好用好救灾款物。建立严格规范的救灾款物管理和使用规定，将救灾资金纳入财政专户储存，救灾物资交由民政部门统一管理，确保统一调拨使用。发放衣裤、被褥、食品等救灾物资共计 324 万元。

第四，加强安全警戒工作。出动警力 2 000 多人，组成 8 支流动治安巡逻队，设置了 54 个警戒点。

(3) 受灾损失评估与补偿。

为了做好受灾损失评估与补偿理赔工作，开县县委、县政府针对实际情况，主要开展了以下工作。

第一，赔偿遇难者。按照国家有关规定，针对这次事故特点制定对死亡、受伤人员抚恤、赔偿和受灾群众财产损失赔偿的办法，按照"能宽尽量宽、就高不就低"的原则，参照《最高人民法院关于审理触电人身损害赔偿案件若干问题的解释》，将"死亡补偿费"中 70 周岁以下遇难者补偿年限由 10 年延长到 20 年，将"被扶养人生活费"中"不满 16 周岁的抚养到 16 周岁"改为"不满 18 周岁的生活费计算到 18 周岁"。赔偿金额共计 35 854 997 元，其中死亡赔偿 34 353 130 元，扶养费 811 363.6 元。

第二，理赔财物。首先，组织县乡村 273 名党员干部成立 24 个工作组，与灾区 24 个村、316 个社、8 407 户全面对接，对财产损失情况进行全面调查、认真复核和张榜公示。其次，按照工作组干部、驻村干部、村社干部、银行人员和公安干警"五到场"的办法，采取"一步到位、分户兑现、上门赔付"的方式，开展财物理赔工作。理赔受灾户共计 4 298 户。

5. 事故调查与处理

1) 事故调查

根据国家有关法律法规，并报经国务院同意，成立了由国家安监局局长王显政任组长，重庆市人民政府市长王鸿举、监察部副部长陈昌智、全国总工会书记处书记张鸣起、国务院国有资产监督管理委员会副主任邵宁、国家安监局副局长孙华山、重庆市人民政府副市长吴家农任副组长的中石油川东钻探公司"12·23"

井喷特大事故调查领导小组,领导小组下设事故调查组和事故调查专家组。事故调查组由孙华山同志兼任组长,事故调查专家组由中国工程院沈忠厚院士、苏义脑院士等七位专家组成。

事故调查组按照实事求是、尊重科学的原则,通过现场勘察、调查取证和技术分析,查明了事故发生的经过、原因、性质和责任,提出了对有关责任人员的处理意见和加强石油天然气开采安全的防范措施建议。

2) 调查结果

(1) 事故直接原因。

第一,井喷的直接原因。一是起钻前,泥浆循环时间严重不足;二是在起钻过程中,没有按规定灌注泥浆,且在长时间检修顶驱后,没有下钻充分循环,排出气侵泥浆,就直接起钻;三是未能及时发现溢流征兆。

第二,井喷失控的直接原因。在钻柱中没有安装回压阀,致使起钻发生井喷时钻杆内无法控制,井喷演变为井喷失控。

第三,事故扩大的直接原因。井喷失控后,未能及时采取放喷管线点火措施,以致大量含有高浓度硫化氢的天然气喷出扩散,导致人员伤亡扩大。

(2) 事故间接原因。

第一,现场管理不严,违章指挥。

第二,安全责任制不落实,监督检查不到位。

第三,事故应急预案不完善,抢险措施不力。

第四,设计不符合标准要求,审查把关不严。

第五,安全教育不到位,职工安全意识淡薄。

(3) 事故性质。

经过现场勘察、调查取证和技术分析,认定中石油川东钻探公司"12·23"井喷特大事故是一起责任事故。

3) 处理结果

2004年3月25日,监察部执法监察司下发了《关于对中石油川东钻探公司"12·23"井喷特大事故有关责任人员的处理意见的函》,给出了有关责任人员的处理意见。

2004年9月4日,重庆市第二中级人民法院对开县"12·23"井喷重大责任事故案做出一审判决,分别判处六名被告人有期徒刑三年至六年和有期徒刑三年缓刑四年。

2004年12月23日,重庆市高级人民法院对"12·23"井喷事故案涉及的五位上诉人进行了终审裁定宣判,做出了"驳回上诉,维持原判"的裁定。

1.3.3 典型决策事件

1. 应急指挥

1) 应急指挥体系的建立

"12·23"井喷事故抢险过程中,在事故应急救援的不同阶段,开县、重庆市、中石油和国务院工作组分别组建和调整了应急组织指挥体系。

第一,钻井队的应急指挥(应急指挥系统1)。2003年12月23日22时4分左右,罗家16H井井喷完全失控,随后钻井队采取了应急措施,钻井队的应急指挥主要体现在以下应急措施中:一是22时20分,钻井队向川东北气矿汇报了井喷信息,并转报川东钻探公司;二是22时30分左右,井队人员开始撤离现场,疏散井场周边群众;三是22时40分,井队向高桥镇汇报事故险情,请求帮助紧急疏散井场周围1千米范围内的群众;四是22时50分,钻井队向110、120、119报警,并向当地政府通报情况;五是23时20分左右,钻井队派人返回井场,关闭了泥浆泵、柴油机、发电机,随后钻井队当班人员全部撤离井场,并设立了警戒线。

第二,西南油气田分公司和四川石油管理局组织的应急抢险会议(应急指挥系统2)。2003年12月23日23时30分,西南油气田分公司、四川石油管理局及其有关人员组织了第一次应急抢险会议,会议决定了以下几点内容:一是要求川东钻探公司、川东北气矿现场人员立即疏散井场职工和附近群众;二是立即落实川东钻探公司向重庆市人民政府、开县政府汇报情况,请求帮助疏散群众;三是立即派出有关人员赶赴现场;四是要求川东钻探公司随时掌握井场事态发展并及时报告;五是立即安排抢险物资、器材及车辆、防毒面具等,并要求罗家11H井、坝南1井停钻,协助疏散群众,赶配压井泥浆。第一次应急抢险会议发挥了一定的应急指挥功能。

第三,开县组建的抢险指挥部(应急指挥系统见图1.9)。2003年12月24日3时,开县县委、县政府组建了"12·23天然气井喷事故抢险指挥部",由原县委书记佘明哲、县长蒋又一任指挥长,负责指挥应急救援工作。指挥部下设交通控制、后勤保障、医疗救护、片区抢险、总联络五个组,分别由分管县级领导任组长,相关部门负责人为成员,进行分工后全面展开应急救援工作,并召开紧急会议,动员全县力量迅速投入应急救援工作,尽最大努力把灾情损失降到最低限度。随后,开县县委、县政府主要领导均赶赴现场,统一指挥抢险工作。

第四,四川石油管理局和西南油气田分公司联合成立的抢险工作领导小组(应急指挥系统4)。2003年12月24日8时20分,四川石油管理局和西南油气田分公司联合召开紧急会议。会议决定了以下几点内容:①成立罗家16H井联合抢险工作领导小组。②研究了现场抢险物资材料准备。③由四川石油管理局生

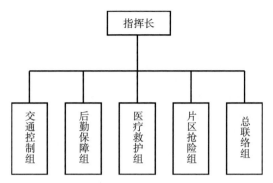

图 1.9 开县组建的事故抢险指挥部组织架构示意图

产协调部、办公室统一归口信息上报。④四川石油管理局生产协调部随时了解井场情况,提出加大与重庆市、开县等地方政府的协调力度,进一步做好现场周边群众撤离安抚工作。⑤相关领导及四川石油管理局和西南油气田分公司的工程技术人员立即赶赴事故现场,统一指挥抢险工作。⑥由四川石油管理局和西南油气田分公司联合下文,通报此次事故,要求各二级单位立即开展一次井控安全大检查。⑦高速公路因浓雾关闭,由四川石油管理局办公室联系租用直升机。

第五,重庆市组建的抢险指挥部(应急指挥系统见图 1.10)。2003 年 12 月 24 日上午,重庆市委、市政府派遣吴家农副市长带领市级相关部门和专业救援队伍紧急赶往开县,应急抢险工作的指挥权立即上移,成立了由重庆市副市长吴家农任指挥长,开县县委书记佘明哲、县长蒋又一任副指挥长的"12·23"抢险指挥部,分为前线指挥、交通控制、后勤保障、医疗救护、信息联络五个工作组,以"紧急疏散群众、减少人员伤亡"为第一要务,动员一切力量,采取非常措施,实行"分进合击,各负其责"的战略战术,各级各地迅速调整工作重点,全力以赴抓好抢险工作。整个应急救援工作大致分为疏散转移、搜救安顿、灾民返乡和安置善后四个阶段。

第六,重庆市地方政府和中石油联合组织建立的抢险指挥部(应急指挥系统见图 1.11)。2003 年 12 月 24 日 22 时 30 分,中石油有关领导到达并察看了现场,随即召开了由地方政府、中石油、四川石油管理局、西南油气田分公司领导、技术专家和川东钻探公司有关领导参加的会议,重新调整了抢险指挥部,确定了指挥和副指挥,下设现场组、技术组、后勤组、警戒保卫组、综合组、救护善后组六个专业小组,全面负责抢险物资、设备材料准备、抢险技术措施、应急方案的制订、信息收集、警戒保卫及救护善后工作。

第七,国务院工作组调整建立的抢险救灾指挥部。2003 年 12 月 26 日 1 时,国务委员兼国务院秘书长华建敏率领国务院工作组连夜抵达开县后,立即召开会议,了解现场情况,部署抢险工作。会议决定成立"12·23"井喷事故抢险救灾指

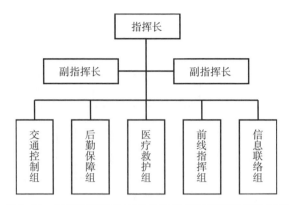

图 1.10　重庆市组建的事故抢险指挥部组织架构示意图

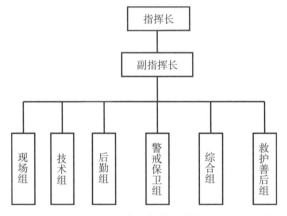

图 1.11　重庆市和中石油组建的事故抢险指挥部组织架构示意图

挥部，抢险救灾工作统一由重庆市委、市政府负责，中石油和有关部门予以指导配合。重庆市抢险救灾指挥部总指挥（应急指挥系统见图 1.12）由吴家农副市长担任。

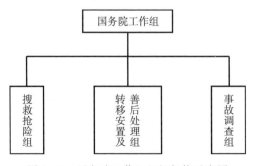

图 1.12　国务院工作组组织架构示意图

会议决定，为了便于开展工作，成立了三个小组。

一是搜救抢险组。由重庆市、国家安监局、卫生部、国家环保总局、中石油等部门和单位参加。

搜救抢险组的主要职责：负责人员搜救，伤员救治，井口封堵，以及现场毒气监测等工作。其中人员搜救和伤员救治由重庆市政府组织，井口封堵工作由中石油负责。

关于压井行动计划，20多名石油专家经过详细计算和多次讨论，确定了周密的技术方案，同时还准备了3套应急备用方案，以防意外。

二是事故调查组。由国家安监局牵头，监察部、公安部、国务院国有资产监督管理委员会(以下简称国务院国资委)、国家环保总局、劳动保障部和中石油等部门和单位参加，其主要职责如下：负责事故原因调查，并对事故处理提出意见。

三是转移安置及善后处理组。由重庆市政府、中石油牵头，民政部、劳动保障部、国务院国资委等部门和单位参加，其主要职责如下：负责疏散转移安置受灾群众，死亡人员的善后处理及家属安抚、赔偿等工作。

与此同时，还成立了开县"12·23"井喷事故抢险救灾指挥部(应急指挥系统见图1.13)，其中综合协调组、文秘信息组由县委副书记、纪委书记阚吉林负责；灾民安置组由县委副书记、县政协主席陈远辉负责；后勤保障组由副县长张红心负责；对外接待组由县政府办公室主任张家文、县委办公室副主任彭明负责；宣传报道组由宣传部长张泰春负责；安全保卫组由县委副书记全修治、政法委书记张正红负责；理赔协调组由副县长徐长春负责；医疗救治组由副县长李贤忠负责；总指挥、副总指挥分别由开县县委书记佘明哲、县长蒋又一担任，负责加强抢险救灾工作的管理和各部门之间的协调。

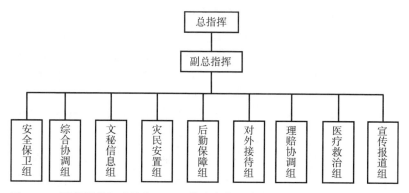

图 1.13　开县调整组建的"12·23"井喷事故抢险救灾指挥部组织架构示意图

2)应急指挥体系分析

(1)应急指挥体系架构分析。

事故现场指挥体系(incident command system,ICS)是一套指挥、控制和协调应变单位的工具,也是整合各单位,以达到稳定紧急状况、保护生命财产和环境安全的一种方法。ICS结构中包含模块化的组织、整合的通信、一元化指挥体系、一致的指挥结构、适当的控制幅度、救灾所需特定的设施以及综合式的资源管理等原则。

美国的ICS经过多年不断地完善和改进已较为完善,已被证明可以有效地应用在多种事故灾害应急中,目前已被世界许多国家和地区广泛借鉴应用,其中加拿大艾伯塔省含硫油气田的事故应急指挥就是应用该系统进行管理。对比美国ICS的原则和结构,分析"12·23"井喷事故的指挥系统,可以发现以下问题:事故应急前期,地方政府和石油企业没有建立起整合的通信和一元化指挥体系,影响了整个应急系统运行效率的发挥。例如,2003年12月24日上午,石油企业和重庆市政府分别组建了各自的指挥系统,两个指挥系统各自运行,指挥、通信互相独立,这就使得在信息传递、决策制定、措施执行等方面浪费了宝贵的时间,同时也不利于整个应急资源的调度和利用,降低了应急工作的效率。

(2)应急指挥决策情况分析。

第一,关键决策环节。"12·23"井喷事故应急救援过程中的重要决策环节主要包括井场内人员撤离决策、井场周围群众疏散决策、井场周围群众搜救决策、点火决策、压井决策等。

第二,决策情况。"12·23"井喷事故应急处置过程中,各个应急指挥系统先后做出了一些关键决策。

一是撤离井场。西南油气田分公司、四川石油管理局及其有关人员在组织的应急抢险会议上做出了钻井人员撤离井场并疏散周围群众等五项决定,这些指挥决策保护了钻井队作业人员的生命安全,为后续的应急工作准备了一定的救援物资装备和救援力量。但是,由于没有编制相关的应急预案,现场应急指挥缺乏指导依据,无法及时采取必要措施。由于点火时间和井喷点火适用情况等方面的标准规范的缺失,没有及时决策点火。

二是疏散周围群众。钻井队和开县政府先后组织了井场周围群众的疏散,疏散行动有效地减轻了事故灾害影响,但是,在突发重大公共事故情况下,由于缺乏大规模人员疏散技术、高效的警报通知技术和装备,疏散效率受到严重影响。

三是点火。事故应急处置过程中,现场救援人员采取紧急措施,在原计划点火装置到达现场前点燃了毒气。一方面反映出现场应急救援人员全力抢险,另一方面反映出井喷点火技术和装置落后、井喷点火相关标准规范缺失严重。

四是搜救。国务院工作组抵达开县指导应急救援后,组织了大规模人员搜救,确保了危险区域群众的生命安全,充分体现了以人为本的原则。

五是压井。压井前,在国务委员兼国务院秘书长华建敏的领导下,在国务院工作组的直接指导下,抢险指挥部制订了科学的方案,进行了周密的部署,确保了一次压井成功,使事故险情得到有效控制。

另外,在各级事故应急指挥机构的领导下,受灾群众得到了有效安置,压井成功后灾民陆续安全返乡,善后理赔事宜得到妥善处理,事故后当地生产生活得到较快恢复,社会秩序始终保持稳定,这些都表明事故应急过程中,各级事故应急指挥机构发挥了重要作用。

通过以上分析,提出以下建议:①参考国外先进事故应急管理系统,建立我国的事故应急管理系统,通过标准化的事故应急运行程序和事故应急指挥系统,提高事故应急管理水平。②加强应急预案管理,研究提出高含硫油气田重大事故应急预案编制的原则,指导油气生产企业编制重大事故应急预案,有效保障安全生产。

2. 点火

点火是"12·23"井喷事故应对处置工作中的一项重要决策。本章主要对点火决策的政策法律及标准依据、制定过程、具体处置过程、采取的主要措施及其效果进行分析。

1)点火决策过程

(1)点火的必要性。

对于井喷失控状态下的含硫化氢油气井,国际上都采用点火作为应急抢险的重要手段。硫化氢是一种剧毒气体,把含硫化氢的天然气点燃可使极毒的硫化氢迅速转化为有慢性污染的二氧化硫,二氧化硫虽然也有毒性,但理论计算和分析表明,天然气燃烧生成了大量的热量,这些热量使燃烧产物与空气的混合物温度升高,混合物在热浮力作用下向远离地面方向移动,从而减少毒性气体在地面附近积聚给人带来的危险。

美国石油学会(American Petroleum Institute,API)标准在全球石油工业中得到普遍认同,有较高的权威性。美国石油学会推荐作法49(含硫化氢油气井钻井和服务作业的推荐作法)中规定了油气井点火计划的相关内容,包括点火的适用情况、点火人员等。其中还推荐将油气井点火计划的有关内容写入应急预案。

加拿大艾伯塔省是加拿大最大的油气资源生产地区,对含硫油气资源的开发有丰富的经验,并制定了严格的规定。艾伯塔省能源监管委员会对含硫油气井井喷失控点火有明确规定,在"上游石油工业应急准备与响应要求(Directive 071)"中,对点火的适用情况、点火时间限制、点火决策人员、点火执行人员等都做了明确的规定。

(2)点火决策过程。

根据国务院事故调查组调查报告结果，川钻12队负责人在井喷失控后，未按有关规定安排专人监视井口喷势情况、检测井场有毒气体浓度，致使无法及时收集井口准确资料和确定点火时间。钻井二公司负责人在是否应该采取放喷点火措施问题上，未能尽快做出明确指示。川东钻探公司技术负责人在井喷失控后，作为现场总指挥，在有关人员请示是否采取点火措施时，没有向上级请示就以天太黑、现场情况不明、不安全为由不同意放喷点火，到达现场后未去井场进行实地勘察，也没有按规定组织人员观察井口情况，以致未能及时掌握井口放喷情况并采取点火措施。

根据国务院事故调查专家组调查报告结果，罗家16H井井喷失控后，当时井场天然气的浓度还未达到天然气-空气混合比和硫化氢-空气混合比的爆炸极限，组织放喷点火应该有充足的时间，点火也不致危及井场安全。此外，井口钻杆被全封闭闸板挤扁，喷出不畅而形成套压，完全可以实现从放喷管线出口放喷，也为实施点火创造了条件，应立即组织放喷，同时在放喷口点燃。在失去环境条件比较有利的第一点火时间后，生产指挥部门的决策者应针对高含硫天然气井井喷失控具有严重危害后果的特殊情况，迅速组织、明确指令井队准备实施点火，这是减少事故态势进一步扩大的必要措施。根据询问笔录，川钻12队队长说，他是23日22时15分向钻井二公司调度汇报的，在以后的时间内除疏散现场人员和村民外，有关对井喷失控的处理问题上，一直在等上面的通知。仅从罗家16H井井喷失控以后的工作看，首先在钻井队负有现场安全责任的钻井监督没有在最短的时间内安排放喷点火，失去了控制有害气体扩散的有利时机。其次钻井二公司、川东钻探公司对本井是否应该采取点火措施制止硫化氢气体扩散的问题上，未能尽快做出果断的决策和明确的指令。

2003年12月24日11时20分，在高桥镇监测点测定的大气中硫化氢浓度超过1000ppm，高桥镇部分抢险人员向齐力乡方向转移。在转移途中接到现场点火的指示，并与开县武警联系点火事宜。从2003年12月23日22时4分左右井喷失控，到发出现场点火指示，中间相隔13小时16分，相关人员均未做出点火决策。

"12·23"井喷事故发生时，我国石油天然气行业及企业标准规范中尚没有井喷失控点火的相关规定，因此现场作业人员不知道是否应该点火、何人决策点火及何时点火，在事故信息的传递过程中消耗了大量时间，错失了点火的良机。

2)点火执行情况

(1)点火方案。

2003年12月24日11时20分，抢险人员接到现场点火的指示，随后马上组织实施落实点火方案。

2003年12月24日11时30分,四川石油管理局川东钻探公司第一批抢险人员在齐力乡与有关领导汇合,成立了临时抢险领导小组,该领导小组制订的点火方案如下:请当地的开县武警支队实施点火,并向开县武警支队明确了点火装备为一支步枪、一支信号枪,步枪带上信号弹。实际点火过程中,该方案未能起效。

分析以上点火方案的制订过程可以看出:事故处置过程中,有关方面落实点火指令比较迅速,从收到点火指令到制订点火方案,间隔10分钟。然而,该点火方案的制订也暴露出点火方案的盲目性和缺乏可操作性。根据随后的事故应急处置情况,一直到其他方式点火成功,该点火方案也未能得以落实。

(2)点火。

2003年12月24日14时20分至15时,抢险领导小组派出两名工程师、六名突击队员组成梯队进入井场,对井口、放喷管线状况进行点火前勘查,确定了安全点火地点后返回高桥镇。

24日15时至15时20分,在武警尚未到达的情况下,为了尽快实施点火,现场人员紧急撬开附近一家商店找到魔术弹,抢险领导小组派第一批点火人员两人,用魔术弹在距离喷口约50米处进行第一次点火,由于喷势太大,点火不成功后返回高桥镇。

24日15时55分,现场人员从商店找到礼花,实施第二次点火。第二批点火人员携带礼花在距离喷口约70米处实施点火成功,井口压力28兆帕。从23日22时4分左右井喷失控,到实施第二次点火成功,中间相隔17小时51分钟。

分析以上点火过程,反映出以下情况。

第一,应急救援人员全力尝试点火。两次点火尝试表明,应急救援人员在原点火方案受阻的情况下,积极寻求其他方法,根据现场情况努力进行尝试,最终在原定点火人员和装备到达之前成功点火,解除了毒气蔓延至更大范围的威胁。在此过程中,现场指挥人员也充分考虑了点火人员的安全,安排了点火前的勘查,并确保了勘查人员的安全。

第二,标准规范缺失,点火行动缺乏指导依据。用何种方法和装置能尽快点燃含硫化氢毒气,由谁决策点火,由谁执行点火?在这几个问题上,再次暴露出"12·23"井喷事故救援过程中井喷点火相关标准的缺失,以及缺失所带来的严重后果。事故发生时的行业及企业标准规范中对于如何点火、谁决策点火、谁操作点火都没有相关的规定,事故应急救援人员面临如何快速点燃毒气这一问题时,应急行动缺乏指导依据,只能临时决定,不断尝试,从而再次延误宝贵的时间。

第三,亟须研究井喷点火技术和点火装置。从2003年12月24日11时20分抢险人员接到现场点火的指示,到12月24日15时55分点火成功,中间相隔4小时35分钟。事故中,毒气随时威胁着周围群众的生命安全,应急救援工作分秒必争,然而,如何快速点燃毒气这一技术问题却严重制约了应急救援行动,延误了应急处置工作,井喷点火技术和点火装置亟待研究。

3)不同时间点火效果分析

对"12·23"井喷事故中硫化氢扩散过程进行数值模拟,计算不同时间点火时硫化氢扩散范围,并分析该范围内实际事故过程中死亡情况,结果如下。

假设15分钟点火,并将石油行业标准中通常采用的危险临界浓度100ppm(150毫克/立方米)作为危险区的划分范围,见图1.14。

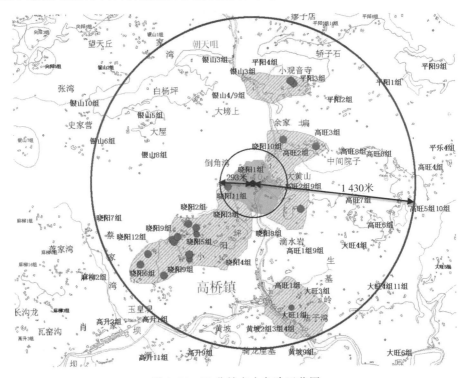

图1.14　15分钟点火危险区范围

分析图1.14的扩散范围,对比实际死亡分布,可以得出在井喷失控15分钟后点火的硫化氢扩散范围内,共有302个居民,实际事故过程中死亡9人。

假如1小时点火,并将100ppm作为危险区的划分范围,见图1.15。

对照图1.15的扩散范围,对比实际死亡分布,可以得出在井喷失控1小时后点火的硫化氢扩散范围内,共有983个居民,实际事故过程中死亡171人。

实际18小时点火,并将100ppm作为危险区的划分范围,见图1.16。

对照图1.16的扩散范围,对比实际死亡分布,可以得出在井喷失控18小时后点火的硫化氢扩散范围内,共有4 253个居民,实际事故过程中死亡243人。

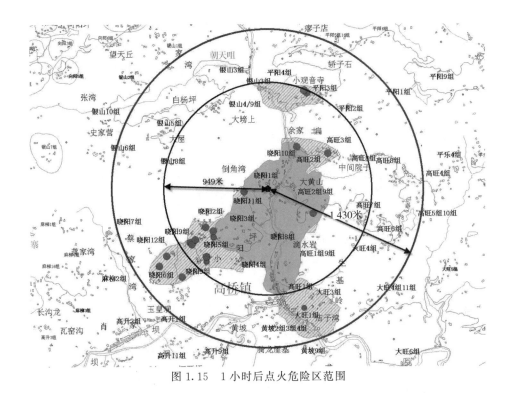

图 1.15 1 小时后点火危险区范围

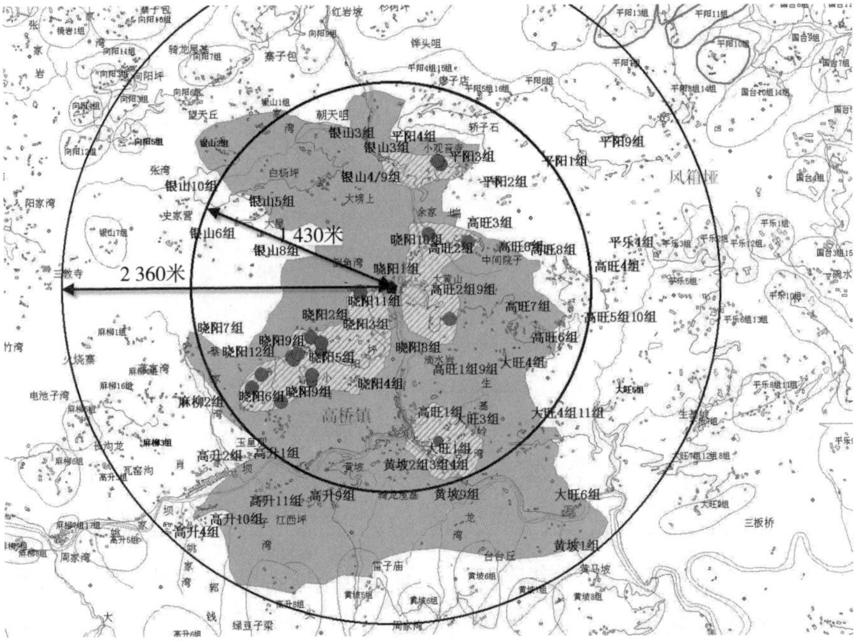

图 1.16 18 小时后点火危险区范围

表1.9为不同点火时间下硫化氢扩散范围及实际居民死亡情况。通过对比可以发现：在罗家16H井井场周围居民分布的条件下，井喷失控后1小时、18小时点火的影响区域的实际死亡人数分别是15分钟点火死亡人数的19倍、27倍；井喷失控1小时、18小时点火的波及人数分别大约是15分钟点火波及人数的3.25倍、14倍。在15分钟点火的情况下硫化氢扩散范围小，实际事故过程中居民在听到声音及看到火光后及时自发撤离；在1小时点火情况下，居民中很多人在当时没有警报措施的情况下，还未及时撤离就已经死亡；18小时点火情况下，由于实际事故过程中在1小时后现场已经开展有组织的疏散，距离更远的居民部分得到撤离，所以后来死亡人数并未随影响区域内常住人口增多而线性增加。

表1.9　不同点火时间下硫化氢扩散范围及实际居民死亡情况

项目	15分钟点火	1小时点火	18小时点火
最大影响距离/米	293	949	1 430
影响区域内常住人口/人	302	983	4 253
区域内实际死亡人数/人	9	171	243

不同点火时间及不同风速下硫化氢的扩散范围见表1.10，其中表格中的距离表示该点火时间下不同风速时硫化氢扩散的最大距离。

表1.10　不同点火时间及风速下硫化氢的扩散范围

点火时间	硫化氢浓度	风速			
		0.5米/秒	1米/秒	2米/秒	3米/秒
15分钟	300ppm	300米	350米	400米	400米
	100ppm	400米	700米	1 050米	1 250米
30分钟	300ppm	700米	500米	500米	480米
	100ppm	1 250米	1 500米	1 750米	1 800米
60分钟	300ppm	1 000米	900米	1 000米	950米
	100ppm	1 350米	1 600米	1 900米	1 800米
120分钟	300ppm	1 150米	1 050米	1 050米	950米
	100ppm	1 800米	1 700米	1 900米	1 800米

通过以上分析可以看出：含硫气井井喷失控后，点火时间越早，硫化氢污染范围越小，影响人数越少。为了及时控制硫化氢污染范围，尽量减少硫化氢对人员的伤害，点火越早越好。

"12·23"井喷事故应对处置工作中，从2003年12月23日22时4分左右井喷失控，到24日15时55分点火成功，中间间隔17小时51分。尽管中石油和当地政府及有关部门尽力联系、调集点火装备，但是缺乏相应的标准规范，应急救援措施的决策和行动缺乏指导依据，未能及时采取措施，加之点火技术和点火装备的落后，制约了点火行动，拖延了点火时间，导致事故扩大。因此，亟须制定完善井喷点火有关标准规范，研究解决点火技术和点火装置方面的关键问题。

4) 点火决策及效果分析

通过本章对"12·23"井喷事故中点火决策、执行过程及点火效果的分析，可以得到以下结论。

(1) 有关研究表明，高含硫气井井喷失控后应该尽早点火，点火时间越早，越有利于减小硫化氢影响范围。

(2) 由于相关标准的缺失，点火决策和点火行动缺乏指导依据。建议完善含硫油气井井喷点火时间、点火适用情况等方面具有可操作性的标准规范。

(3) 建议研究井喷点火技术和点火装置，满足安全生产需求。

3. 压井

本章针对"12·23"井喷事故中压井这一重大决策，重点分析压井决策的制定和执行过程，对决策制定的依据、制定过程、具体处置过程、采取的主要措施及其效果进行分析，总结事故应对过程中压井方面的经验以及改进意见和建议。

1) 压井决策过程

(1) 压井前企业决策情况。

2003年12月24日22时30分，中石油有关领导到达现场，召开了由地方政府、中石油、四川石油管理局、西南油气田分公司领导、技术专家和川东钻探公司有关领导参加的会议，重新调整了抢险指挥部，确定了指挥和副指挥，下设现场组、技术组、综合组、后勤组、警戒保卫组、救护善后组六个专业小组，全面负责抢险物资、设备材料准备、抢险技术措施、应急方案的制订、信息收集、警戒保卫及救护善后工作。

25日开始，抢险指挥部派出460名公安干警、武警官兵，组成20个搜救组，配备硫化氢报警器，进入井场附近全面展开搜救，发现大量死亡人员。

(2) 国务院领导压井决策情况。

硫化氢是一种剧毒气体，对人体危害极大，罗家16H井天然气中硫化氢含量高达9.02%，属高含硫气井，井喷发生后，高含硫化氢有毒气体的扩散造成严重人员伤亡，截至12月26日上午，已确认有191人死亡。虽然经过抢险救援人员努力，于24日15时55分点火成功，有效地控制了硫化氢的扩散，但只有通过压井，才能彻底控制毒气的扩散。为了保证人民群众生命安全，必须实施压井。

罗家16H井地质构造复杂、地层压力高、硫化氢含量高，压井既要把井压住不让其反扑，又要让气井经过下一步作业，可以在正式完井后能尽快恢复产能，因此罗家16H井的压井难度极大。

2003年12月25日、26日，国务院、国家安监局、中石油领导先后到达事故现场。国务委员兼国务院秘书长华建敏连夜赶到事故现场后，立即召开会议，了解现场情况，部署抢险工作。在会议上，对此次事故处理工作，华建敏提出了以下三点原则。

一是要以对人民高度负责的精神，把救人放在第一位，立即组织各方面力量开展一次拉网式搜救。

二是越是在困难的情况下，越是要发挥党组织的核心和领导作用，发挥我党的政治优势、组织优势、党员优势，党员领导干部要身先士卒，奔赴一线开展工作，做群众的主心骨。

三是要顾全大局，统一协调，统一行动，维护社会秩序和社会稳定，把好新闻报道关，及时发布抢险救援工作动态，把握舆论导向，畅通主渠道，弘扬主旋律。

根据华建敏提出的原则，抢险指挥部决定在压井之前先组织各方面力量开展一次拉网式搜救，确保群众安全。

为了确保压井的顺利实施，2003年12月26日下午，国务委员兼国务院秘书长华建敏带领国务院工作组赶赴事故抢险现场。华建敏看望了正在紧张工作的石油工人，仔细检查了压井准备工作，并召集大家认真研究压井方案，决定12月27日上午9时正式实施压井堵口，要求各有关方面要正确指挥、科学组织，确保万无一失和施工安全。

2）压井决策的执行情况

（1）压井方案。

针对罗家16H井压力高、产量大，特别是硫化氢含量极高等特点和难点，在抢险事故现场的专家提出：压井工作既要把井压住不让其反扑，又要让气井经过下一步作业，正式完井后，尽力恢复产能，因此只能压井，不能封井。

为保证压井的绝对成功，20多名石油专家事前进行了技术参数的精细测算，保证足够的安全系数。他们搜集了一切直接和间接的资料，对罗家16H井井下的地层参数做出尽可能准确的判断，并针对多产层多压力系统建立了三个优势，即不同密度的优势、3倍于井筒泥浆量优势和压入排量的优势，每个优势都远远超过应有的度量，保证一次压井成功。井筒的容量为160立方米，但指挥部准备压井的泥浆达到480立方米，是井筒容量的3倍。27日施工时压入排量也达到每分钟5~6立方米。此外，喷井内地层压力系数为1.28（正常值为1），压井方案中将泥浆调配密度配至压力系数为2，远远超过了井内压力，确保以绝对优势压住井喷。

考虑到在意外情况下，也要确保有毒气体硫化氢不形成新的扩散。在制订主实施方案的同时，抢险压井指挥部还制订了三套应急备用方案。三套应急备用方案为压不住井喷的处置方案、井内出现大量漏失的处置方案、施工中任何一台设备出现故障的处置方案。

施工准备阶段组织专家进行多次论证。不到两天的时间里，在充分采用以往相似情况成熟压井技术方案的基础上，由经验丰富的专家组成的技术组反复修改，并经过三次大的方案论证审查，最后由抢险指挥部批准。

(2)物资装备。

压井前准备了 3 台压裂车和 1 台水泥车，压裂车的最高工作压力可达 100 兆帕，是施工作业压力的 2 倍以上，连接了两套压井注浆管线系统，使用 1 套、备用 1 套，还准备了两组试调放喷及点火系统，以防不测。

在压井前几天，抢险施工人员将设备、材料和物资准备工作做得十分充分。尽管事故发生地点处在大巴山偏僻的山区，道路崎岖，交通不便，但抢险救援人员在国务院工作组的组织指挥下，却仅用 3 天时间就将约 6 000 吨重的物资和材料从几百千米外全部运抵到位。指挥部将设备全部进行了试运转，不合格的连夜整改，直到合格为止。

(3)组织实施。

2003 年 12 月 26 日，为配合压井工作，抢险指挥部决定全面清理现场，在井口 5 千米处设立警戒线，出动 82 个搜救组，对以井口为中心、5 千米为半径的近 80 平方千米的地区实施逐户搜救，将 900 名仍滞留在危险区的群众撤离至安全地带。在此期间研究制订了详细的压井方案和应急方案，调集了压井装备、物资器材。

消防方面，26 日上午 8 时，根据华建敏同志的要求，国务院工作组和现场指挥部立即召集重庆消防部队一支队、五支队、特勤大队等有关单位的领导召开紧急会议，研究 27 日上午的压井消防保卫方案。经过大家的反复研究，制订出了切实可行的方案。

抢险指挥部经过严格的筛选，确定了现场抢险人员，然后进行了一次非常严格的清场，无关人员全部撤离，包括专家在内的其余相关人员转移到现场附近的两辆大车上，现场抢险人员很明确地被告知任务可能的危险性。

在方案和人员都确定后，抢险指挥部对每个抢险施工的作业小组和参战人员进行了三次技术布置，使大家明确自己的岗位、工作内容、动作程序、动作标准及安全要求，并进行了两次实战演习。

27 日 9 时 36 分，正式开始压井，11 时压井成功。从 23 日 21 时 57 分开始井喷，到开始压井持续约 84 小时 39 分钟，到压井成功持续时间 86 小时 3 分钟。

从23日22时4分左右井喷失控,到开始压井持续时间约84小时32分钟,到成功压井持续时间约85小时56分钟。

3)压井决策分析

总结压井决策和决策执行过程,得到以下几方面的认识。

(1)决策始终坚持以人为本的原则。

国务委员兼国务院秘书长华建敏连夜赶到事故现场后,对此次事故处理工作,华建敏提出了三点原则,其中强调要以对人民高度负责的精神,把救人放在第一位,立即组织各方面力量开展一次拉网式搜救,将仍滞留在危险区的群众撤离至安全地带,以确保人员安全。

在制订压井施工方案的同时,此次压井还制订了应急方案,以防意外情况,确保有毒气体硫化氢不形成新的扩散,充分考虑了应急抢险人员和周边群众的生命安全。

此次压井决策,充分体现了党和政府始终坚持以人民群众利益为重,坚持把维护人民群众身体健康和生命安全放在第一位,切实维护群众切身利益,全力保障人民群众安全,充分体现了党以人为本的原则。

(2)严密的组织指挥。

此次压井成功,很大程度上也得益于组织指挥工作的严密。

罗家16H井压力高、产量大,硫化氢含量极高,这些特点和难点,使压井工作面临极高的难度。应急处置过程中,压井工作至关重要,事故处置的成败在此一举。

在华建敏率领的国务院工作组的统一领导和指挥之下,经过周密的安排,组织指挥工作严密有序,各部门人员分工明确,各种物资及时运抵,各组之间信息畅通。由于准备充分,方案制订科学,人员事先演练,后勤保障有力,从而确保了压井工作有条不紊,行动迅速,顺利实施,一次成功。

"12·23"井喷事故的压井工作涉及多个应急救援部门,对压井行动的统一指挥和协调组织是有效开展压井救援工作的关键。由于建立了统一的指挥、协调程序,建立了现场工作区,可以迅速有效地进行应急响应,合理高效地调配和使用应急资源,顺利开展压井行动。此次压井组织工作不仅保证了压井一次成功,而且为事故应急组织工作树立了科学的榜样,对今后事故处置工作极具借鉴意义。

(3)科学的方案。

此次压井充分体现了方案的科学性。面对罗家16H井压力高、产量大,特别是硫化氢含量极高等特点和难点,既要把井压住不让其反扑,又要让气井经过下一步作业,正式完井后尽力恢复产能,因此决定压井而不封井,体现了科学性。

石油专家们事前进行了技术参数的精细测算,保证足够的安全系数。考虑到在意外情况下，也要确保有毒气体硫化氢不形成新的扩散。科学的方案有力地保障了压井各项工作的顺利实施，确保了人民群众的生命安全。

4. 人员撤离、搜救及安置

1) 撤离、搜救及安置决策过程

(1) 撤离。

在事故应急救援过程中，人群撤离是减少人员伤亡扩大的关键。井喷失控后，井场周边群众的疏散过程大致可分为三个阶段，分别由井队、高桥镇政府及抢险指挥部组织。

第一阶段：2003年12月23日22时25分～40分，井队向高桥镇汇报事故险情，请求帮助紧急疏散井场周围1千米范围内的群众。随后，由于井口喷势加剧，硫化氢气味变浓，再次请求将疏散范围扩大到井场周围3～5千米。开县高桥镇党委书记王洪开、镇长杨庆友赶到现场了解情况，随后立即成立了抢险救灾指挥部，并做出了将井场四周的晓阳、高旺、高升、大旺4个村的群众以及高桥镇初中、小学的学生向正坝镇、齐力、麻柳撤离的决定。

第二阶段：12月23日23时左右，高桥镇通过多种渠道、采取多种形式组织大旺、高旺、黄坡、晓阳、高升、麻柳六个村及集镇和公路沿线群众向齐力、正坝等方向顺公路转移。12月23日23时46分，开县副县长王端平率队赶赴事故现场，在进一步了解事故现场情况的同时，先遣队迅速做出决定，将剩余的工作人员及井场工人撤离转移到齐力工作站。

第三阶段：12月24日3时50分左右，齐力工作站开始出现硫化氢气味，指挥部立即决定再次组织群众由后山转移到离井口5千米外的高升煤矿，并聚合人力，制订方案，明确责任，调集和征用各种车辆，组织场镇和井场周围的群众继续转移，并从中和、临江、铁桥等乡镇以及县城调集车辆，确保群众迅速转移。与此同时，对正坝镇下达转移命令。12月24日8时，对距井口7千米左右的麻柳乡下达准备转移命令。

(2) 搜救。

对井场周边群众的搜救过程大致可分为三个阶段，由开县政府及抢险指挥部组织。

第一阶段：2003年12月24日3时左右，开县政府在钻井队配合下成立疏散搜救领导小组，组织突击队搜救中毒人员。

第二阶段：为了尽可能挽救受灾群众的生命，同时为下一步即将开展的压井工作做好准备，抢险指挥部决定在12月25日凌晨派出460名公安干警、武警官兵，组成20个搜救组，进入井场附近全面展开搜救，搜寻幸存者和死亡人员。

26日凌晨1时，国务委员兼国务院秘书长华建敏率国务院工作组连夜抵达开县后立即召开会议，会议传达了中央领导的重要指示，代表党中央国务院对开县受灾群众和参加抢险救灾的广大公安干警、武警官兵、医务人员及基层干部群众表示慰问，听取了重庆市委、市政府及有关单位关于"12·23"井喷事故抢险救灾工作的汇报。在会上，华建敏果断部署，他说："当前最重要的事情是继续搜救中毒人员。各级党组织发挥政治优势和组织优势，越是有困难、有危险，党员干部越要冲锋在前，尽最大努力救死扶伤。"同时，华建敏要求，要尽最大努力抢救中毒人员，搜救排查要细密犹如篦发。

第三阶段：26日为配合压井工作，抢险指挥部决定全面清理现场，组建102个搜救组，对以井口为中心、半径为5千米的近80平方千米的区域，进一步实施拉网式搜救。

(3) 安置。

灾民大规模疏散转移后，最大限度地保障灾民基本生活成为整个应急救援工作的当务之急。党和政府十分关心受灾群众的安置问题。胡锦涛、温家宝、黄菊、华建敏等中央领导同志做出重要批示，要求地方和有关部门安排好群众生活，做好善后工作。

国务委员兼国务院秘书长华建敏在26日凌晨1时召开的会议上要求：重庆市要组织医疗力量，全力救治每一个中毒病员，挽救生命。卫生部要在技术、药品及器械等方面给予全力支持；同时，要加强人畜的防疫工作，防止次生疫情发生；妥善安置疏散转移出来的群众，提高安置质量，重点解决群众的防寒问题，使每个被疏散转移出来的群众不受冻，不挨饿，有病能及时得到医治。民政部要抓紧调拨救灾物资，中石油也要在资金上予以支持；对当地社会治安进行有效控制，对群众撤出区域实行警戒，确保群众财产安全，同时，注意做好群众的思想工作，保持社会稳定。

为了妥善安置灾民，重庆市委市政府提出了"有饭吃、有衣穿、不挨饿、不受冻"的目标，按照这一目标要求做到"五热"，即保证灾民看热脸、吃热饭、喝热汤、洗热水、睡热被窝。四川省宣汉县对开县灾民的安置提出"六个一"措施，即确保灾民"无一人挨饿，无一人受冻，无一人病倒，无一起安全事故，无一人有伤害灾民感情的言行，无一人向灾民收取一分钱"。

2) 撤离、搜救及安置情况

(1) 撤离。

根据地形和交通状况，指挥部决定将受灾群众向四个方向疏散，呈放射性状设置15个政府集中救助点，即汉丰方向设立紫水、敦好、郭家、县城4个点，临江方向设立天和、天白、三汇口、中和、三合、临江、镇安、竹溪、太原9个点，梓潼方向设立麻柳、梓潼2个点。在每个救助点均安排1名县级领导作为第一责任人，所在乡镇的党委书记为直接责任人，各个救助点分设医疗救治、后勤保障、治安巡逻、信息联络等工作组，每个组在救助点领导指挥下，各自开展工作。

整个撤离过程有序展开,灾区的 65 632 名群众中,32 526 人安置在指挥部设置的县内的 15 个政府集中救助点,10 228 人有序转移到四川省宣汉县,其余采取在当地县上工作组和基层干部的组织下,采取投亲靠友和群众互帮互助等方式进行安置。

在撤离行动过程中,当地环保部门依据《环境应急手册》查找出硫化氢大量泄漏事故区隔离和人员防护最低距离(4.3 千米)。现场救援指挥部根据环保部门的监测结果和建议,进一步确定了受污染区域,为撤离灾民提供了依据。

(2)搜救。

2003 年 12 月 24 日 3 时左右,开县政府在钻井队配合下成立疏散搜救领导小组,组织突击队搜救中毒人员,截至 24 日 16 时 30 分左右点火前,共搜救出 45 人。

2003 年 12 月 25 日凌晨,在市委常委、市公安局长、前线总指挥朱明国的指挥下,抢险指挥部派出 460 名公安干警、武警官兵,组成 20 个搜救组,配备硫化氢报警器,进入井场附近全面展开搜救,搜寻幸存者和死亡人员,发现大量死亡人员。

26 日又组建 102 个搜救组,对以井口为中心、半径为 5 千米的近 80 平方千米的区域,进一步实施拉网式搜救。在搜救过程中,共调集党员、干部 1.2 万余名,驻渝部队、公安、武警和消防官兵 1 500 余人,医护人员 1 400 余人,民兵预备役 2 800 余人。在实施压井之前共搜救出 900 多名滞留危险区的群众。

(3)安置。

为保证灾民有饭吃、不挨饿,开县抽出 15 名县级领导带领 700 多名干部进驻灾民救助点,与灾民同吃同住,切实做好服务工作和思想政治工作。指挥部先后从重庆主城区、万州区和开县周边的一些县,组织发放 85 363 件衣服、35 282 床棉被、152 吨大米、45.5 吨面条、30.5 吨食用油等救灾物资,接纳灾民的乡镇还自行组织了大批食品,保证了避灾群众有饭吃、有水喝、有地方住。

指挥部同时采取了多条措施来安置受灾群众,如发动农村居民亲带亲、邻帮邻,将一些老弱病残人员接到当地居民家过夜;在县政府和乡镇政府机关、学校腾出会议室、办公室 3 000 余间,或搭建简易帐篷安置灾民;迅速将组织调运和发动群众捐赠的棉被 3.5 万床,衣服 8.5 万件,发放给灾民使用。

为保证伤员的救治,指挥部从全市各大医院抽调 160 余名医务人员,组成 5 支医疗队赶赴灾区救援;开县从各医院组织医护人员 1 600 余人,在救灾前沿的敦好、天白、高升、郭家、中和设立 5 个临时医疗点,将开县人民医院和中医院作为后方医院。全县各类医院和医疗点收治的因灾伤病人员达到 23 515 人,其中住院人员 2 067 人,住院病人中有重症病人 17 人,其中 5 人转到重庆市治疗。

2003 年 12 月 26 日上午,国务委员兼国务院秘书长华建敏与重庆市委书记黄镇东、市长王鸿举一道前往开县县城的各灾民安置点,慰问受灾群众。

华建敏等到县政府会议室，慰问安置在那里的受灾群众。华建敏说："这场灾难突如其来，胡锦涛总书记和温家宝总理非常关注，派我带工作组下来，帮助你们解决实际困难，保证你们有饭吃、有水喝、有地方住、不挨饿、不受冻，共同战胜这场灾难。"接着，华建敏一行又到灾民集中的县委党校、县人民医院，仔细查看安置、医疗、食堂情况，慰问灾民，千叮咛万嘱托工作人员要全力保障灾民安顿、治疗和生活。

26日上午9时10分，华建敏等到开县县政府礼堂慰问安置在那里的300多名群众。华建敏首先转达了党中央、国务院对受灾群众的关心和问候。他说："党和政府不会让大家冻着饿着，保证大家大灾面前有衣穿，有饭吃！"9时40分，华建敏一行来到开县县委党校，慰问了安置在那里的400多名群众，他们仔细查看了学校的宿舍、医院、食堂，检查了各项保障措施，并叮嘱现场工作人员全力确保灾民的生活安排。上午10时，国务委员兼国务院秘书长华建敏一行到开县人民医院看望受伤灾民。华建敏一行详细地询问了中毒人员的病情，并了解医院的药品供给、治疗手段等情况。

3）人员撤离、搜救及安置过程分析

通过对人员撤离、搜救及安置策略制定和执行情况的分析总结，可以得出以下几点认识。

(1) 人员撤离、搜救及安置工作对减轻事故影响意义重大。

事故发生后，在党中央、国务院的高度重视和深切关怀下，在重庆及开县政府的坚强领导和直接指挥下，在社会各界的大力支持和无私援助下，政府及企业各级各部门坚持以人为本，全力以赴应急救援，积极稳妥处理善后，最大限度地减轻了事故灾难影响，降低了人民群众的生命财产损失。

(2) 缺乏地方政府和企业协同应急机制。

由于政府与企业之间、企业与公众之间缺乏必要的协同应急机制，没有制订地方政府和企业之间的协同应急预案，在决策、指挥、联络、执行等各个环节都存在不确定性，应急救援中权责不明，分工不清，容易延误应急处置时机，严重影响应急救援工作的效率。在此次"12·23"井喷事故中，发生井喷事故后，地方政府和企业之间未能建立快速、有效、通畅的信息通道，致使井场周边群众撤离不及时，导致重大人员伤亡，教训极为深刻。

(3) 企业对硫化氢危害的宣传教育力度不够。

从事高危产品生产的企业有义务向周边居民群众普及安全防范常识，使他们在事故发生后有能力采取自我保护措施，主动迅速撤离。但是，钻井队没有及时履行向群众普及安全防范常识的义务，让群众明白如何自救，从来没有告知他们如何防范有毒气体，导致当地群众对井喷的毒气危害性认识不足，疏散过程中甚至有部分群众擅自逃回家中，其中晓阳村有近40人返回后无一人生还。

根据对受灾村民在事故发生后的认知功能进行的问卷调查，事故发生前后村民认知的比较结果如表 1.11 所示。

表 1.11 事故发生前后村民认知的比较结果

题目	选项	人数/人		占比/%	
		事故发生前	事故发生后	事故发生前	事故发生后
您知道井喷的原因吗	不知道	264	130	94.6	46.6
	知道一点	13	133	4.7	47.7
	很清楚	2	16	0.7	5.7
您知道硫化氢是有毒气体吗	不知道	236	42	84.6	15.1
	知道一点	33	181	11.8	64.8
	很清楚	10	56	3.6	20.1
您知道主要的逃生方式吗	不知道	244	51	87.5	18.3
	知道一点	29	202	10.4	72.4
	很清楚	6	26	2.1	9.3
您认为硫化氢中毒会留下后遗症吗	不知道	219	78	78.5	28.0
	知道一点	50	178	17.9	63.8
	很清楚	10	23	3.6	8.2

从表 1.11 可以看出：绝大多数村民不知道井喷的原因，约占 94.6%，但井喷事故发生后，仍有接近一半的人不知道井喷的原因，约占 46.6%；事故之前，有大部分人不知道硫化氢是有毒气体，约占 84.6%，而事故之后，只有 15.1% 的人不知道；事故发生前，大部分人不知道主要的逃生方式，约占 87.5%，事故之后，不知道逃生方式的人大大减少，但仍有 18.3% 的人不知道主要的逃生方式；事故之前，很多人都不知道硫化氢中毒后是否会留下后遗症，约占 78.5%，事故之后，有 72.0% 的人认为硫化氢中毒后会留下后遗症。

企业应承担其应有的社会安全责任，在抓好自身安全生产的同时，与当地政府合作，加强对含硫气田所在地区人民群众的宣传教育力度，避免事故发生后人民群众的不必要伤亡。

(4) 井场安全规划方法亟待研究。

企业在井场选址、井场周边居民搬迁、事故应急疏散范围等安全规划方面的工作不够深入，导致最近的农户离出事井架不足 50 米，事故发生后井队设立的以井口为中心，半径 300 米的警戒线内还有大量居民，其生命安全受到严重威胁。

企业应在井场安全规划方面进一步加大投入，提出合理可行的井场安全规划方法和标准，从而确保开发过程中的人员（包括开发人员及井场周边相关人员，如居民等）安全。

(5) 应急救援能力不足。

第一，通知报警技术。此次井喷事故发生时，钻井队发出了井喷警报，但是这种警报信号只有钻井作业人员了解其意义，周围的居民并不了解这种警报信号，同时由于事发时正值人们睡眠时间，睡梦中的居民没有及时做出反应。突发事故下，缺乏对周边群众发出警报的设备。井喷失控后，在组织井控无效的情况下，当班人员开始撤离现场，并通知疏散周边群众。高桥镇当地政府得到事故信息后，也立即派人通知群众疏散撤离，但是，由于缺乏通知报警技术及装备，井队作业人员和当地组织的通知人员只能靠人员的呼喊去惊醒睡梦中的居民。事后当事居民接受采访时痛心地说："要是有个高音喇叭就不会死那么多人了。"

根据对受灾村民发现井喷的途径进行的问卷调查，结果如表 1.12 所示。

表 1.12　村民发现井喷的途径

发现途径	人数/人	占比/%
广播	9	3.2
电话	19	6.8
人喊	190	68.1
自己发现	61	21.9

从表 1.12 可以看出，村民发现井喷事故的途径主要是通过人喊而得知的，共 190 人，约占 68.1%；通过广播得到通知的人数为 9 人，约占 3.2%；通过电话得到通知的人数为 19 人，约占 6.8%；而自己发现的人数为 61 人，约占 21.9%。自己发现主要是听到外面的喧闹声、井喷的响声或闻到刺鼻的味道，甚至有的村民是发现自己家的很多牲畜死了才意识到发生了井喷事故。

"12·23" 井喷事故应急救援工作中，通知报警技术在疏散撤离群众时严重制约了疏散效率，需要进一步进行研究改进。

第二，疏散技术及装备。在事故应急救援过程中，人群疏散是减少人员伤亡扩大的关键。应当对预防性疏散准备、疏散区域、疏散距离、疏散路线、疏散运输工具和安全庇护所等做出细致的规定和准备，应考虑疏散人群的数量、所需要的时间、风向等环境变化以及老弱病残等特殊人群的疏散等问题。此次事故应急疏散，是涉及数万人的大规模疏散，由于气井施工单位没有对周围居民进行过安全教育，周边居民对潜在的危害和突然来临的灾难缺乏防范心理，对疏散路线一无所知，对硫化氢的危险性质毫不了解，缺乏必要的防护和自救知识，钻井施工单位和当地政府缺乏预防性疏散准备，对疏散区域、疏散距离、疏散路线只能临时决定，难以制订科学的疏散方案；突发灾难下，危险区域的群众在紧急状态下难以快速按照指挥人员指定的线路有效疏散；另外疏散工具落后，大部分人只能徒步疏散。此次事故应急救援中，疏散技术和装备严重制约了疏散效率，体现出应急救援能力方面的不足，也表明当前亟须研究突发事件下大规模人员疏散技术。

5. 资源保障

1) 救援力量

"12·23"井喷事故发生后，企业、地方政府、国家及军队等各方救援力量陆续投入应急救援工作中。

(1) 救援力量参与情况及作用。

第一，中石油。

2003年12月24日0时左右，川东钻探公司第一批应急抢险人员赶赴事故现场。赶赴事故现场的人员有安全、环境保护、生产协调、装备、公安人民武装部门负责人和相关技术人员。24日9时30分，川东钻探公司的第一批抢险人员到达正坝，并在正坝设立抢险指挥点和临时看守点，开始监测硫化氢浓度。

24日10时30分，四川石油管理局川东钻探公司的抢险人员到达高桥镇。24日11时30分，四川石油管理局川东钻探公司第一批抢险人员在齐力乡与开县、企业现场人员成立临时抢险领导小组。

24日14时，在高桥镇，成立了由四川石油管理局和西南油气田分公司领导及技术人员组成的现场抢险领导小组。

24日22时30分，中石油有关领导到达并察看了现场，召开了由地方政府、中石油、四川石油管理局、西南油气田分公司领导、技术专家和川东钻探公司有关领导参加的会议，重新调整了抢险指挥部。

第二，地方政府。

一是开县。2003年12月23日23时50分左右，开县政府领导率县政府办公室、公安、消防、安监、卫生、交警、医院负责人及医务人员组成先遣抢险队伍，共50多人赶赴事故现场，与高桥镇和周边乡镇先期到达的机关干部会合，成立了现场指挥部，由副县长王端平任指挥长，井场负责人曾能为副指挥长。

24日3时左右，开县政府在钻井队配合下成立疏散搜救领导小组，组织疏散井场周围群众，组织突击队搜救中毒人员。调集和征用各种车辆，发动当地镇、村、社三级干部和基层党员、基干民兵，组织场镇和井场周围的群众继续转移。

在整个应急救援过程中，开县102个县级部门和单位党组织、39个乡镇党委、491个村党支部，5 142名党员干部、6 364名农村党员主动投入应急救援。

二是重庆市。2003年12月23日23时左右，市政府接到市安全生产监督管理局关于川东北矿区发生井喷的报告，随后立即委派重庆市委常委、市委秘书长何事忠、副市长吴家农率市级相关部门负责人和专业救援队伍紧急赶赴开县。24日，重庆市副市长吴家农率队赶到开县，成立了指挥部。

25日，重庆市委书记黄镇东、市长王鸿举、副书记姜异康等市领导先后赶到开县，亲临一线指挥。

为保证伤员的救治，指挥部从重庆市各大医院抽调160余名医务人员，组成5支医疗队赶赴灾区救援。重庆市交通部门出动2 899车次、10万人次投入救灾运输中，还出动600人次抢修救灾物资通道。

三是国务院。2003年12月26日，受党中央、国务院的委派，国务委员兼国务院秘书长华建敏率公安部、卫生部、国家环保总局、国家安监局、国务院国资委、劳动保障部等九个部门负责人组成的国务院工作组抵达开县，指导事故抢险救援工作。

"12·23"井喷事故发生后，国务院立即启动了灾害事故应急预案，派出国家救援队，连夜赶往灾区。

四是部队、武警。得知事故信息后，重庆警备区成立以司令员林尊龙、政委段树春为领导的抢救指挥组，分别派遣政委段树春、参谋长蓝显忠带领机关人员奔赴事故现场，开展一线指挥，并迅速组织和协调驻渝部队、某高射炮师团、武警、人民武装部和民兵预备役人员2 800多人奔赴抢险救灾第一线。

武警重庆总队280名官兵于25日上午赶赴开县后，会同从万州区调来的武警共800多名，携带防毒面具等抢险工具，摩托化开进，紧急赶赴灾区。

驻渝某集团军派出防化分队51人以及防化侦毒车、淋浴车、电台车、救护车、指挥车等，也赶到事故现场开展救护工作，同时出动40多台车辆，将棉衣、棉被、棉裤和食品等紧急救灾物资90余吨火速运到灾区。

25日、26日，抢险指挥部组织对井场附近全面展开搜救。在搜救过程中，共调集党员、干部1.2万余名，驻渝部队、公安、武警和消防官兵1 500余人，医护人员1 400余人，民兵预备役2 800余人。

五是社会力量。应急救援过程中，社会各界力量都给予了无私的援助和支持，广大群众也积极投入救援队伍中。高桥镇周围的乡镇，周边的县市帮助安置受灾群众，提供了大量人力和物资援助，对应急救援行动提供了宝贵的支持和帮助。

(2)救援力量的组织管理。

分析以上救援力量情况可以发现以下特点。

第一，组织指挥有力。事故发生后，各级应急指挥部门迅速组织各方面的救援力量投入应急救援,各级领导亲临一线指挥,各级党员干部充分体现了先锋模范作用。

第二,动员力量广泛。由于组织有力,社会各方应急救援力量积极投入抢险工作中。

第三,救援人员专业素养有待提高。事故抢险过程中,消防、医疗、卫生等各种专业救援力量都展示了良好的专业素养,但是也有部分救援力量到达现场后未能立即投入抢险,反映了需进一步加强应急处置能力建设,提高专业素养。

第四,专业救援队伍响应速度不够迅速。专业救援队伍在应急救援工作中发挥着无法替代的作用,其响应速度直接影响事故救援工作的进展,对整个事故抢险救援有重要影响。在紧急情况下,应急救援工作分秒必争,专业救援队伍到达现场的速度十分重要,此次事故中,尽管救援队伍全力以赴赶往现场,但是,受到地理、气象等多方面因素影响,专业救援队伍的响应速度受到了限制。

第五,缺乏区域专业救援队伍。事故应急过程中,国务院得知事故消息后,派出国家救援队,连夜赶往灾区,周围地区和企业也都抽调了专业的消防等应急救援队伍支援抢险。但是地方的专业队伍装备和应急技术有限,同时事故发生地交通不便,因此专业救援队赶到事故发生地需较长时间,救援效率不能完全发挥。

有关建议如下:①设立区域性国家应急救援中心,建立专业化事故应急救援队伍,提高应急救援水平。②改善专业应急队伍的装备,提高应急能力。

2)物资装备

"12·23"井喷事故发生后,应急救援物资、装备的准备和调运过程中,存在几个关键环节,下面对其进行分析。

(1)向井场周围居民发出危险与紧急疏散警报装置。

实际过程:发生井喷失控43分钟后,1名钻井人员直接到井场周围居民家中,发出井喷警报,通知居民紧急疏散。

应急结果:事故后调查,钻井人员所通知的居民住户不详,钻井队未能及时向井场周围居民发出井喷危险警报。

分析:当事故可能对周边地区的公众造成威胁时,应及时启动警报系统,向公众发出警报,同时通过各种途径向公众发出紧急公告,告知事故性质,对健康的影响等注意事项,以保证公众能够及时做出自我防护响应。决定疏散时,应通过紧急公告确保公众了解疏散的有关信息,如疏散时间、路线、目的地等。对于这些方面的内容,生产单位应注重平时对公众的教育。

存在的问题:罗家16H井的钻井队缺乏事故警报设备;对公众教育重视不够,没有建立事故警报系统。

(2)井场附近硫化氢浓度检测、自动监测装置。

实际过程：井场人员向川东北气矿发出井喷失控警报→川东北气矿向川东钻探公司发出井喷失控警报→川东钻探公司做出需要现场硫化氢检测的决策→向检测硫化氢设备所在单位发出调用设备指示→设备所在单位携硫化氢检测设备赶赴事故现场→到达事故现场后在指定位置检测。

应急结果：井喷失控23分钟后，川东钻探公司收到井喷失控警报；井喷失控2小时26分钟后，川东钻探公司做出调用硫化氢检测设备的决定；井喷发生11小时26分钟后，检测人员携检测仪器到达事故现场较近的正坝，准备好检测仪器，开始进入硫化氢检测状态，采集大气中硫化氢的污染浓度、风速、风向等数据。

直接原因：事故发生后，在罗家16H井井场内无硫化氢检测、监测装置或仪器；罗家16H井钻井队的上级生产单位——钻井二公司也没有该类设备，而在钻井二公司的上级单位——川东钻探公司。

分析：在应急救援过程中必须对事故的发展事态及影响及时进行动态监测，建立对事故现场和场外的监测和评估程序。事态监测在应急救援过程中起着非常重要的决策支持作用，其结果不仅是控制事故现场、制定抢险措施的重要决策依据，也是保障现场应急人员安全、实施公众保护措施的重要依据。

存在的问题：罗家16H井的施工单位应急准备不足，施工现场没有配备硫化氢检测装置和硫化氢浓度自动监测系统，事故发生后事故现场没有及时设立自动监测系统监测事故动态。

(3)放喷管点火装置。

实际调用过程：井场人员向川东北气矿发出井喷失控警报→川东北气矿向川东钻探公司发出井喷失控警报→上级石油企业做出点火决定→四川石油管理局现场抢险人员接到点火指示→川东钻探公司及川东北气矿的现场抢险人员布置点火事宜(做点火准备)→现场抢险人员临时寻找点火工具→在井场附近某商店找到的魔术弹实施第一次点火→在井场附近某商店找到的礼花实施第二次点火。

应急结果：井喷发生后13小时16分钟，进行现场点火准备，井喷发生后17小时51分钟找到点火用具，用礼花第二次点火成功。

分析：事故中点火装置的调用过程反映出，对高含硫气田开发安全生产工作的重要性认识不足，应急准备不足，没有准备井喷失控时的点火装置，对井喷点火技术缺乏深入研究，临时寻找点火装置，没有可以遵循的点火技术程序，延误了点火时间。

存在的问题：①对高含硫气田开发安全生产工作的重要性认识不足，没有意识到应该准备井喷点火装置，缺乏井喷点火技术。②应急准备不足，施工现场缺乏井喷点火装置。

(4)应急救援人员的人身安全防护装置。

实际过程:2003年12月24日3时左右,开县政府在钻井队配合下成立疏散搜救领导小组,组织突击队搜救中毒人员;12月25日,抢险指挥部决定派出搜救组,进入井场附近全面展开搜救;12月26日,为配合压井工作,抢险指挥部决定全面清理现场,组建102个搜救组,对以井口为中心、半径为5千米的近80平方千米的区域,进一步实施拉网式搜救。

应急结果:井喷发生25小时18分钟以前,由于应急救援人员的安全防护装置不足,不能有效展开大范围的搜救。

分析:"12·23"井喷事故中涉及剧毒气体硫化氢,使应急救援工作的危险性极大,应急救援人员自身的安全问题就十分重要,应急救援人员的安全防护必须周密考虑,个体防护等设备应准备充分。在"12·23"井喷事故应急救援过程中,由于缺乏足够的正压式空气呼吸器,在井喷失控发生25小时18分钟之内都无法全面展开大规模搜救,直接影响到应急救援工作的开展。在正压式空气呼吸器等装备准备充足后,在有力的指挥下,迅速开展全面拉网式搜救。

存在的问题:抢险救援前期,应急救援人员的安全防护装备准备不足。

(5)压井装备和物资。

实际过程:2003年12月24日22时30分,中石油有关领导到达现场,重新调整了抢险指挥部,组织调运压井物资和装备;国务委员兼国务院秘书长华建敏连夜赶到事故现场后,立即召开会议,了解现场情况,部署抢险工作。抢险指挥部决定在26日实施逐户搜救,在此过程中调集了压井装备和物资。

应急救援结果:井喷发生后的58小时54分钟开始压井,经过1小时24分钟压井成功。

分析:应急资源是应急救援工作的重要保障,充分的物资准备保障了压井工作的顺利进行。

6. 灾民安抚与赔偿

灾民返家后,整个应急救援工作的重心从抢险转移到稳定灾民情绪、组织群众恢复生产、对遇难群众的理赔等善后工作上。重庆市委办公厅、重庆市政府办公厅为此专门下发了《关于做好中石油川东北气矿"12·23"特大井喷事故善后工作的意见》,开县县委、县政府针对实际情况,主要采取了以下措施。

(1)深入细致地做好遇难者亲属工作。

第一,指挥部及时成立了"一帮一"督查组,落实"一帮一"责任制,要求帮扶部门、单位和工作人员要心系灾民、情系灾民,对死难者亲属要有爱心和同情心,对他们的生活要照顾,对他们的吵闹要忍耐,对他们的意见要解答,对反映的问题要报告,特别是对伤亡人员、在外务工或工作、意见比较多、影响力大的要实行重点帮助。例如,通过无微不至的关怀,用人性化手段,建立亲属般的关系，稳定帮扶对象的情绪；协助死难者亲属妥善处理好有关理赔和遇难人员的火化工作；平安送回死难者亲属，协助办好丧葬事宜；帮助死难者亲属增强重建家园的信心，拟订发展计划，尽快恢复正常生产生活秩序；适时开展慰问活动，长期保持亲情关系，使死难者亲属真切感受到党和政府的温暖。

第二，开县102个县级部门和企事业单位组织1 207名工作人员，分别与243名死者的129户家庭对接。"一帮一"单位把死者亲属当成亲人，与他们同吃同住，耐心细致地做好思想安抚工作，认真宣传理赔政策，帮助签订理赔协议、兑付赔偿金、办理丧事和开展生产自救，真正做到真情感化、真心帮助和真诚服务，加快善后工作进度。截至2004年1月5日，243具遇难者遗体全部火化完毕。

(2) 竭尽全力做好医疗保障。

第一，各级医院发扬救死扶伤的革命人道主义精神，以高度的责任心，抓紧对收治伤员的医治；建立各临时医疗点，按照"病人不愈，机构不撤"的原则，坚持做好救治工作，对重症病人全部转移到条件较好的县医院或市级医院。

第二，从2004年1月2日开始，在开县各乡镇中心卫生院，抽调医务人员96名，组成30个医疗小分队，深入30个重灾村，进村入户开展病员诊疗，对灾区群众的健康体质进行密切监测，向灾民大量发放预防性药品，防止疫病和各种流行性疾病的发生。

(3) 千方百计安顿好灾民。

第一，在重灾区晓阳、高旺两个村的5个社，实行"面上包社""点上包户"的办法，在全县抽调50名干部，建立5个帮扶小组，每个组包帮一个社。对返家的灾民，按照市委、市政府提出的"八有"要求（即保证全体灾民有饭吃、有水喝、有衣穿、有房住、有电用、有医疗点看病、有商铺买东西、有服务机构营业），开县组织向高桥镇灾民运送了108吨大米、23吨面食、25吨菜油等大量粮油食品，发放到每一个重灾户。

第二，稳定灾民的思想情绪，解除受灾群众的后顾之忧。在尽力做好灾民思想工作的同时，还出动警力2 000多人，组成8支流动治安巡逻队，设置54个警戒点，对各个灾民临时救助点加强安全警戒工作，对群众转移过后的"空场""空街"和公路两边的"空房"进行巡逻，防止不法分子趁火打劫。

第三，为了促进灾区尽快恢复生产，加快灾民脱贫致富步伐，县政府对公路设施的改善、水利设施的修建、办学条件和孤老院的改善进行了综合规划，并制订了具体实施方案，正在组织实施。

(4) 管好用好救灾款物。

第一，政府召开了救灾款物管理使用专题会议，下发了加强专项救灾款物管理使用的通知，建立了严格规范的救灾款物管理和使用规定，将救灾资金纳入财政专户储存，救灾物资交由民政部门统一管理，确保统一调拨使用。

第二，坚持账目、发放对象、分配方案和发放程序"四公开"，由群众代表管钱、管物、管账并组织发放，驻村工作组干部实施监督，防止发生弄虚作假、徇私舞弊等行为。

第三，由纪检监察、审计、财政等部门共同组成的专项督查组，自始至终加强监督和指导，保证救灾款物和捐赠资金专款专用，充分发挥最大效益，并分阶段将救灾款物使用情况向社会公示，主动接受社会监督，确保经得起任何检验和审查，同时做好依理依法赔偿遇难者，实事求是理赔财物。

根据开县政府有关部门掌握的情况，绝大多数村民均能接受安抚政策，只有少数村民，对财产理赔和相关补偿不满意，盲目攀比，过分要求，虽经县、乡工作队反复疏导解释，矛盾仍未完全消除，但通过一系列扎实的工作，群众基本能够接受相关政策，保持了社会稳定。

1.3.4 经验教训及建议

1. 经验教训

1）经验

通过对中石油川东北气矿2003年"12·23"井喷事故的分析，对事故的应急准备和应急反应措施方面进行总结，得出以下经验。

第一，坚持以中央的重要指示精神为指导，是开展应急救援工作的坚强后盾。

党中央、国务院从贯彻"三个代表"重要思想的高度，坚持把维护人民群众身体健康和生命安全放在第一位，对整个应急救援工作做出了一系列重要指示。胡锦涛、温家宝、黄菊、华建敏等中央领导同志要求全力搜救中毒人员，大力抢救伤员，疏散转移群众并妥善安排好生产生活，千方百计防止继续泄漏和再次发生井喷。国务委员兼国务院秘书长华建敏受党中央、国务院的委派，率领国务院九个部门负责人组成的国务院工作组赶赴事故现场，指导抢险救援工作。

党中央、国务院的重要指示，为搞好应急救援指明了方向，提供了行动指南。党中央、国务院的亲切关怀和直接指导，极大地鼓舞了灾区人民的勇气和斗志，坚定了战胜灾害的信心和决心。

重庆市市委、市政府和中石油坚决贯彻中央的决策部署，认真落实中央指示精神，专题研究应急救援有关问题，有力地保证了应急救援工作的顺利进行。

第二，坚持把维护群众利益放在首位，是开展应急救援工作的立足之本。

在整个应急救援中，始终把群众的呼声作为第一信号，始终把维护群众利益作为工作的根本出发点和落脚点，使应急救援工作赢得了群众的充分信任和自觉支持。

从组织群众撤离到安置灾民生活，从实施搜寻营救到医治中毒患者，从依法合理地制定赔偿标准到上门赔付兑现，从加强灾后卫生防疫到组织群众恢复生产、重建家园，时时刻刻带着对群众的深厚感情，事事处处为群众利益着想，千方百计地维护群众切身利益，取得了让群众普遍满意的工作效果。

第三，坚持充分发挥基层党组织的战斗堡垒作用和广大党员的先锋模范作用，是开展应急救援工作的组织保证。

面对突如其来的重大灾害，各级基层党组织和广大党员坚决响应党和人民的召唤，成为团结带领广大群众应急救援的主心骨、贴心人。开县102个县级部门和单位党组织、39个乡镇党委、491个村党支部，5 142名党员干部、6 364名农村党员主动投入应急救援。在各灾民救助点、医疗救治点和搜救小组，建立了107个临时党支部，使党的工作深入应急救援的各个方面。在应急救援战斗中，涌现出一大批先进基层党组织和优秀共产党员。

第四，坚持依靠人民子弟兵，依靠群众、发动群众，是应急救援工作的力量源泉。

人民的子弟兵——驻渝部队、武警、消防官兵发扬一不怕苦、二不怕死的革命精神，主动承担了大量急难险重任务，充分发挥了排头兵、突击队作用。

人民群众是应急救援的主力军和真正英雄。面对突如其来的重大灾害，人民群众迅速汇集在党组织周围，齐心协力，团结互助，构筑起一道应急救援的坚强屏障。从青年到老人，主动请缨，踊跃参战，积极投入应急救援行列，表现出很高的思想觉悟和大无畏气概。

各安置地的广大干部群众纷纷伸出自己的手、打开自己的门、生起自家的火、拿出自家的粮，热情接纳安置灾民，为应急救援工作做出了无私的奉献。广大医务工作者恪尽职守，敬业奉献，夜以继日地抢救中毒人员和伤者生命，建立了不可磨灭的功勋。

广大公安干警不畏艰苦，忘我工作，有力地维护了灾区社会秩序的稳定。广大新闻工作者深入一线，不辞辛劳，及时传播党和政府的声音，大力宣传先进模范事迹，为弘扬正气、鼓舞斗志、稳定人心做出了积极贡献。尤为可贵的是，广大受灾群众顾全大局、积极配合，以实际行动支持应急救援工作。

第五，坚持一方有难、八方支援，是开展应急救援工作的重要条件。

灾情发生后，中央国家机关、兄弟省市、市内有关部门、单位和海内外人士，纷纷伸出援助之手，积极捐款捐物，亲切致电慰问，以不同方式，通过不同渠道，帮助和鼓励灾区战胜灾难、重建家园。

第六，坚持把维护社会稳定贯穿始终，是开展应急救援工作的有力保障。

"12·23"井喷事故死亡人数多、受灾面广，善后工作矛盾集中、情况复杂，受到国内外各方面广泛关注，如果处置不当，就会影响改革发展稳定的大局。在应急救援中,牢固树立了稳定压倒一切的思想,切实把维护稳定贯穿于应急救援的整个过程和各个方面,周密部署、加强防范、畅通信息、及时处置,多管齐下、积极疏导,有效化解了各种矛盾,排除了不安定因素。

2)教训

在认真总结成绩和经验的同时,必须深刻汲取"12·23"井喷事故的惨痛教训。下面主要从企业安全管理、安全技术装备及标准规范、事故应急管理几个方面进行分析。

(1)企业安全管理。

第一,健康、安全、环境(health safety environment,HSE)管理体系。石油企业已经实施职业 HSE 管理体系多年,HSE 强调企业实施风险管理,特别是针对可能的重大风险事件要全面加强管理,避免重大事故的发生。"12·23"事故的发生说明,企业在生产过程中没有全面落实风险管理;在危险源辨识、风险评价、风险控制、应急管理、作业控制、教育培训、交流和沟通、绩效监测与测量等方面 HSE 没有落实到实际工作中;罗家 16H 井的钻井施工企业实施并保持了 HSE 体系,保持了必要的系统文件和记录,但在发生事故时却没有按照 HSE 体系执行,说明 HSE 体系与钻井实际工作存在脱节的情况。

第二,安全组织机构及监督。企业的安全组织机构不健全,安全监督力度不足。调查发现,钻井队原来专职安全员于事故发生的三年前改为兼职安全员,甲方由钻井监督行使安全监督监察职责。尽管在"钻井监督工作实施细则"中有明确规定但实际上未能执行,如井队 HSE 记录不全,防毒面具、氧气呼吸器管理未见记录,钻井监督对违规卸掉回压阀予以默认等。

第三,企业员工安全素质。现场作业人员的违章违规是导致事故的重要的直接原因。在各自的工作环节连续出现的不正确履行职责的行为,成了井喷事故发生的导火索。定向井服务中心工程师不严格执行规章,决定拆卸回压阀;钻井队安全防护人员明知这一决定违规,但没有表示异议,并指令卸下回压阀;钻井队队长发现这一情况后,也没有采取相应的措施立即整改,这是导致井喷的直接原因。副司钻在起钻作业中,违反"每起出 3 柱钻杆必须灌满钻井液"的规定,每起出 6 柱钻杆才灌注一次钻井液,导致井下液柱压力下降;负有监测起钻柱数和钻井液灌入量职责的录井工,因工作疏忽,未能及时发现这一严重违章行为,发现后也没有及时汇报和提醒,以致留下安全事故隐患。事故发生后,现场抢险负责人没有当机立断下令点火,导致有毒气体不断蔓延,扩大了损失。在各自的生产管理环节一连串的麻痹,甚至一连串的失误,共同导致了如此严重的后果。

第四,企业对高含硫油气田安全开发困难的认识。石油天然气开采是高风险、高隐蔽性的行业,安全防范十分重要,尤其是高含硫天然气开采这种高危行业的工作,事先应该进行安全和环保评估,应严格依照相关的法律法规履行自己应尽的职责,严格落实"三同时"制度,像罗家16H井这样的天然气井附近1千米之内不应有常住居民。但事实却是,最近的农户离出事井架不足50米,高桥镇的晓阳、高旺两个村的2 419人绝大多数都居住在距井场1千米范围内。

第五,对含硫气井井场周边群众的安全教育。公众的应急安全意识和能力是减少重大事故伤亡不可忽视的一个重要方面。高含硫油气井钻井作业存在很高的风险,企业忽视了对公众的日常教育,位于井场周围的人群不了解潜在的危险性质和健康危害,没有掌握必要的自救知识,不了解疏散路线、集合地点、各种警报的含义和应急救援工作的有关要求,从而导致疏散工作十分被动。当地农民和部分乡村干部普遍不知道天然气开采可能产生毒气,农民更没有听说过"硫化氢"这个恐怖的名词,井口附近的居民丝毫不知道这口井喷出来的气体会带来灭顶之灾,更不知道如何自救,也不知道如何防范有毒气体。井喷发生后,对危害一无所知的群众最初不愿意转移,有的群众躺在被窝里,死活不起床;有的转移到安全区后还想回家锁门、拿东西;有的是在生死存亡的最后关头,才被干部、民兵抬着、拖着,强行带出了危险区。这都源于群众对井喷的毒气危害性认识不足,造成深度中毒受伤直至死亡,统计结果表明,因耽误了逃生机会而死亡的群众高达243人,其中高桥晓阳村有近40人返回后无一人生还,造成不必要的巨大牺牲和惨重损失。

(2)安全技术装备及标准规范。

第一,安全规划。罗家16H井的硫化氢含量很高,且发生井喷的可能性也较大,但井场在选址时没有进行安全规划,即没有从井场位置与居民关系、井场周围居民的紧急疏散、井场内部员工的紧急逃生等方面考虑选取井场的位置,致使一旦井喷失控发生,硫化氢大范围污染的是居民居住区,从而造成了大量居民的伤亡。由于没有进行安全规划,罗家16H井场存在如下问题:事故前未划定EPZ,缺少对周边可能会受到自身事故影响的环境和人口分布情况的掌握;井场附近500米范围内有大量的居民长期居住;井场附近的居民没有畅通的紧急疏散通道,或紧急疏散通道不合理。

第二,安全评价。没有对井喷危险性进行风险评价,没有进行系统的建设项目安全预评价、安全验收评价和定期的安全现状评价,使安全评价方面出现了如下问题:缺乏对高含硫气田开发的风险分析和危害识别,缺乏对事故潜在性质、规模及紧急情况发生时可能的相互作用进行预测和评估;没有危险源监控对象和监控指标,以获得监控系统的可行性和需求;没有井喷危险性指标和对井喷危险性进行分级;没有对井涌、井喷、井喷失控的防范措施做出可行性和适应性评价分析;缺乏井喷危险性分级管理措施;没有对各项制度进行系统分析,以获得各项制度适应情况和执行情况的结果;没有对员工的培训效果和能力进行系统评价分析,以获得员工应对自己所从事工作能力的要求。

第三，井喷点火。事故反映出高含硫气田开发井喷点火方面亟须深入研究，并建立相应的标准规范。事故发生时的行业及企业标准规范中对于如何点火、谁决策点火、谁操作点火都没有相关的规定，事故应急救援人员面临如何快速点燃毒气这一问题时，应急行动缺乏指导依据，只能临时决定，不断尝试，一再延误宝贵的时间；井喷点火技术落后，缺乏能够快速、有效点火的井喷点火装置，点火人员最终只能冒极大的风险，接近事故发生地并用烟花爆竹进行点火。

第四，高含硫气田开采安全技术及标准规范。石油天然气开采行业缺少系统的安全生产规范、规程，目前，石油天然气开采安全技术方面的要求仅依据石油天然气行业安全标准，而这些标准的起草人员大多来自石油天然气企业，势必造成这些标准具有一定的局限性。此次已有相当多的实钻和测试资料表明飞仙关组气层高含硫化氢，但对于硫化氢的监测缺乏必要的手段，泥浆中又加入了除硫剂，致使泥浆出口处的探头不能准确反映硫化氢含量的变化。关于高含硫高压天然气钻井中的钻井液密度附加值，以及井口防喷装置安装剪切闸板和钻具上安装回压阀等，也没有深入的研究。

(3) 事故应急管理。

第一，应急资源。应急资源是应急救援工作的重要保障，"12·23"井喷事故反映出应急资源准备方面的不足。例如，钻井施工现场没有准备足够的空气呼吸器、硫化氢浓度监测仪器和压井物资，井队没有配备井喷点火装置，应急队伍缺乏足够的个人安全防护装备和应急监测装备等，这些应急资源方面的准备不足，以及应急救援人员对应急装备了解不够，严重影响了应急救援工作及时、顺利的开展，延误了事故处置的最佳时机，扩大了事故影响范围。

第二，应急预案。企业的应急预案内容不全，过于简单，应急程序不清楚，可操作性不强。没有应急预案编制指南，应急预案概念和编制范围、要求不清楚，编制出的应急预案不规范。一些应急预案缺少应急组织及职责、应急通信、应急物资装备和器材、应急救护等基本内容，缺乏预案的支撑条件；应急预案中对一些关键应急信息缺乏详细、系统的描述，使应急预案缺乏可操作性。例如，开县井喷事故发生时，地方与企业的环境应急预案尚处于空白状态，所以无法指导环境应急工作，采取行之有效的应急处置措施。

第三，应急演练。预案演习是对应急能力的综合检验，有助于改进和完善应急预案，提高应急人员协调应急能力，保证应急救援工作协调、有效、迅速地开展。由于预案演习开展不够充分，没有在事故前及早发现事故预案、应急资源等方面的缺陷，各个应急部门、机构和人员之间缺乏协调。

第四，应急报警能力。企业在做应急准备工作时，没有事先安排应急报警设备，导致井喷事故后对周边区域的应急报警能力不够；缺乏高效的警报通知技术和装备，疏散效率受到严重影响。此次井喷事故发生时，钻井队发出了井喷警报，但是这种警报信号只有钻井作业人员了解其意义，周围的居民并不了解这种警报信号，同时由于井场内警报信号传播距离有限，事发时正值人们睡眠时间，睡梦中的居民没有及时做出反应，井队作业人员和当地组织的通知人员只能靠人员的呼喊去惊醒睡梦中的居民。事后当事居民接受采访时痛心地说："要是有个高音喇叭就不会死那么多人了。"

第五，大规模人群疏散。在事故应急救援过程中，人群疏散是减少人员伤亡扩大的关键。应当对预防性疏散准备、疏散区域、疏散距离、疏散路线、疏散运输工具和安全庇护所等做出细致的规定和准备，应考虑疏散人群的数量、所需要的时间、风向等环境变化以及老弱病残等特殊人群的疏散等问题。

此次事故应急疏散，是涉及数万人的大规模疏散，由于企业没有对周围居民进行过安全教育，周边居民对潜在的危害和突然来临的灾难缺乏防范心理，对疏散路线一无所知，对硫化氢的危险性质毫不了解，缺乏必要的防护和自救知识，钻井施工单位和当地政府缺乏预防性疏散准备，对疏散区域、疏散距离、疏散路线只能临时决定，难以制订科学的疏散方案；突发灾难下，危险区域的群众在紧急状态下难以快速按照指挥人员指定的线路有效疏散；另外疏散工具落后，大部分人只能徒步疏散。

第六，企地联合。企业未与地方政府的应急组织机构建立联系，其应急救援没有纳入社会整体应急救援体系，应急救援预案没有与地方政府的应急工作衔接联动，企业与地方政府之间缺乏及时沟通协调。事故发生后，钻探公司并没有在第一时间报告开县政府，而是首先报告四川石油管理局，其次转报重庆市安全生产监督管理局，再次转报市政府，最后才通知开县政府，当开县政府接到钻井队的报告电话已是 23 时 25 分左右，离井喷时间已过了一个半小时，这时县政府才通知高桥镇、正坝镇、麻柳乡、天和乡启动预案做好应急救援，井队没有及时发出预警确实给当地政府的应急处置造成了很大被动，政府没有更多时间告知每一户村民及时离开，事故的应急救援没有把握好处置的最佳时间。

第七，事故应急指挥。在事故不同应急阶段，"12·23"井喷事故各应急指挥系统的组织机构的设置缺乏模块化的组织，这就使组织架构缺乏弹性，影响整个应急系统效率的发挥。事故应急前期，地方政府和石油企业没有建立起整合的通信和一元化指挥体系，影响了整个应急系统运行效率的发挥。例如，在 2003 年 12 月 24 日上午，石油企业和重庆市政府分别组建了各自的指挥系统，两个指挥系统各自运行，指挥、通信互相独立，这就使信息传递、决策制定、措施执行等方面浪费了宝贵的时间，同时也不利于整个应急资源的调度和利用，降低了应急工作的效率。

第八，事故应急救援。专业救援队伍在应急救援工作中发挥着无法替代的作用，其响应速度直接影响事故救援工作的进展，对整个事故抢险救援有重要影响。在紧急情况下，应急救援工作分秒必争，专业救援队伍到达现场的速度十分重要，此次事故中，尽管救援队伍全力以赴赶往现场，但是，受到地理、气象等多方面因素影响，专业救援队伍的响应速度受到了严重影响。

2. 建议

"12·23"井喷事故重大，教训极为沉痛。通过深入的调查和分析，提出以下改进建议，以防止和杜绝此类事故再次发生。

1）加深对高含硫油气田开发安全问题的认识

油气田开发本身就是一个高风险行业，而在油气开发过程中硫化氢对设备具有很强的腐蚀性，容易发生氢脆，造成设备材料失效，从而引发事故，同时硫化氢是一种剧毒气体，如果发生泄漏，对周围人员生命安全和环境可能造成严重危害。

川渝地区是我国天然气资源最为集中的区域之一，其产量接近全国总产量的一半，同时也是我国高含硫天然气分布最为集中的区域，该地区2/3的气田中含有硫化氢，"十五"期间探明天然气中有990亿立方米为高含硫天然气，特别是川东北地区，飞仙关组硫化氢含量大多在10%以上。高含硫气田的开发需求十分迫切，同时又伴有很高的风险性，加之川渝地区人口比较稠密，在含硫气田作业区域周围通常有大量的居民，当地的地形比较复杂，交通不便，一旦发生突发公共事故，将会严重危害周边群众生命安全和当地环境，严重影响当地社会稳定和经济发展。

因此，应当进一步加深对高含硫油气田开发安全问题的认识，只有真正意识到安全问题的重要性和必要性，才能认识到安全第一的深刻含义，才能采取有效措施来预防事故，切实保障安全生产。

2）加强企业自身安全管理

企业应明确其所担负的社会责任，增强安全责任感，切实加强自身的安全管理工作。

第一，建立安全生产长效机制。油气田开发企业要牢固树立"安全第一，以人为本"的理念，深刻吸取本企业和其他同类企业以往发生的事故教训，推动和落实安全生产"五要素"，即安全文化、安全法制、安全责任、安全科技和安全投入，建立安全生产长效机制。应依据现行的国家有关安全生产法律法规及标准规范，全面自查本企业的执行情况，企业法定代表人安全生产责任落实情况，企业安全生产规章制度建设情况，安全投入情况，隐患查改情况，人员培训情况以及应急预案编制和演练情况，自查中发现的问题要及时整改。

第二，抓好质量健康安全环境管理体系的运行和推进工作。油气田开发企业应将质量健康安全环境管理体系作为安全生产长效机制的基石，扎扎实实地抓好体系的运行和推进工作。具体做到以下几点：严格按照HSE管理原则开展工作、开发体系监督检查管理系统平台、梳理体系相关文件、将HSE管理理念和实际作业有效结合、加强安全教育培训工作、认真开展体系审核和管理评审、完善安全工作绩效考核方法等方面。

第三，配备硫化氢监测及防护装备。企业应按现行标准在井场配备硫化氢的监测及防护装备，并做到人人会使用、会维护、会检查，包括在风险较大的位置安置固定式硫化氢监测系统；井场工作人员每人配备一台便携式硫化氢监测仪；固定式、便携式检测仪都应具有声光报警功能，同时在井架上安装高音量的报警器，以便在紧急情况下报警时，井场人员及附近居民都能听到；井场作业人员每人配备一套正压式呼吸器，另配3~5套备用；井队配备充气机，安放在安全位置，以便在需要时给正压呼吸器气瓶充气；监测及防护装备应由专业机构定期进行鉴定并严格管理，且不得随便调用。

3）强化各级政府安全监管

各级安全监管部门应加强作风建设，认真落实监管监察责任。树立责任心，强化责任制，从依法界定执法职责、建立健全考核机制等环节入手，建立监管监察执法工作责任制，要大力倡导和发扬求真务实的作风。所有监管监察人员，都应当熟练掌握安全生产各项法律规定及执法程序，掌握安全生产基础知识，成为安全监管的行家里手，逐步实现"专家监管"。

各级安全监管部门要组织督察组，对本辖区内油气田开发企业开展安全生产隐患排查治理工作情况进行督促检查，包括：企业安全生产主体责任落实情况；隐患排查治理工作到位情况、存在的问题和应急措施制定情况；安全生产投入和隐患治理资金落实情况；已发生的事故按照"四不放过"的原则处理情况；等等。加强业务建设，改善监管监察队伍素质。

4）完善体制和法律法规标准建设

国务院国有资产管理委员会所属的企业，具有复杂的所有制形式和多级的内部组织体制，根据我国安全生产法律法规的有关规定，国务院国有资产管理委员会所属中央企业的安全生产实施属地化监管，但对于中国石油天然气股份有限公司这样的大型企业，其生产单位遍布全国各地，地方安全监管部门对国有大型中央企业的安全监管难以有效实施，因此需要进一步完善安全监管体制。

目前我国还没有关于企业、企业与地方政府、地方政府之间的应急救援机制、体制和预案的法律法规，在《中华人民共和国安全生产法》中没有关于井场周围居民安全生产知情权的有关规定，对井场周围居民的安全生产宣传教育、危机警报、应急响应等也没有相关的规定。此外，目前尚没有制定有关企业、政府应急体系建设、应急能力评估、应急演练的标准，缺乏井场与周围居民之间的公众防护距离、应急缓冲区域的标准，没有从保护井场周围居民的角度制定的钻井危险性分级及其必备安全对策措施的标准。这些都影响到了政府的安全监管工作和企业的安全生产。因此，对于含硫油气田的安全开发，需进一步加强法律法规标准建设。

5）加强重大事故应急管理工作

为了预防重大事故的发生，并在发生重大事故后及时采取有效措施，控制事故影响，保障生命、财产和环境安全，应加强重大事故的应急准备工作。

第一，参考国外先进事故应急管理系统，建立我国的事故应急管理系统，通过标准化的事故应急运行程序和事故应急指挥系统，提高事故应急管理水平。

第二，加强应急预案管理，研究提出高含硫油气田重大事故应急预案编制的原则，指导油气生产企业编制重大事故预案，有效保障安全生产。

第三，应急预案能否成功地在应急救援中发挥作用，不仅仅取决于应急预案自身的完善程度，还取决于应急准备的充分与否。应急准备应基于应急策划的结果，明确所需的应急组织及其职责权限、应急队伍的建设和人员培训、应急物资的准备、预案的演习、公众的应急知识培训等。

第四，坚持应急处置过程的统一指挥。建立统一的应急指挥、协调和决策程序，便于对事故进行状态评估，从而迅速有效地进行应急响应决策，指挥和协调现场各救援队伍开展救援行动，合理高效地调配和使用应急资源。

第五，设立区域性国家应急救援中心，建立专业化事故应急救援队伍，改善专业应急队伍的装备，在交通不便利的高硫化氢气田开发地区，为应急救援队伍配备快速交通工具，如直升机等，提高应急响应速度及应急救援水平。

6）建立企业与政府之间的协同应急机制

由于石油天然气开发作业的高风险性，以及事故风险的多样性，油气田周边群众的安全防护问题日益凸显，企业与政府之间协同应急机制的建立对于保障油气田周边居民的生命安全十分重要。

我国的应急体系基本上还是以职能部门为基本单位的，目前这种应急响应体系中，因为没有明确的法律规定造成权力不清、责任不明，很容易造成实际响应过程的中的各自为战，各个相关的职能部门之间缺乏信息沟通，容易贻误战机、耽误大局，违反应急快速性的原则。各地在发生事故时，信息流通不畅，使有些部门不能及时采取应急反应措施，延误了应急处置的最佳时机，增加了事故的后续处理难度。

因此，根据目前我国应急体系的基本情况，企业和地方政府之间亟须建立切实可靠的联系方法、联合行动方案及协同应急机制，确保企业、地方协同一致，保障在油气田开发过程中周边群众的生命安全，确保发生事故后各方及时采取有效措施，最大限度地减小事故危害，控制事故发展。

7）加大高含硫油气田安全开发的科技投入

科学技术是第一生产力，也是安全生产的重要基础和保障。高含硫气田的安全开发关系到人民生命和国家财产的安全，关系到国民经济运行和社会稳定，系统深入开展高含硫气田勘探开发安全问题的研究工作，对保证国民经济持续、安全发展和构建和谐社会具有十分重要的战略意义和实际意义。

高含硫气田勘探开发安全生产工作所面临的形势十分严峻,究其原因,除了高含硫气田勘探开发本身具有的高风险性以外,高含硫气田开发涉及的关键技术、设备及标准规范缺失较为严重,相关研究工作十分迫切,主要内容应包括以下几个方面。

第一,含硫气井井场安全规划方法。主要研究复杂条件下含硫天然气迁移扩散模拟及井喷事故后果模拟技术;含硫气井安全区域划分及界限判定方法;含硫气井公众防护距离、事故疏散范围判定方法;含硫气田井喷风险分级指标体系及分级方法。

第二,含硫气井定量风险评价技术。主要研究国内含硫气井井喷事故原因;含硫气井个人风险和社会风险计算方法及可接受风险指标;含硫天然气预探井、勘探井、生产井安全评价方法等。

第三,高含硫气田勘探开发项目安全管理模式及政府安全监管机制。研究建立含硫气田勘探开发项目有效的安全管理模式;研究我国的安全生产监管机制,建立高含硫气田勘探开发项目高效的安全生产监管机制。

第四,含硫气田事故应急体系。主要研究含硫气井井喷事故点火适用情况、点火时间及点火程序标准,含硫气井井喷事故现场监测监控方法,含硫气井井喷事故信息分级分类管理系统,含硫气井井喷事故大规模人员疏散技术,含硫气井井喷事故应急决策支持系统等。

第五,高含硫气井勘探开发工艺技术。针对深井、多漏层、复杂地层压力、高温、高压等条件下,高含硫气井的固井、井控和管道焊接等工艺开展其技术指标的研究,并建立相应的指标规范。

第六,高含硫化氢/二氧化碳天然气勘探开发设备、材料耐蚀性能评价规范和方法。针对川渝地区天然气高含硫化氢、高含二氧化碳强酸性特点,研究高含硫化氢/二氧化碳天然气勘探开发所使用的钻具、套管、油管、井口装置、集输管线及其所用缓蚀剂、防腐涂料、特种合金等材料防护措施及耐腐蚀性能评价方法,并建立相应的评价规范。

第 2 章

高风险油气田重大事故情景构建理论与方法

2.1 重大事故情景构建理论

重大突发事件情景构造实质上是危害识别和风险分析过程。每个突发事件都会不同程度带有地域、社会、经济和文化的特别属性，差别甚大，但无论形式如何变化，基本都是源于自然灾害、技术事故和社会事件这三方面，其发生、发展/演化和结束的一般动力学行为也大体表现出相似的规律，而且几乎所有的突发事件在警报、紧急疏散和医疗救治等关键处置环节上差别并不大，因此，重大突发事件情景可以代表性质基本相似的事件和风险，尤其是基于"真实事件与预期风险"而凝练、集合成的"虚拟事件"情景，就更能体现出各类事件的共性与规律。规划中列入的情景完全不同于传统的"典型案例"，情景不是一个具体事件的投影，而是无数同类事件和预期风险的集合。因此，虽然规划中列入的情景是少数，但它可有广泛的代表性和可信的前瞻性。

2.1.1 突发事件情景规划的科学与实践意义

重大突发事件具有"离散随机小概率"特质，每一个事件表现形式非常复杂，具有高度不确定性，而且其破坏强度、波及范围和灾变行为又千差万别，这给应急准备规划、应急预案管理、应急培训和应急演练策划组织都带来很大的技术挑战，可严重影响从预防、准备到响应和恢复整个事故管理过程的效率与质量。在面临日益严重的各类公共安全事件威胁下，通过情景构建可以发展统一、灵活、高效应对主要风险能力，凝聚国家或辖区整体力量对各类重大突发事件进行有效预防、准备、响应和恢复，有助于"有准备"地应对极端小概率或"几乎从未出现过"的突发事件，从而提高国家和地方处理复杂、交叉重大突发事件的能力。突发事件情景规划的价值主要通过以下三大功能来体现。

1. 突发事件情景规划明确应急准备主要目标

应急准备与应急响应能力对突发事件实施有效的预防、准备、响应和恢复至关重要，而能力主要通过事前的应急准备来实现，显然，应急准备必须具有明确目标，而重大突发事件情景则为全面的应急准备工作提供了清晰、确切的方向和目标。应用共享的一套情景组，使所有参与应急管理的单位与人员目标更加一致，思想更为统一，行动更加协调，使整体上的应急准备活动确实做到"有的放矢"，尤其为应对那些发生概率极小，甚至在国家和辖区内尚未出现过，很难预测，又没有专门经验，但危害极其严重的危机性事件（巨灾）时，情景规划就更凸显其不可替代性。

2. 突发事件情景规划是应急预案制订的重要基础

重大突发事件情景构建是应急预案制订工作的中心点，规划中列出的这些事件情景是未来所面对最严重威胁的"实例"，因而，在国家和地方应急预案中应得到最优先的关注和安排。按照"情景-任务-能力"应急预案编制技术路线，情景规划可对应急预案管理每个主要环节都发挥关键性作用。

基于"情景"的应急预案编制本质上是危害识别和风险管理的过程，其主要内容包括特殊风险分析、脆弱性（vulnerability）分析和综合应急能力评估三大部分，都为应急预案的制订和修订提供重要技术支撑。事件情景清晰刻画了未来可能面对的最主要威胁，描述了事件可预期的演变过程和可能涌现的"焦点事件"，事件情景所提供的地质、地理条件、社会环境和气象条件，都可成为应急预案策划的重要参考。这些内容对设定应急预案的方向、目标、结构和内容都有指导意义。在情景规划中，有一大部分内容是各部门和各单位在某一事件中需承担和完成的各类应急任务要求，这些任务不但涵盖了预防、监测预警、应急响应和现场恢复等各项工作，而且比较细致地描述了每个单位或职责岗位的具体活动，有助于对应急预案的职责和内容进行整合与分配，避免职能的重叠与交叉，保障应急响应指挥协调的通畅。无论是应急准备，还是应急预案，其核心目标都是应急响应能力建设。"情景"通过事件后果评估和应急响应任务设置，对通用能力和预防、保护、响应及恢复四种职责能力都规范了明确要求，同时，也可为应急能力考核、评估提供衡量标准。

3. 突发事件情景可作为规划应急培训演练依据

重大突发事件情景凝练集成了应急响应的主要活动，可为各类应急培训演练开发出一个共同的指导基础，情景中的基本要素为应急演练的规划制定、教材方案编写、活动内容安排、考核方法和评估标准提供了可衡量的依据，使各地区、各部门组织的培训演练都能达到一致性的目标和要求，逐渐形成具备有效应对复杂、多变、严酷突发事件的能力。

重大突发事件情景规划是对本地区（或本行业）未来一定时期内可能发生的重大突发事件的一种合理规划与设想，是对不确定性的未来灾难进行应急准备的一种战略性风险管理工具，是完善各项应急准备工作的重要抓手。

重大突发事件情景规划可以划分为两个重要阶段，即情景设计和情景应用。

情景设计可以分为调研、集成和编制三个重要步骤，首先，对本地区（或本行业）国内外发生过的各类突发事件典型案例进行调研分析，对未来可能出现重大突发事件的风险进行研判；其次，依靠专业人员对调研资料的聚类和同化，依靠专家研讨对重大突发事件情景清单进行凝练与集成；最后，依据本地区（或本行业）对应急准备战略需求和实际能力现状，提出本地区（或本行业）若干个突发事件情景规划草案，依据固有的标准框架进行情景编制。

情景编制完成后，可以从四个方面（或角度）开展情景应对（或情景应用）：首先，通过对照评估的方法，以情景为标尺，对既有应急准备体系实施评估，发现与暴露既有应急准备体系的能力缺失；其次，针对已经发现的能力缺失进行系统梳理，如果可以通过短期机制措施进行弥补，则将相应措施落实到既有预案体系，实现对预案体系的优化调整；再次，如果无法通过短期措施实现对缺失能力的提升，就需要有序部署能力建设规划，实现对既有规划的修正和补充；最后，通过已设计情景，可以统一有序地对应急培训和应急演练进行策划，从而实现对重大突发事件（巨灾）的应急准备。

2.1.2 突发事件情景构建基本技术方法

突发事件情景构造从技术路线上大致可划分为三个主要阶段（图 2.1）。

第一，资料收集与分解。用于情景构建的资料与信息主要来源于三部分：一是近年来（至少应十年以上）国家或辖区内已发生的各类突发事件典型案例，案例要描述和解释事件的原因、经过、后果和采取的应对措施及其经验教训等；二是应收集其他国家或地区类似事件的相关资讯；三是依据国际、国内和地区经济社会发展形势变化，以及环境、地理、地质、社会和文化等方面出现的新情况和新动向，预期可能产生最具有威胁性非常规重大突发事件风险，包括来源与类型等。

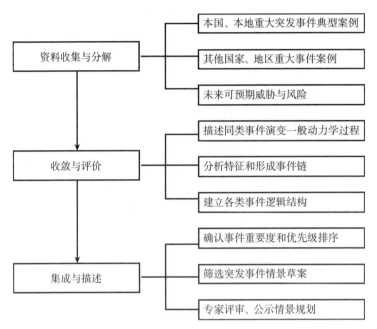

图 2.1 重大突发事件情景规划技术路线图

第二，以事件为中心收敛与评价。依靠专业人员和专业技术方法对近乎海量的数据进行聚类和同化，这一阶段应完成三个主要任务：一是按时间序列描述事件发生、发展过程，分析事件演化的主要动力学行为，应特别关注焦点事件的涌现、处置及其效果；二是经过梳理和聚类，从复杂多变的"事件群"中凝练归纳出具有若干特征的要素，并聚结形成事件链，辨识不同事件的同、异性特点；三是建立各类事件的逻辑结构，同时，对未来可能遭遇的主要风险和威胁做评估与聚类分析。

第三，突发事件情景的集成与描述。在前两个阶段工作基础上，按照事件的破坏强度、影响范围、复杂性和未来出现特殊风险的可能性，建立所有事件情景重要度和优先级的排序，对事件情景进行整合与补充，筛选出最少数和共性最优先的若干个突发事件情景。此后，则可依据国家对应急准备战略需求和实际能力现状，提出国家或本地区若干个突发事件情景规划草案，以此为蓝本，通过专家评审和社会公示等形式，广泛征求各方面意见，进一步修改完善，形成重大突发事件情景规划。

在突发事件情景规划的全过程，不但应该有政府官员、科学家和各类专业人员的直接参与，还要注意不断地征求来自社会各界的意见，尤其是注意倾听各类不同的社会反映，使情景能被大多数人理解和接受。同时，这一过程还有助于提高公众对重大突发事件风险感知力，尤其引导公众对未来风险（从未发生事件）的关注。

2.1.3 突发事件情景组成与分类

突发事件情景实质上是反映公共安全的最主要风险，而不同的国家或地区由于经济社会发展水平，以及文化和自然环境的差异性，其面对突发事件的风险有很大区别，需要对情景进行可选择性的分级与分类，既以保证应急管理在整合水平上的一致性，又有利于对不同风险的区别对待和实施分级与分层管理。作者依据图 2.1 列出的技术路线，提出一个主要基于风险特征的突发事件情景分级分类矩阵（表 2.1），用一个简略矩阵形式，同时体现出事件情景的性质分类、强度级别和情景特点三个维度的特性。

表 2.1 重大突发事件情景构建矩阵

级别	自然(N)	技术(T)	社会(S)	合计
一级巨灾(危机)级	疫病大流行；特大地震；飓风	核泄漏；危险化学品泄漏	恐怖袭击(爆炸、生物袭击或核爆)；暴乱	7
二级灾难级	洪水大坝失效；森林大火	特大交通事故；空难；海难	种族、宗教和经济纠纷等导致激烈冲突；网络袭击	7
三级事故(事件)级	局地极端气象条件；地质灾害	工业与环境事故；重大火灾；重大交通事故	公共集聚；大规模工潮	7
合计	7	8	6	21

表 2.1 中所列出的第一级是巨灾(危机)级，是所有情景中最高级别，也可称其为国家突发事件情景，这类事件特点如下：极端小概率，严重威胁公众群体生命安全与健康，对经济社会破坏力极强，损失严重，波及范围广泛，影响至全国，有时可超越国界，灾变情况十分复杂，常造成继发性或耦合性灾害，恢复十分困难，甚至难以恢复，需要动员国家力量才能应对的特别重大危机事件。表 2.1 中试列出了七组巨灾(危机)情景。

第二级为灾难级，一般是指事件发生概率相对较低，破坏强度很大，后果较为严重，波及范围超出几个市、可遍布全省，乃至跨越省辖区，情况较为复杂，动员力度较大，较长时间才能恢复的重大突发事件，表 2.1 中试列出七组，可作为省辖区重大突发事件情景组。

第三级为事故(事件)级，主要是指发生概率相对较高，事件造成破坏强度有限，波及范围在市县级政府辖区范围之内，灾种较为单一，处置力度相对较小，较短时间即可恢复的突发事件，表 2.1 中试列出七个情景组，这类基本属于市县辖区的突发事件情景。

我们已注意到，在列入矩阵中的 21 个情景中并没有包括一些大家所熟知具有影响的事件，但同样也可以发现，已提出的这些情景基本反映了各类突发事件共性特点和公共安全面临的主要威胁，这样基本可以保障用最少量的、最有代表性和最可靠的情景，明确应急准备的方向与范围，指导综合性应急预案的编制和组织培训与演练实施。

突发事件情景规划的事件分级不同于我国目前对事故灾难的一些分级方法。《中华人民共和国突发事件应对法》和《国家突发公共事件总体应急预案》等相关法规文件中都是首先按照行政管理的领域划分成自然灾害、事故灾难、公共卫生事件和社会安全事件四个类别，然后依据每个类别不同类型事件的损失后果(人员伤亡或经济损失等)程度进行事件分级，即所谓先分类再分级的办法。突发事件情景规划的事件分级，主要强调事件本身的强度和应对的难易程度，尤其关注应急准备和应急响应与之相匹配的能力。因此，应急准备任务设置和应急响应能力要求成为突发事件情景规划中的主体内容，对此，可以称之为基于事件强度和能力的分级思想。突发事件情景规划的这种分级方法有利于对所有各类事件进行分层管理，分级与分层是两个不同属性的概念，分层管理特别强调的是每一级政府或每一个单位应对突发事件的能力，无论突发事件类型、级别和预期后果如何，都必须从事发地最底层政府启动应急响应，应急管理权与指挥权是否转移至上一级，主要取决应对能力。这样处置不但可充分发挥基层政府"第一时间响应"的作用，而且特别有利于实现属地为主原则和减少应急响应成本。

2.1.4　突发事件情景结构与内容

为确保应急准备和应急响应目标的一致性，所有的情景应遵循共同的框架结构，用同样的顺序和层次对情景进行描述。在图 2.2 中大概显示了基于三个维度的情景结构与内容。按照逻辑顺序，首先描述情景概要，其次假设事件可能产生的后果，最后提出应对任务，应对任务是突发事件情景中最核心的内容。

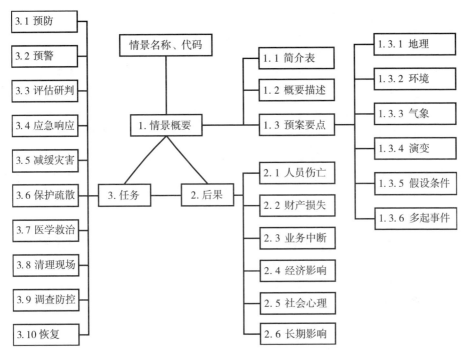

图 2.2 突发事件情景原型结构与内容模拟图

2.2 含硫气田井喷事故情景原型

按照图 2.2 所显示的结构与内容,可对每个重大事件情景做具体描述和较细致刻画。建立了含硫气田井喷事故情景原型,对该情景的概要、后果和应对任务等做一个简要示范,描述如下。

题目:含硫气田井喷事故情景

1. 情景概要

1.1 含硫气田井喷事故情景简介表

1.2 情景概要描述

硫化氢是可燃性无色气体,具有典型的臭鸡蛋味,比空气略重,易溶于水,空气中爆炸极限为 4.3%~45.5%(体积比),为强烈的神经毒物,吸入 1 000 毫克/立方米浓度硫化氢后,很快出现急性中毒,呼吸加快后呼吸麻痹而死亡。这一情景中,含硫气井由于施工设计不准确、泥浆性能不好、操作技术不当或井下发生严重漏失等原因造成井喷失控,硫化氢从井口泄漏后扩散迅速,而且毒性极高,威胁下风侧人员的生命安全健康,这种事故影响范围较大,可在井场周边几千米范围内造成人员中毒伤亡。

1.3 制订应急预案要点提示

1.3.1 地理

以井口为中心、周边 6 千米×6 千米矩形区域的地形及社会环境条件。

1.3.2 环境

事发周边区域人口密度为每平方千米 300 人。

1.3.3 气象

风速决定污染云团扩散速度、范围和稀释速率。山区地形静风条件下产生的危险性最大；温度，有逆温层存在时最利于毒气积聚；湿度，高湿度可影响毒气扩散和吸入；降水，雨雪天气都可降低毒性气体的有害作用。

1.3.4 演变

依据硫化氢的物理化学特性，参照地理和气象条件给出不同条件下毒气扩散的实验模拟和数学模型，以及不同暴露人群的毒性负荷模型。

1.3.5 多起事件

受影响区域人群恐慌造成踩踏，周边地区道路机动车事故，甚至出现社会混乱。

2. 事件后果

按照表 2.2 所示，介绍事件后果，描述如下。

表 2.2　事件后果简介图

事件情况	事件后果
发生地点	含硫气田井场
伤亡情况	100 人死亡、700 人受伤
疏散人口	10 000 人被通知疏散避险
经济损失	5 000 万元
同时发生多次事件可能性	较低
恢复时间	一个月

2.1 人员伤亡

在一个井场周边区域内中毒死亡人数可达到 100 人，600 人受伤，10 000 人疏散或避险，另外可能因恐慌逃生时发生的踩踏和交通事故发生，伤害包括肢体残缺、骨折和脑震荡等，受伤人数为 100 人左右。这种危险的混乱一般持续 60 分钟左右。

2.2 财产损失

直接财产损失主要来自气井损坏，对环境的清理和恢复。

2.3 业务中断

气井很难在短期恢复正常使用，辖区行政管理受到冲击，医疗卫生、通信网络和公共服务系统影响很大，短期内很难形成应对再次发生重大突发事件准备能力。

2.4 经济影响

现场恢复重建、气井废弃或重新开采成本可达数千万元。

2.5 长期影响

幸存者4～6个月才能康复，许多人神经系统受到永久性损伤，对遇难者亲友、受伤者和经历过事件的公众乃至应急人员心理健康具有灾难性影响。

3. 应对任务

3.1 预防

严格控制气井钻井、完井的所有环节，加强安全管理。

3.2 预警

井喷硫化氢泄漏后，立即发出警报并派遣专业人员现场采样、检测、监测和危害评估，应急管理人员有能力尽量在大规模伤亡之前识别出可能产生伤亡的程度和范围，保护进入现场应急人员安全。

3.3 评估研判

依据已搜集的情报信息，从专业立场对事件原因、演变过程、灾难后果、预期困难和应对措施效果及其负面影响进行分析，为指挥行动做出初始评估并提出方案建议，可使用事先设定的各种数学模型针对现场环境与天气等实际情况推算毒气扩散速率、范围和场变化，并给出以井口为中心的个人风险值的等值线图和社会风险值的函数图。

3.4 应急响应

应急指挥平台和联合信息中心激活后，立即开展应急响应行动，持续发出警报和各类应急响应通告，保持与参加响应活动的相关单位建立联系和保持通畅，加强对重要基础设施和特殊人群的保护，为现场提供必备资源，接受申请和求救资讯并做出反应。

以联合信息中心为主要平台，统一对外发布事件相关信息，使公众和媒体尽快了解事件真相并鼓励公众积极配合相关应急响应活动。

3.5 减缓灾害

毒气泄漏后立即建立隔离区和警戒带，划定危险区域，保护现场，协调指挥现场救援活动，减少灾害后果。

3.6 保护疏散

紧急疏散现场和下风侧危险区域人员,应急指挥部应立即启动预设的避难场所和设施,有组织地接待和保护已暴露或有暴露风险的人员,提供有效服务,可启动应急指挥疏散的模拟推演系统,对大规模人群疏散活动进行组织干预。

3.7 医学救治

事件发生可致数万人受到不同程度的污染,都需进行健康监护,可能有数万人需要立即现场急救并送医院治疗,应急管理中心和医疗单位立即进入"紧急医疗"状态:灾情通报、急救、搜索、救护、治疗、患者筛检、分诊、净化处置、病人运送、住院家属通知和病人状态统计报告。

收集核实死者遗体并采取保护措施,采集影像和遗传学资料并建立死者备查档案。

3.8 清理现场

在确定安全前提下,及时对现场清污、消毒处理,需无危害处理污染废物,定时环境监测并及时报告。

3.9 调查防控

对相关责任人调查、控制、追踪和抓捕。

3.10 恢复

取消应急响应状态,对事件全过程组织调查评估,完善应急准备体系,使之能更有效应对下一次任何重大突发事件。

上面介绍的这部分内容只是对井喷事故情景提纲挈领式的简介,其原型的内容要更加具体、细致和翔实。

第 3 章

重大事故应急准备规划区技术与方法

含硫气井应急准备规划区,即 EPZ 划分方法及其应急准备措施,对于有效降低含硫气井井喷造成的环境、社会、经济、人体健康等的危害和影响具有重要作用。以加拿大为代表的发达国家采取浅层模型模拟硫化氢扩散,进而研究含硫气井 EPZ 划分方法,并提出了一整套的安全生产管理规范。国外的含硫气井大多位于平坦地形,且周边人口稀少;我国含硫气井主要位于地形复杂、人口高度密集的川渝地区,而且政府监管的法制、体制、机制等与发达国家差异很大。国外的划分方法和安全生产管理规范并不适合我国的实际情况。

根据现行体制、法制和机制及经济发展状况,建立适合我国实际的含硫气井应急准备规划区划分方法及其应急准备措施具有重大的现实需求。对此问题的深入了解必将对研究探索我国"三高"气田(高含硫、高产量、高压力或人口密集)的安全生产,为提高含硫气井突发事件应急准备能力打下坚实的基础,对政府有效监管、公众生命财产保障和周边环境保护具有科学和现实意义。

基于国内研究复杂地形含硫气井应急准备规划区及应急准备的实际需要,分析含硫气井 EPZ 的主要影响因素;收集我国主要含硫气井的基础数据,建立含硫气井硫化氢释放速率的概率分布模型;利用数值模拟模型,并选择不同类型复杂地形的含硫气井,计算各种计算工况组合条件下的硫化氢浓度场和硫化氢毒性负荷的时空分布;在此基础上,提出了硫化氢毒性负荷与硫化氢释放速率之间的关系,建立不同类型复杂地形含硫气井应急准备规划区划分方法,并提出具体的应急管理措施;最后,介绍该方法在川东北气矿的黄龙 G1 井的具体应用。

3.1 井喷事故后果分析技术

我国含硫气田主要位于四川、重庆地区,其高产气井主要位于峡谷凹地结构,井场周围山区垂直落差500米以上,域内丘陵连绵,地形地貌特殊,导致含硫天然气井井喷扩散过程十分复杂。由于我国含硫气田特殊的地形地貌,在低风速及有限时间范围内,有毒气体的扩散使用一般的烟羽扩散模型误差较大。可采用计算流体力学、传质学与传热学的方法,对泄漏气体的扩散动力学演化过程及影响范围进行数值模拟。采用的大涡模拟(large eddy simulation,LES)方法是以美国俄亥俄大学风暴分析预报中心发布的高级区域预报系统(advanced regional prediction system,ARPS)程序为基础,通过耦合污染物扩散程序模块,建立复杂地形有害气体扩散的数值预报模型。该模型是一种非静力大气预报模式,采用可压缩的 N-S 方程描述大气的运动;采用地形贴体坐标系统,可以有效地处理复杂的地形条件;可用于多种尺度范围的大气扩散预报,覆盖从几米到几千千米的尺度范围。计算基于并行计算的高性能集群系统平台进行模拟。

3.1.1 数值计算模型及计算过程

1. 数值计算模型

模型控制方程采用可压缩的 N-S 方程,包括连续方程、动量方程、能量方程及状态方程。假设密度变化不大,由连续方程和状态方程消去密度 ρ 得到关于压力的方程。LES 方程通过在傅立叶或空间域 N-S 方程滤掉时间项得到方程,可以有效地滤掉比过滤网格小的漩涡,从而得到大涡的动量方程。LES 模型主要用于不可压缩流体,本节所涉及的算例扩散过程,均可认为是不可压缩流体。

针对不同的问题,边界条件也有所不同,本次计算所涉及的主要有以下两种。

1) 无反射边界条件

在井喷情况下,大气中风速入口及出口、天空都属于此种边界条件。在这种条件下,允许计算域内的波自由通过边界而反射很小,边界上的量对时间的变化率由简化了的波动方程决定。波动方程只用于垂直于边界的量,而平行于边界的量、位温和与水相关的量则依然沿用区域内部的方程。基于在边界外部区域不存在梯度的假设,入流的边界处的对流项设定为零。边界上的湍流混合项设定为与紧邻的区域内的点上的对应值大小相等。

2) 固壁边界条件

在井喷情况下，山体表面及井口管道均属于固壁边界条件，即下壁面法向速度为零，其物理边界两边的量镜面对称。

2. 数值计算过程

1) 地表模型的建立

通过实际调查，考虑到计算结果的真实性以及泄漏量对周围地区可能的最大影响，提取离事故发生地点半径 3 千米内的 1∶50 000 的数字高程模型(digital elevation model, DEM)图。ArcGIS 的 DEM 图格式无法在数值模拟计算程序中使用，首先从 ArcGIS 的 DEM 图中抽取点阵格式，输入计算程序中，在程序中通过重新差分的办法重新建模。经过重新差分的地形模型与原有的 DEM 图基本一致，说明地形模型被完整地移植到计算程序中。

2) 网格划分

在建好的模型上进行网格划分。需要对地表情况进行分析，采用地形追随坐标系可以精确地考虑复杂地形的影响。通过在物理空间 (x, y, z) 对垂直方向坐标进行拉伸和压缩变换，得到计算空间 (ξ, η, ζ) 规则的计算网格。

通过建好的三维模型，用采样点方法读取到网格划分程中，利用非结构网格和贴地网格技术，可以很好地划出复杂场景的网格，网格质量较高，对于计算的收敛性帮助很大。在下垫面高度 300 米范围内采用自适应四面体网格，400 米以上采用结构网格，网格所在模型最小面为 0.019 平方米，最大面为 233 平方米，差距巨大，导致该网格最大尺寸 106 为立方米，最小尺寸为 0.002 立方米，体网格总共为 2 622 322 个网格。

图 3.1 为龙岗气田某井的体网格及地表网格，可以看到在井口附近网格较小，远离井口处网格数较大，这样就保证在不损失精度的情况下，尽量减少计算量。

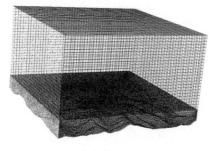
(a) 体网格

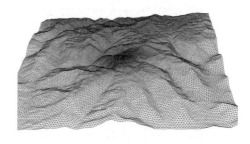
(b) 地表网格

图 3.1　龙岗气田某井的体网格及地表网格

3)计算风场

由于山地地形的影响,在山顶处风速比较高,山脚尤其是较深的山谷,风速非常慢,这也是气体在山谷聚集的主要原因。

3.1.2 数值计算结果

数值模拟共分析了0.5米/秒、1米/秒、3米/秒3种风速下8个风向的扩散结果,将1米/秒、3米/秒风速条件的扩散结果进行叠加,如下所述。

1)风速1.0米/秒下8个风向扩散叠加结果

如图3.2所示,15分钟时1 000ppm扩散的最远距离为213米,300ppm扩散517米,100ppm扩散669米,西北风扩散距离最远。

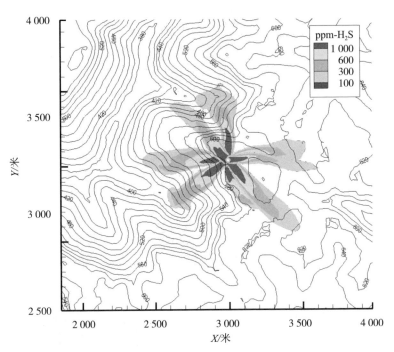

图3.2 龙岗气田某井1.0米/秒风速15分钟扩散叠加结果

2)风速3.0米/秒下8风向扩散叠加结果

如图3.3所示,15分钟时1 000ppm扩散的最远距离为195米,300ppm扩散306米,100ppm扩散560米,西北风扩散距离最远。

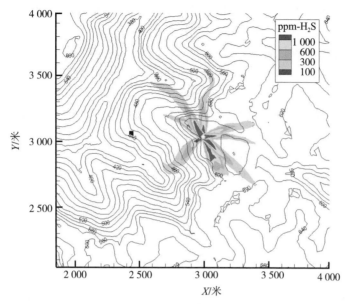

图 3.3　龙岗气田某井 3.0 米/秒风速 15 分钟扩散叠加结果

3.2　基于井喷事故情景的含硫气井应急准备规划区划分方法

3.2.1　国内外含硫气井应急准备规划区划分方法

应急准备规划区是指为了在事故发生时能够及时、有效地采取保护公众的防护行动，事先在危险设施的周围划出制订有应急预案并做好适当应急准备的区域，应急准备工作通常包括预警、人员疏散、避难、个体防护手段、点火、公众培训等。并不是说发生事故时就按划分的区域应急，划分应急准备规划区只是要做好准备。其目的如下：在应急干预的情况下便于迅速组织有效的应急响应行动，最大限度地降低事故对环境和公众可能产生的影响。

在多数情况下，需要采取应急响应行动的区域可能只限于相应的应急准备规划区的一部分，但在发生非常严重事故的特殊情况下，也可能需要在相应应急准备规划区之外的部分地区采取公众安全防护措施。实际发生事故时，要根据事故规模、气象等条件进行预测，进行实地的测量，才能确定在什么地方采取什么样的应急防护措施，这完全取决于当时的实际情况。

核电厂 EPZ 的定义为："为在核电厂发生事故时能及时有效地采取保护公众的防护行动，事先在核电厂周围建立的、制订有应急计划并做好应急准备的区域。"(GB/T 17680.1—1999《核电厂应急计划与准备准则 应急计划区的划分》)危险化学品 EPZ 的定义与核电类似。

加拿大艾伯塔省能源保护委员会(The Energy Resources and Conservation Board, ERCB)在 Directive 071《石油工业应急准备与响应要求》(*Emergency Preparedness and Response Requirements for the Petroleum Industry*)中定义含硫气井 EPZ 为环绕含有危险品的井、管道、设施周围的地理区域，区内需要生产经营者的特定应急响应计划。

参考上述定义，并结合我国含硫气田实际情况，含硫气井应急准备规划区定义为含硫气井周边一定范围的区域，该区域内人员在毒性物质，如硫化氢的释放、火灾、爆炸等事故尚未得到控制时处于高风险环境中，对该区域必须制订专门的应急响应计划。划分该 EPZ 的目的在于按照应急预案的要求在该区域内事先制订应急计划和进行应急准备，以便在突发事件情况下采取迅速有效的保护公众的应急防护措施，避免或减少在事故情况下公众可能受到硫化氢气体的危害，保障公众安全。

目前国内外有关应急准备规划区的研究多集中于核工业、危险化学品和含硫气井的应急计划中，其他领域研究较少且尚不成熟。

1. 核工业

我国把核电厂 EPZ 划分为烟羽 EPZ 和食入 EPZ。烟羽 EPZ 是针对烟羽照射途径来说的。所谓烟羽照射途径包括两种主要照射来源：①来自烟羽的直接外照射，吸入烟羽中放射性核素造成的内照射，烟羽放射性沉降到地面引起的早期地面外照射。核电厂的烟羽 EPZ 是以核岛为中心，半径若干千米范围的圆形面积。在该区域内，保护公众的主要措施为疏散、隐蔽和服用碘片，并做好疏散计划和准备。②而食入 EPZ 包括烟羽 EPZ，是针对可能摄入被放射性核素污染的食物和水而产生的内照射。该范围内保护公众的主要措施为控制食物和饮用水。例如，秦山核电厂食入 EPZ 是以核岛为中心，半径 30 千米范围的圆形面积。

各国核电厂 EPZ 的数目、类型和大小不尽相同。多数国家的 EPZ 或应急范围有 2~3 个，只有三国家或地区只有一个 EPZ。在采取两个或多个计划区的国家中，有以下几种情况：有些国家的两个计划区是指疏散和隐蔽两个区或两个距离范围；有些国家明确采用食入 EPZ 或食物控制；此外，还有国家采用监测区。没有说明有监测或食物控制范围的国家，不等于它们的应急计划中就没有监测计划和食物控制计划，监测的目的之一显然也是为控制受污染的食物。

虽然各国核电厂应急计划所依据的基本原则是一致的，或者大同小异，但应急计划仍需按照各自对核电厂安全性能、应急计划所考虑的事故及其源项的判断，以及各国核电厂周围人口分布等具体条件来制订。美国应急计划较大的原因之一是它有条件做到，而人口比较稠密的欧洲很多国家和日本等，不可能建立大范围应急疏散居民的计划。目前大多数国家计划疏散的范围不是很大(5～10 千米),这可能是合理的,因为核电厂的运行历史表明核电是安全的,轻水堆核电厂事故造成大范围场外严重影响的概率很低,轻水商用反应堆核电站还没有发生过严重影响环境的事故。

2. 危险化学品

美国政府危险化学品库区应急准备计划提出了一种三区域的 EPZ,如图 3.4 所示,内圆为立即响应区,是指在典型气象条件下,响应时间不超过 1 小时应包括的区域;中部环形区域为保护行动区,是指在毒气泄漏过程中有必要对公众采取防护措施,且有足够时间确保大多数公众安全疏散的区域;外部环形区为预防区,是指保护行动区界以外至毒气危害可被忽略不计时距离之间的区域,该区域外边界无须事先确定。如时间允许,立即响应区内所有人员应予疏散,对于保护行动区,尽管某些特殊人群或机构采取隐蔽等其他措施比较合适,但普通公众最好采取疏散措施。

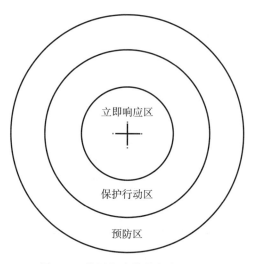

图 3.4 美国危险化学品库的 EPZ

3. 含硫气田

在含硫气田领域,加拿大艾伯塔省能源和公用事业委员会(Energy and Utilities Board,EUB)在其 Directive 071《上游石油工业应急准备与响应要求》(*emergency preparedness and response requirements for the upstream petroleum industry*)中规定,油气公司要钻一口含硫化氢的油气井,首先必须确定应急计划区,编制相应的应急响应计划(emergency response plan,ERP),然后到 EUB 申请作业许可证。EUB 提出了可接受的确定计算 EPZ 大小的方法,该方法基于

酸性气井中酸性气体（通常为硫化氢）的最大预期释放速率（记为 R_{H2S}）。含硫气井 EPZ 的计算公式为

$$\begin{cases} 0.01 < R_{H2S} \leqslant 0.3, & R = 2.0 R_{H2S}^{0.58} \\ 0.30 < R_{H2S} \leqslant 8.6, & R = 2.3 R_{H2S}^{0.68} \\ R_{H2S} > 8.6, & R = 1.9 R_{H2S}^{0.81} \end{cases} \quad (3.1)$$

其中，R_{H2S} 为硫化氢释放速率，立方米/秒，R 为 EPZ 半径，千米。

之后，ERCB 选择由美国能源部的劳伦斯-利弗莫尔国家实验室开发的混合层模型（用于 SLAB 重气扩散模型），开发了专门用于计算油气田 EPZ 的软件 ERCBH2S，其根据硫化氢致死概率的分析，提出了以 100ppm 60 分钟的毒性负荷作为含硫气井 EPZ 划分标准，并提供了 EPZ 的计算模型，该毒性负荷为 $6.0 \times 10^8 \text{ ppm}^{3.5}$。

针对钻井/修井作业，在 15 分钟点火的前提下，ERCB 利用 ERCBH2S 软件计算得到的 EPZ 半径与以前 EUB 规定的计算公式结果对比，见图 3.5。可见采用 ERCBH2S 软件计算得到的结果要远小于以前的 EPZ 半径规定要求，需要说明的是，其中考虑了地面和井下的井控技术手段，从而降低了释放源强。

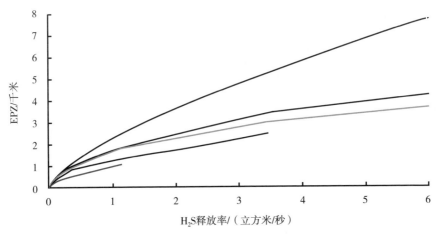

图 3.5 ERCBH2S 计算 EPZ 半径与以往计算公式对比（15 分钟点火）

ERCB 在 Directive 071《石油工业应急准备与响应要求》(emergency preparedness and response requirements for the petroleum industry) 中还规定了 EPZ 和应急响应区域的计算方法、地方政府和公众的应急准备和应急响应要求、特殊地点应急准备和响应计划、特殊地点酸性井钻完井应急响应计划、特殊地点酸性井作业应急响应计划以及管线和设施的应急响应计划等。

美国政府规定 100 ppm 30 分钟的硫化氢毒性负荷作为 EPZ 的划分标准。其

硫化氢毒性负荷计算公式采用热化学还原反应(thermochemical sulfate reduction，TSR)模型，按照 30 分钟 100 ppm 平均浓度计算为 3.0×10^6 $ppm^{2.5}$。另外，美国的密歇根州、得克萨斯州等地方政府也对含硫气田开发的安全方面制定了相关规定。

我国石油行业标准 SY/T 5087—2005《含硫化氢油气井安全钻井推荐作法》中规定"井喷失控后，在人员的生命受到巨大威胁、人员撤离无望、失控井无希望得到控制的情况下，作为最后手段应按抢险作业程序对油气井井口实施点火"。而我国未明文规定含硫气井的 EPZ 的划分方法与确定原则、应急管理技术与要求等，这与政府监管、企业安全生产和公众防护的迫切需求不相适应。

国内外针对应急准备规划区划分方法研究的主要结论如下。

(1)应急准备规划区主要针对发生事故后可能造成大范围影响、对周边区域公众安全形成较大威胁的危险设施进行设置，事故类型主要是有毒有害物质泄漏扩散。

(2)影响应急准备规划区划分的因素较多，主要包括危险源释放源强、环境条件、人口分布、应急准备能力等，而对于含硫气井，通常采用硫化氢毒性负荷阈值作为含硫气井 EPZ 边界划分标准，依此建立的含硫气井 EPZ 的划分指标为硫化氢释放速率。

(3)在应急准备规划区内应明确地方政府、企业和公众的应急准备和应急响应要求，以有效应对事故。

目前，国内尚未对含硫气井 EPZ 的定义、划分方法和实际划分原则等方面进行研究，而国外含硫气井 EPZ 存在的主要不足有以下几个方面。

(1)没有充分考虑地形因素。加拿大、美国均通过采用常规的重气扩散模式计算硫化氢扩散浓度，如 SLAB(an atmospheric dispersion model for denser than air releases)重气扩散模式，进而建立相应的含硫气井 EPZ 划分方法，但这些模式没有考虑复杂地形因素。

(2)没有考虑密集人口的情况。加拿大、美国等国家的含硫气井周边人口稀少，而我国的含硫气井主要分布在人口稠密的川渝地区。若按加拿大或者美国含硫气井 EPZ 的计算方法，则 EPZ 的范围太大，导致该范围内的影响人口数目过大，政府、企业相应的投入也将成倍增加。但由于受山区地形因素的影响，实际 EPZ 的范围较小。

(3)可接受风险值、EPZ 的划定、应急预案的编制、事故现场监测及报警装置、人员疏散等方面涉及政治、经济及社会等诸多因素，我国在诸多方面与美国和加拿大存在巨大差异。

目前，我国亦颁发了有关油气田(井)勘探开发的安全管理标准规范(SY/T 6426—2005，SY/T 5466—2004，GB 50183—2004，SY/T 5087—2005)，但未

规定含硫气井 EPZ 的划分方法与确定原则、应急管理技术与要求等，这与政府监管、企业安全生产和公众防护的迫切需求不相适应。在这种形势下，提出高风险油气田重大事故应急准备规划区制定方法无疑具有更为重要的现实意义。

3.2.2 含硫气井应急准备规划区划分的主要影响因素分析

1. 主要影响因素的特征分析

影响气体泄漏范围的因素主要有气体扩散模式及泄漏源、地理环境、气象条件、气体性质等。含硫气井井喷硫化氢扩散对人体健康风险的主要影响因素有硫化氢的剂量-反应关系、气体排放速率、井口释放的性质、排放气体的扩散、暴露人群特征、气象条件等。结合国内外相关研究结果，影响含硫气井应急准备规划区的主要因素可归纳为源强（对于含硫气井井喷而言即为硫化氢释放速率）、气象条件、地形、人口分布、应急准备能力等。

1) 硫化氢释放速率的概率分布

硫化氢释放速率是影响含硫气井 EPZ 范围的关键影响因素，与事故规模、大小有关，如加拿大 EUB 计算含硫气井 EPZ 方法中，主要考虑了井口最大硫化氢释放速率，之后 ERCB 在使用 ERCBH2S 软件计算含硫气井的 EPZ 时，不仅考虑了井口最大硫化氢释放速率，也考虑了点火、地面安全阀、井下阻塞器等减小硫化氢释放速率的条件。我国含硫气井的公众危害程度分级方法以硫化氢释放速率为分级指标（AQ 2017—2008）。硫化氢释放速率不仅反映油气田埋藏地质条件，而且还反映油气本身物性，合理估计含硫气井硫化氢释放速率的概率分布有助于理解含硫气井 EPZ 的设置。

在国家安监局的协调下，整理了收集得到的我国 1 015 口含硫气井数据。含硫气井硫化氢释放速率定义为含硫气井绝对无阻流量与该井硫化氢质量浓度的乘积。据此定义，可以简单统计得到气井硫化氢释放速率大致分布情况，大部分气井的硫化氢释放速率均小于 5.0 立方米/秒，硫化氢释放速率的最大值为 10.719 立方米/秒，该井为罗家 16H 井。

根据含硫气井硫化氢释放速率的累积概率分布函数建立其概率分布模型，基于极大似然法和柯尔莫哥洛夫-斯米尔诺夫检验方法（K-S 方法）估计该模型参数，并采用 Monte Carlo 方法随机生成检验样本，并对该模型进行 K-S 方法拟合优度检验。建模数据仅考虑硫化氢释放速率且硫化氢释放速率大于 0，这样选定用于本次建模的含硫气井共计 591 口。

含硫气井重大井喷事故一般是硫化氢释放速率较大的"小概率"事件。为了说明硫化氢释放速率超过某个值的概率，在双对数坐标下，作硫化氢释放速率的累积概率分布图，纵坐标为硫化氢释放速率的累积概率分布函数值，横坐标为硫化氢释放速率，累积分布概率值以"○"表示，见图 3.6。为便于比较，还做了同均值、同方差的高斯分布的累积概率分布函数，用点虚线表示。

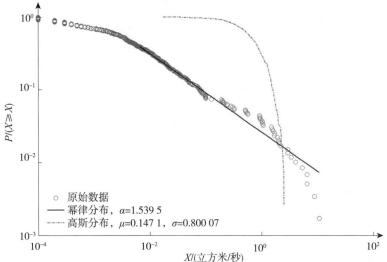

图 3.6　2007 年川渝地区含硫气井硫化氢释放速率累积概率分布函数

从图 3.6 可见，随着硫化氢释放速率增大，高斯分布很快趋近于 0，而实际硫化氢释放速率还有很高的分布值。从统计结果看，硫化氢释放速率大于 3σ 的气井数有 9 口，大于 5σ 的气井数有 6 口，大于 11σ 的气井数有 2 口，甚至有 1 口气井的硫化氢释放速率大于 13σ。上述说明川渝地区含硫气井硫化氢释放速率的概率分布尾部较厚较长，对应的危险程度为一级、二级含硫气井仍有一定的概率（AQ 2017—2008）。例如，硫化氢释放速率为 10.719 立方米/秒时，高斯分布的累积分布函数值已趋于 0，而实际硫化氢释放速率的累积分布值有 $10^{-3} \sim 10^{-2}$ 量级。可见，相比高斯分布，硫化氢释放速率的概率统计分布在远离平均值处仍有较大的概率，是一种厚尾分布。目前常用的一些统计函数，如指数分布、泊松分布等都很难拟合出硫化氢释放速率的概率分布，往往使人们低估了含硫气井重大井喷事故发生时的硫化氢释放速率，给石油天然气安全生产造成巨大的损失。

图 3.6 中，硫化氢释放速率的累积概率分布在一定区间内呈线性，具备了幂律分布的必要条件。川渝地区含硫气井硫化氢释放速率的累积概率分布函数为

$$P(x) = 0.067\,2x^{-0.539\,5} \tag{3.2}$$

用式(3.2)拟合实际数据，并在图 3.6 中用黑色实线表示。

政府部门重点监管的是危险程度为一级、二级的含硫气井（AQ 2017—2008）。根据含硫气井硫化氢扩散危险水平划分标准（AQ 2017—2008），分别计算硫化氢释放速率为 1.0 立方米/秒、5.0 立方米/秒的幂律分布和高斯分布的累

积分布概率，可以得到两种概率之比分别可达 10^2 和 10^{10} 个量级。分别计算一级、二级含硫气井的两种概率之比，其中宣汉作业区的渡 1 井和罗家 16H 井、普光气田的普光 9 井和普光 105-1 井的两种概率之比都大于 10^{10} 个量级，都属于一级气井。就 2003 年川东北地区发生特大井喷事故的罗家 16H 井而言，其硫化氢释放速率约为 10.719 立方米/秒，属于一级含硫井，其两种分布的概率之比达 10^{37} 个量级。这是因为该硫化氢释放速率大于 13σ，对于高斯分布而言，理论上该值出现的概率已趋于 0，而实际上 591 口含硫气井中出现了该值，具有一定的概率。因此，其累积分布概率不能被忽视，幂律分布恰好能够描述此概率。两种分布比较，差异相当显著。由此看来，一级、二级含硫气井的概率远大于高斯分布，硫化氢释放速率越大，概率相差越大，越不能被当做一般意义上的"小概率"事件来监管。该概率分布的尾部对应的一级、二级含硫气井主要集中在川东北气矿的宣汉作业区、川西北气矿的江油采气作业区、重庆气矿的万州作业区、普光气田等。作为地方政府和石油天然气企业应重视这些含硫气井 EPZ 的划分，并采取应急准备措施。

2）复杂地形分类

地形条件与大气污染物的扩散过程密切相关，直接影响扩散影响区域的范围和浓度。含硫气井所处的地形条件对硫化氢浓度场及受体致死概率影响很大。山区地形起伏较大，下垫面非均一。在复杂地形上，大气受下垫面特性的影响很大，大气边界层温度场和风场较平原地区而言存在较大差异，在水平和垂直方向上形成的风场和温度场非常特殊，由于水平输送不如平原地区，所以山区（尤其是山间盆地和谷地）的污染情况通常比平原严重，再加上地形动力作用的阻塞与分流，大气污染物的扩散、稀释、沉降规律比平原地区复杂得多。

由于我国含硫气井主要位于川渝地区，参照 HJ 2.2—2008，根据含硫气井井口与周边地形的关系，"12·23"井喷事故人员死亡分布的最大范围（人员实际死亡区域最远处距离井口 1.5 千米），该地区地形大致也可分为简单地形和复杂地形。

（1）简单地形。

含硫气井井口周边 1.5 千米内的地形高度（不含建筑物）不超过含硫气井井口高度时，可定义为简单地形，见图 3.7。

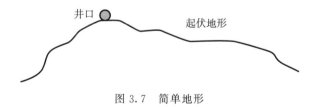

图 3.7 简单地形

(2)复杂地形。

含硫气井井口周边 1.5 千米内的地形高度(不含建筑物)超过含硫气井井口高度时,可定义为复杂地形。根据调研结果,可将复杂地形分为三类。

第一,第一类复杂地形。含硫气井井口位于半山腰,另一面是高度低于井口高度的平坦地形,见图 3.8。

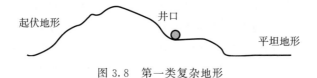

图 3.8　第一类复杂地形

第二,第二类复杂地形。含硫气井井口位于半山腰,另一面是高度与井口高度接近的起伏地形,见图 3.9。

图 3.9　第二类复杂地形

第三,第三类复杂地形。含硫气井井口位于谷底或者周边的起伏地形高度显著高于井口高度,见图 3.10。

图 3.10　第三类复杂地形

1 015 口含硫气井所在地形中,简单地形占 1.87%,复杂地形占 98.13%,其中第一类复杂地形、第二类复杂地形和第三类复杂地形分别占 5.42%、70.64%和 22.07%,见表 3.1。

表 3.1　含硫气井地形分类

统计项目	复杂地形			简单地形	合计
	第一类	第二类	第三类		
井数/口	55	717	224	19	1 015
百分比/%	5.42	70.64	22.07	1.87	100

3) 气象特征

含硫气井井喷硫化氢扩散对人体健康风险受气象条件的影响,含硫气井井喷点火燃烧产生 SO_2 气体扩散受到风和地形的影响,有毒气体扩散主要受到风向的控制,地形则改变了其分布的形状,最危险的区域是下风向的地区、坡脚、山谷等地。

气象条件主要包括风速、风向、相对湿度、大气稳定度等,对大气污染物的扩散方向、扩散速度、地表浓度等影响较大。风向影响污染物的水平迁移扩散方向,总是不断将污染物向下风方向输送;污染物在大气中的浓度与平均风速成反比,风对大气污染物的影响发生在从地面起到污染物扩散所及的各高度;大气湍流的主要效果是混合,它使污染物在随风飘移过程中不断向四周扩展,不断将周围清洁空气卷入烟气中,同时将烟气带到周围空气中,使污染物浓度不断降低;温度层结,特别是逆温层的存在对污染物的纵向迁移扩散影响很大;大气不稳定,湍流和对流充分发展,扩散稀释能力强,有利于污染物扩散。

4) 人口分布特征

人口分布不仅影响事故定量风险分析中社会风险曲线的确定,进而影响应急准备规划区实际边界位置的确定,同时也影响针对应急准备规划区内人员开展的应急准备与应急响应行动,如发布警报信息、大规模人群疏散、就地避难、个体防护等。

根据我国 1 015 口含硫气井数据,本节仅统计分析硫化氢含量、绝对无阻流量、周边 500 米范围内人口分布等三项数据均齐全的气井,符合要求的气井共 166 口,人口分布考察范围的划分参考石油行业标准(SY/T 6426—2005)和安全生产行业标准(AQ 2018—2008)。

根据统计数据,气井周边 500 米范围内人口分布不均,分布情况如图 3.11 所示。94.53%的气井 500 米范围内人口数小于 600 人,但 500 米范围内人口数大于 600 人的气井占了 5.42%。500 米范围内人口数的最大值为 3 180 人,该井为中石油重庆气矿天东 53 井。166 口气井的 500 米范围内人口总数为 41 222 人,平均约为 248 人/井。

将气井周边 500 米范围内人口数按面积取平均,得到人口密度后计算气井周边 300 米、200 米和 100 米范围内人口数。气井 100 米、200 米、300 米及 500 米范围内各井平均人数如图 3.12 所示。

100 米范围内户数、100~300 米范围内户数统计结果如表 3.2 所示,总体平均 4 人/户。

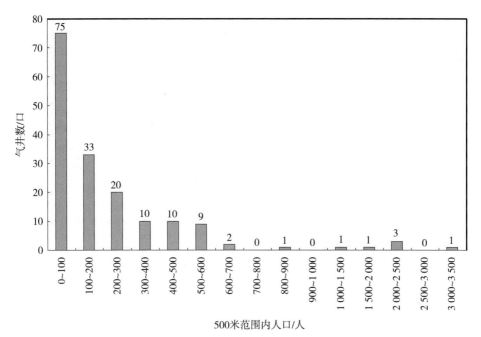

图 3.11　气井 500 米范围内人口数

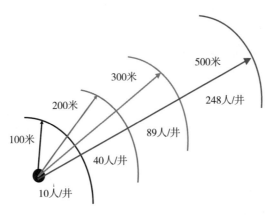

图 3.12　100 米、200 米、300 米及 500 米范围内各井平均人数

表 3.2　气井周边户数分布情况

项目	500 米范围内人数/人	500 米范围内户数/户	100 米范围内户数/户	100～300 米范围内户数/户
总数	41 222	10 045	402	3 214
平均	248	61	3	19

5）人群疏散特点

突发事件大规模人群应急疏散存在家庭成员"重返"行为和"群聚现象"。高密度人群疏散的紊乱现象与人群灾难之间的关系可用人群动力学的社会力模型来模拟。"12·23"事故中共造成243人死亡（主要死亡者为井喷井场周围的居民，共241人），事故紧急疏散65 632人。在井喷失控事故发生后，除了需要进行井喷失控判定、点火决策、井喷控制方案决策等一系列应急决策动作外，应急决策者还需要考虑如何进行井场内人员撤离、周围群众疏散等问题，特别是山区地形复杂、出入道路单一、疏散困难等条件下，如何快速地将社会公众转移或疏散至安全地带，及时估计人群的疏散时间，是亟待解决的问题。

目前，山区井场周边人群疏散已有初步实验性研究，但未能给出山区环境下人群疏散的行为特征、疏散时间、运动速度等特征参数。对于井场周边居民疏散，需要从三个方面共同采取措施，以通过最有效的途径最大限度地提高周围居民在井喷情况下的疏散安全水平：①尽量减少硫化氢的喷出量和扩散范围，这在实际操作过程中主要通过缩短点火时间来实现；②尽量缩短周围居民的疏散准备时间，这在实际操作过程中可以通过建立健全井喷监测报警系统、加强周围居民的培训教育、加强日常应急演练等措施来实现；③尽量缩短周围居民的疏散运动时间，这在实际操作过程中可以通过适当扩大搬迁范围、合理布置足够数量临时避难所及改善井场周围的路网分布等措施来实现。

6）应急准备状况

应急准备组成包括应急预案、培训、演练、组织指挥系统、物资储备与调配等方面。含硫气井及其上级部门（作业区、气矿和分公司）的应急准备能力的大小与井喷事故危害程度密切相关，在一定程度上影响了应急准备规划区的划分及应急响应计划。事故应急能力评估及脆弱性分析可以直接反映应急准备状况，以"12·23"井喷事故为例，对事故应急能力及脆弱性开展定性的评估与分析。

(1) 事故应急能力评估。

事故应急能力评估主要从企业安全管理、安全标准规范及技术装备、事故应急管理几个方面进行分析。

第一，企业安全管理。

HSE管理体系：在危险源辨识、风险评价、风险控制、应急管理、作业控制、教育培训、交流和沟通、绩效监测与测量等方面HSE没有落实到实际工作中；HSE体系与钻井实际工作存在脱节的情况。

安全组织机构及监督：企业的安全组织机构不健全，安全监督力度不足。例如，井队HSE记录不全，防毒面具、氧气呼吸器管理未见记录，钻井监督对违规卸掉回压阀予以默认等。

企业员工安全素质：现场作业人员的违章违规是导致事故的重要的直接原

因。定向井服务中心工程师、钻井队安全防护人员、钻井队队长、副司钻、录井工、现场抢险负责人等在各自的工作环节连续出现了不正确履行职责的行为。

企业对高含硫油气田安全开发困难的认识：事先未进行安全和环保评估，没有严格依照相关的法律法规履行自己应尽的职责，没有严格落实"三同时"制度。

对含硫气井井场周边群众的安全教育：企业忽视了对公众的日常教育，位于井场周围的人群不了解潜在的危险性质和健康危害，没有掌握必要的自救知识，不了解疏散路线、集合地点、各种警报的含义和应急救援工作的有关要求。

第二，安全标准规范及技术装备。

安全规划：井场在选址时没有进行安全规划，缺少对周边可能会受到自身事故影响的环境和人口分布情况的掌握；井场附近500米范围内有大量的居民长期居住；井场附近的居民没有畅通的紧急疏散通道，或紧急疏散通道不合理。

安全评价：没有对井喷危险性进行风险评价，缺乏对高含硫气田开发的风险分析和危害识别，缺乏对事故潜在性质、规模及紧急情况发生时可能的相互作用进行预测和评估；缺乏井喷危险性分级管理措施。

井喷点火：事故发生时的行业及企业标准规范中对于如何点火、谁决策点火、谁操作点火都没有相关的规定，应急行动缺乏指导依据；井喷点火技术落后，缺乏能够快速、有效点火的井喷点火装置。

高含硫气田开采安全技术及标准规范：石油天然气开采行业缺少系统的安全生产规范、规程。目前，石油天然气开采安全技术方面的要求仅依据石油天然气行业安全标准，而这些标准具有一定的局限性。

第三，事故应急管理。

应急资源：事故反映出应急资源准备方面的不足。例如，钻井施工现场没有准备足够的空气呼吸器、硫化氢浓度监测仪器和压井物资，井队没有配备井喷点火装置，应急队伍缺乏足够的个人安全防护装备和应急监测装备等。

应急预案：企业的应急预案内容不全，过于简单，应急程序不清楚，可操作性不强。没有应急预案编制指南，编制出的应急预案不规范；应急预案中对一些关键应急信息缺乏详细、系统的描述，使应急预案缺乏可操作性。

应急演练：由于预案演习开展不够充分，没有在事故前及早发现事故预案、应急资源等方面的缺陷，各个应急部门、机构和人员之间缺乏协调。

应急报警能力：企业在做应急准备工作时，没有事先安排应急报警设备，导致井喷事故后对周边区域的应急报警能力不够；缺乏高效的警报通知技术和装备，疏散效率受到严重影响。

大规模人群疏散：钻井施工单位和当地政府缺乏预防性疏散准备，对疏散区域、疏散距离、疏散路线只能临时决定，难以制订科学的疏散方案；突发灾难下，危险区域的群众在紧急状态下难以快速按照指挥人员指定的线路有效疏散。

企地联合：企业未与地方政府的应急组织机构建立联系，其应急救援没有纳入社会整体应急救援体系，应急救援预案没有与地方政府的应急工作衔接联动，企业与地方政府之间缺乏及时沟通协调。

事故应急指挥：在事故不同应急阶段，"12·23"井喷事故各应急指挥系统的组织机构设置缺乏模块化的组织，这就使组织架构缺乏弹性，影响整个应急系统效率的发挥。

事故应急救援：此次事故中，尽管救援队伍全力以赴赶往现场，但是，受到地理、气象等多方面因素影响，专业救援队伍的响应速度受到了严重影响。

（2）脆弱性分析。

脆弱性英文原意是指物体易受攻击、易受伤和被损坏的特性。中文对脆弱性一般解释，脆是易破碎的性质，弱是弱小并易受挫。在应急管理领域，脆弱性已成为一个专用名词，虽然对其解释很多，但认可较一致的概念如下：脆弱性是指对危险暴露程度及其易感性（susceptibility）和抗逆力（resilience）尺度的考量。换一句话讲，就是面对灾害时，自身存在较易遭受伤害和损失的因素。脆弱性存在于应急管理的各个层面和突发事件应急响应四个时期的全过程，从这个意义上讲，风险具有相对性，而脆弱性则具有绝对性。

脆弱性是在灾害发生前即可存在的条件，在灾害发生时涌现；脆弱性表现为对灾害抗灾能力和恢复能力在内的适应性；脆弱性也是在特定环境中的受灾敏感性；脆弱性是决定灾难性质与强度的基本要素。脆弱性按其来源属性可分为自然、技术、社会和管理四类。

井喷事故灾害系统可以看做由孕灾环境、致灾因子和承灾体三者共同组成。

第一，孕灾环境，是指自然、物理、人类社会共同组成的大环境，它既是所有灾害因子及灾害承受对象存在的基础，也对整个灾害系统的复杂程度、强度、灾害损失程度等起决定性的作用。

第二，致灾因子，是指可能造成财产损失、人员伤亡、资源与环境破坏、社会系统紊乱等孕灾环境中的异变因子，是导致灾害发生的直接原因，成为灾害风险的重要因素。

第三，承灾体，是指包括环境、财产和人口在内的灾害危害作用的直接承受对象，承灾体暴露于危险中并表现出一定的脆弱性，这是风险形成的关键。

井喷事故灾害形成通常是由致灾因子、脆弱性和暴露三个要素综合作用形成，承灾体脆弱性分析是灾害风险分析的重要组成部分，承灾体暴露于致灾因子并表现出脆弱性，从而构成了灾害风险。

系统脆弱性是通过承灾体体现的，在特定的孕灾环境和致灾因子的情况下，井喷事故灾难风险主要取决于表现脆弱性的承灾体的多样性和复杂性。从井喷事故灾难可能危害的对象角度看，不同的承灾体，由于地理位置、结构、价值、数量等不同,受灾害损失的程度和灾后恢复力明显存在差异。参照国内外关于承灾体分类的基础,从井喷事故灾难暴露的角度,将承灾体分为三大类,即人口、财产、环境与资源。其中,人口是最重要的暴露要素,表现为人口密度、人口结构等,其脆弱性与其本身的物理特性及生活环境直接有关;财产是评估直接损失的重要内容和依据,包括井口设备设施、生产生活用品等;环境与资源包括土地、水资源、动植物资源等。

在井喷事故灾难中,系统的脆弱性通过各类承灾体来体现,在事故灾难发生的时间轴上,承灾体暴露是脆弱性形成的必要前提,暴露将承受灾体置于危害因素的冲击范围中,一旦危害因子引发危害事件,承灾体在初期表现出对各种伤害的敏感性,这种敏感性一经扩散,将直接考验承灾体本身所具备的抵抗力,外部冲击如果超过抵抗极限,承灾体就会受到毁灭性的破坏。

面对事故灾难时系统脆弱性就是指暴露于危险因素的承灾体敏感性与抵抗能力的综合反映。脆弱性包含自然、社会、经济三个维度,它在危险因素的触发下形成风险,对于应急管理过程来说,减小脆弱性是控制风险最为重要的途径。由此看出,脆弱性的评估是整个风险预防控制的重要基础。

2. 主要影响因素的关系分析

1)主要影响因素的关系

含硫气井井喷后,硫化氢在大气中的浓度除了取决于硫化氢释放的总量外,还同井口高度、气象和地形等因素有关。硫化氢释放总量取决于硫化氢释放速率,井口一般位于地面。井喷后硫化氢扩散可分为射流阶段、地形扩散阶段和非地形扩散阶段。

硫化氢进入大气后稀释扩散。一般而言,风越大,大气湍流越强,大气越不稳定,硫化氢的稀释扩散越快;相反,硫化氢稀释扩散就慢。如果出现逆温层,硫化氢往往可积聚到很高浓度,造成严重的污染。复杂地形会形成局部地区的热力环流,如山区的山谷风,会对该局部地区的硫化氢污染状况发生影响。

硫化氢大气扩散时,遇到高的丘陵和山地,在迎风面会发生下沉作用,引起附近地区的污染。如越过丘陵,则在背风面出现涡流,硫化氢聚集,也可形成严重污染。在山间谷地和盆地地区,硫化氢不易扩散,常在谷地和坡地上回旋。特别是在背风坡,气流做螺旋运动,硫化氢最易聚集,浓度就更高。夜间,由于谷底平静,冷空气下沉,暖空气上升,易出现逆温,易形成严重污染。

根据硫化氢的毒理学特性及扩散特性,硫化氢并不是所有浓度都是瞬间致人死亡,其每个浓度致死时间是不同的。将不同时间的浓度数据利用式(3.3)进行计算可得到硫化氢毒性负荷。

$$\mathrm{TL}_{H_2S} = \int C^n \mathrm{d}t \qquad (3.3)$$

其中，TL_{H_2S} 表示硫化氢毒性负荷；C 表示浓度，ppm；t 表示暴露时间，分钟；n 表示常数。

如此看来，硫化氢的 TL_{H_2S} 实际上是 R_{H_2S}、地形、气象、时间等主要因素的时间函数，可用式(3.4)表示，即

$$TL_{H_2S} = f(C, t) = f(R_{H_2S}, 地形, 气象, t, \cdots) \tag{3.4}$$

因此，可选择硫化氢毒性负荷(TL_{H_2S})作为确定含硫气井应急准备规划区边界的划分指标，建立不同类型复杂地形的含硫气井应急准备规划区划分方法。

2)应急准备规划区边界的选择

计算公式的参数选取可以参考概率函数方程。

$$P_r = a + b \times \ln(TL_{H_2S}) = a + b \times \ln(\int C^n dt) \tag{3.5}$$

其中，P_r 为致死概率，%；a、b 和 n 为依赖于硫化氢的危险参数。

参考加拿大 EUB 计算标准，在划分半致死区及 EPZ 采用的是"EUB L50"的标准，别的参数缺少 EPZ 的划分参考，为了与 EUB 划分结果具有一致性，本小节采取 EUB 的参数进行硫化氢毒性负荷(TL_{H_2S})的计算。利用概率方程，一方面，若知道某位置点硫化氢浓度随时间的变化关系，可以求得该位置点的 TL_{H_2S}；另一方面，为了模拟人群暴露于硫化氢的后果效应，若给定 TL_{H_2S} 阈值就可以划分含硫气井 EPZ 的范围。

选择硫化氢的 TL_{H_2S} 阈值是为了确定含硫气井 EPZ 的理论边界。人群个体差异性导致对毒物敏感性不一样，同时也由于毒物学数据在科学上存在的不确定性，除了前面所提到的浓度阈值外，对当毒物浓度随时间发生变化时，利用毒性负荷阈值(公认的可接受的剂量/暴露标准)也可以界定危险边界。加拿大 EUB 提出了等效于 100 ppm 硫化氢扩散 60 分钟的 TL_{H_2S} 阈值 6×10^8 $ppm^{3.5}$ 作为划分含硫气井 EPZ 的边界。

根据式(3.5)可以计算 TL_{H_2S} 阈值的致死概率为 -0.25，但理论上致死概率不可能为负值。这主要是因为式(3.5)是小白鼠/大鼠实验数据外推至人体健康影响后拟合得出的硫化氢毒性负荷值与致死概率的经验公式。但可以确定的是 TL_{H_2S} 阈值的致死概率小于 2.67，根据反应率-概率单位换算关系(GB 15193.3—2003)，虽然理论上 0 的死亡率在理论上不存在，但可认为此概率对应的死亡百分率为 0 或接近 0。可以认为含硫气井 EPZ 范围内，硫化氢的死亡百分率应为 0 或接近 0，因此，选择 TL_{H_2S} 阈值 6×10^8 $ppm^{3.5}$ 作为含硫气井 EPZ 边界划分标准。

3.2.3 复杂地形井喷硫化氢毒性负荷的数值模拟计算

1. 不同类型复杂地形典型含硫气井的选择

调研结果表明我国含硫气井主要分布在川渝地区，从三类复杂地形中选择典型含硫气井作为对象，包括井 1 位于半山腰，另一面是开阔平地，代表第一类复杂地形的井场；井 2 位于半山腰，周围是群山，代表第二类复杂地形的井场；井 3 位于山谷，周围是群山，代表第三类复杂地形的井场。

1) 井 1

井 1 位于丘陵腰间，三面主要为开垦的农田、耕地，树林及原始地貌较少，地形主要以浅丘为主。长年风向为由北向南。井场东南面为丘陵起伏地形，海拔落差在 100 米不等，居民居住在丘陵低洼处。该井站周边居民较多，并且大多数以群居为主，独户较少，房屋结构为砖混、土墙，人均居住面积较大。距井站 100 米内有 14 户居民，300 米内有 11 户居民，主要分布在东南面和东北面。300 米以外的居民大多居住在北面，属于人口集中地方，距小城镇 500 米。井 1 外景环境情况见图 3.13。

图 3.13 井 1 外景环境

2) 井 2

井 2 所在地形属于川东典型的山地丘陵地形，沟壑众多，地表高差变化较大，地面海拔一般为400～1 000米。地处四川盆地川东断褶带的北部，五宝场（构造）拗陷的东南侧，大巴山北西向褶皱带川东地区北东向褶皱带的结合部。

井2周边的农用土地较多，水田和旱地各占一半，并有1～2亩（1亩≈666.7平方米）果园，附近散布约22户农宅，100余人。附近的农宅聚居点主要集中在西北方和西南方。100米范围内呈环状分布的有61户农宅，400人；100～200米范围内分布有83户农宅，494人。在东面隔河相望有数十户居民，相距700～800米。井2外景环境情况见图3.14。

图3.14 井2外景环境

3）井3

井3位于小山坳里，西北面有一背斜、走向北东的山麓，山脊高程为900米左右；西南面发育较多次级山麓及沟谷；东南面山势相对平缓；井场周围300米范围内散布有64户农户，384人。井3外景环境情况见图3.15。

2. 数值模拟的计算条件

模拟计算以上三口气井的井喷硫化氢浓度场，进而得到相应的硫化氢毒性负荷分布。

1）计算工况及基本参数

（1）计算工况。

第一，点火时间分别为5分钟、7.5分钟、10分钟、15分钟、30分钟、60

图 3.15　井 3 外景环境

分钟、120 分钟 7 种工况下的硫化氢气体扩散最远距离。

第二，分别为 0.01 立方米/秒、0.3 立方米/秒、0.9 立方米/秒、2 立方米/秒、3.4 立方米/秒、4 立方米/秒、6 立方米/秒、8 立方米/秒 8 种工况下的硫化氢气体扩散最远距离。

第三，每种工况下对 8 个风向(东、南、西、北、东南、东北、西南、西北)分别计算，每个风向采用 3 种风速，分别为 0.5 米/秒、1.0 米/秒、3.0 米/秒。

(2)计算基本参数。

第一，井 1 最大井喷流量为 438.5×10^4 立方米/天，其硫化氢含量为 14.71%。

第二，井 2 产量为 150×10^4 立方米/天，无阻流量按照 750×10^4 立方米/天进行计算，其硫化氢含量为 10.08%。

第三，井 3 与原罗家 16h 井位于同一井组，井喷流量为 350×10^4 立方米/天，其硫化氢含量为 9.02%。

2)第一类复杂地形硫化氢毒性负荷计算

图 3.16 为第一类复杂地形，15 分钟点火条件下，不同硫化氢释放速率下的硫化氢毒性负荷分布范围。综合 8 个风向，可以看到：硫化氢浓度在 0.01 立方米/秒的硫化氢泄漏流量条件下的 TL_{H_2S} 阈值分布半径为 0，即在这个泄漏流量下，井场不存在 EPZ；在 0.3 立方米/秒的硫化氢泄漏流量条件下，硫化氢扩散毒性负荷范围呈不规则图形，其中以东南方向最远，其 TL_{H_2S} 阈值分布距离为 300 米；在 0.9 立方米/秒的硫化氢泄漏流量条件下的 TL_{H_2S} 阈值分布最远距离为 830 米；在 2.0 立方米/秒的硫化氢泄漏流量条件下的 TL_{H_2S} 阈值分布最远距离为 1 450 米；在 3.4 立方米/秒的硫化氢泄漏流量条件下的 TL_{H_2S} 阈值分布最远距离

为 2 125 米；在 4.0 立方米/秒的硫化氢泄漏流量条件下的 TL_{H_2S} 阈值分布最远距离为 2 225 米。以上最远距离均位于东南方向。

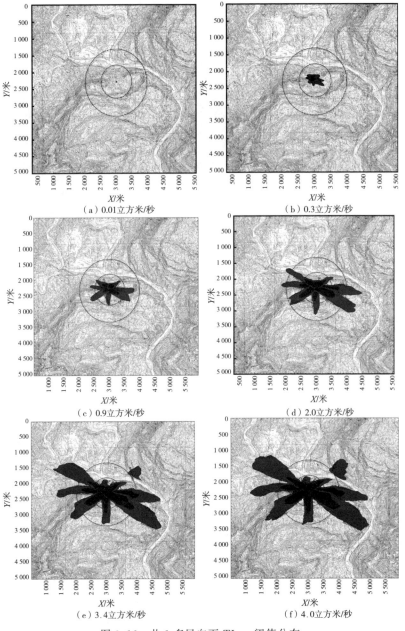

图 3.16　井 1 多风向下 TL_{H_2S} 阈值分布

3) 第二类复杂地形硫化氢毒性负荷计算

图 3.17 为第二类复杂地形，15 分钟点火条件下，不同硫化氢释放速率下的硫化氢毒性负荷分布范围。综合 8 个风向，可以看到：硫化氢浓度在 0.01 立方米/秒的硫化氢泄漏流量条件下的 TL_{H_2S} 阈值分布半径为 0，即在这个泄漏流量下，井场不存在 EPZ；在 0.3 立方米/秒的硫化氢泄漏流量条件下，硫化氢扩散毒性负荷范围呈不规则图形，其中以东、西方向最远，其 TL_{H_2S} 阈值分布距离为 150 米；在 0.9 立方米/秒的硫化氢泄漏流量条件下的 TL_{H_2S} 阈值分布最远距离为 475 米；在 2.0 立方米/秒的硫化氢泄漏流量条件下的 TL_{H_2S} 阈值分布最远距离为 890 米；在 3.4 立方米/秒的硫化氢泄漏流量条件下的 TL_{H_2S} 阈值分布最远距离为 1 300 米；在 4.0 立方米/秒的硫化氢泄漏流量条件下的 TL_{H_2S} 阈值分布最远距离为 1 380 米。以上最远距离均位于东、西方向。

4) 第三类复杂地形硫化氢毒性负荷计算

图 3.18 为第三类复杂地形，15 分钟点火条件下，不同硫化氢释放速率下的硫化氢毒性负荷分布范围。综合 8 个风向，可以看到：硫化氢浓度在 0.01 立方米/秒的硫化氢泄漏流量条件下的 TL_{H_2S} 阈值分布半径为 0，即在这个泄漏流量下，井场不存在 EPZ；在 0.3 立方米/秒的硫化氢泄漏流量条件下，硫化氢扩散毒性负荷范围呈不规则图形，其中以南、北方向最远，其 TL_{H_2S} 阈值分布距离为 320 米；在 0.9 立方米/秒的硫化氢泄漏流量条件下的 TL_{H_2S} 阈值分布最远距离为 650 米；在 2.0 立方米/秒的硫化氢泄漏流量条件下的 TL_{H_2S} 阈值分布最远距离为 900 米；在 3.4 立方米/秒的硫化氢泄漏流量条件下的 TL_{H_2S} 阈值分布最远距离为 1 180 米；在 4.0 立方米/秒的硫化氢泄漏流量条件下的 TL_{H_2S} 阈值分布最远距离为 1 260 米。以上最远距离均位于南、北方向。

5) 硫化氢毒性负荷计算结果分析

综上所述，可以得出以下几个结论。

(1) TL_{H_2S} 阈值的最大扩散半径 (d) 随 R_{H_2S} 增大而增大。

R_{H_2S} 越接近 0.01 立方米/秒，含硫气井 TL_{H_2S} 阈值的最大扩散半径 d 就接近于 0；随着 R_{H_2S} 增大，d 也增大。这是由于 R_{H_2S} 越大，硫化氢扩散的动能越大，其他条件不变的话，其扩散距离也越大。

(2) 地形对 TL_{H_2S} 阈值的最大扩散半径 (d) 有显著影响。

总体而言，R_{H_2S} 越小，三口含硫气井的 d 越接近；但随着 R_{H_2S} 增大，d 的差异也越大；井 1 的 d 随 R_{H_2S} 的变化梯度更大，井 2 和井 3 的 d 随 R_{H_2S} 的变化梯度较小且较两者较接近。这是因为井 1 的平台位于丘陵腰间，地面海拔 559 米，三面主要为开垦的农田，树林及原始地貌较少，地形主要以浅丘为主，井场东南面为丘陵起伏地形，海拔落差在 100 米不等。东侧为喇叭形山谷，非常有利于西风条件下气体在这个山谷中的聚集，扩散过程中硫化氢气体不容易稀释，导

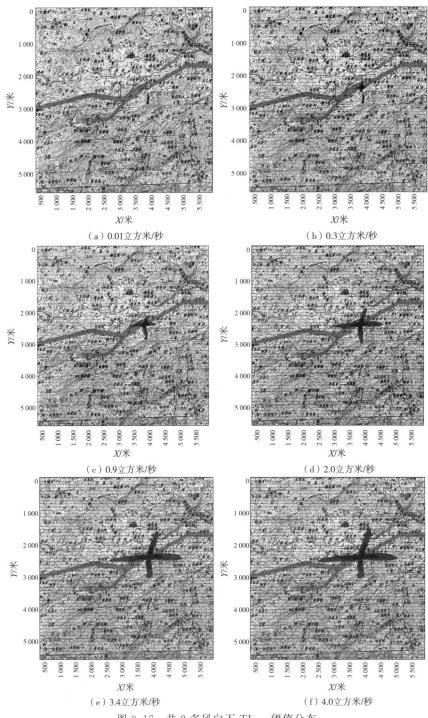

图 3.17 井 2 多风向下 TL_{H_2S} 阈值分布

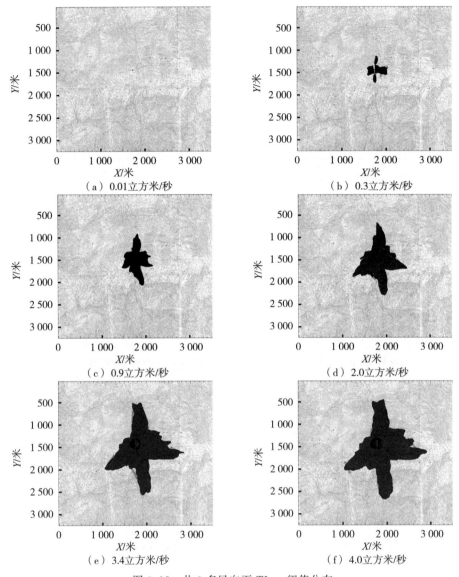

图 3.18 井 3 多风向下 TL_{H_2S} 阈值分布

致高浓度硫化氢扩散距离比较大。而井 2 位于半山腰,周围是丘陵;井 3 地处凹地,西北面有一背斜、走向北东的山麓,山脊高程为 900 米左右;西南面发育较多次级山麓及沟谷;东南面山势相对平缓。两者的高浓度硫化氢扩散距离比较小,特别是井 3。

3.2.4 复杂地形含硫气井应急准备规划区划分方法

1. 复杂地形应急准备规划区的计算模型

根据硫化氢毒性负荷(TL_{H_2S})的计算结果,将不同气井在不同 R_{H_2S}、不同计算工况条件下的 TL_{H_2S} 阈值的最大扩散半径列于表3.3。假定含硫气井的 TL_{H_2S} 服从正态分布,将含硫气井 TL_{H_2S} 阈值的最大扩散半径 d 与 R_{H_2S} 进行非线性回归建模。

表3.3 不同 R_{H_2S} 条件下 TL_{H_2S} 阈值的最大扩散半径 d

气井	R_{H_2S}(立方米/秒)							
	0.01	0.3	0.9	2.0	3.4	4.0	6.0	8.0
井1/米	0	300	830	1 450	2 125	2 225	2 888	3 018
井2/米	0	150	475	890	1 300	1 380	1 773	2 091
井3/米	0	320	650	900	1 180	1 260	1 534	1 706

1)第一类复杂地形的计算模型

作井1的EPZ半径(记为 R_{EPZ})和 R_{H_2S} 的散点图,见图3.19。图3.19中,横坐标为 R_{H_2S}(立方米/秒),纵坐标为 R_{EPZ}(米)。从 R_{EPZ} 和 R_{H_2S} 的散点图看,两者可能呈幂函数关系。因此,采用幂函数方程作 R_{EPZ} 和 R_{H_2S} 的非线性回归分析,并在显著性水平0.05下检验。图3.19中,回归曲线用黑色实线表示,虚线为95%置信区间。

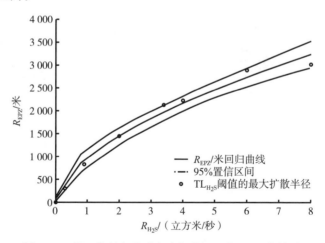

图3.19 第一类复杂地形含硫气井 R_{EPZ} 与 R_{H_2S} 的关系

回归方程如下:

$$R_{EPZ} = 968.7 R_{H_2S}^{0.58} \tag{3.6}$$

其中,在显著性水平0.05下,方程中各项显著性检验的相伴概率均为0.000。

方程总体显著性检验的可决系数 R^2 为 0.984 6，相伴概率为 0.000。式(3.6)即为第一类复杂地形含硫气井 EPZ 计算模型。

2) 第二类复杂地形的计算模型

作井 2 的 R_{EPZ} 和 R_{H_2S} 的散点图，见图 3.20。图 3.20 中，横坐标为 R_{H_2S}（立方米/秒），纵坐标为 R_{EPZ}（米）。从 R_{EPZ} 和 R_{H_2S} 的散点图看，两者可能呈幂函数关系。因此，采用幂函数方程作 R_{EPZ} 和 R_{H_2S} 的非线性回归分析，并在显著性水平 0.05 下检验。图 3.20 中，回归曲线用黑色实线表示，虚线为 95% 置信区间。

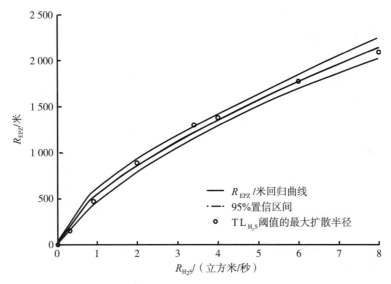

图 3.20　第二类复杂地形含硫气井 R_{EPZ} 与 R_{H_2S} 的关系

回归方程如下：
$$R_{EPZ} = 550.0 R_{H_2S}^{0.65} \tag{3.7}$$

其中，在显著性水平 0.05 下，方程中各项显著性检验的相伴概率均为 0.000。方程总体显著性检验的可决系数 R^2 为 0.994 7，相伴概率为 0.000。式(3.7)即为第二类复杂地形含硫气井 EPZ 计算模型。

3) 第三类复杂地形的计算模型

作井 3 的 R_{EPZ} 和 R_{H_2S} 的散点图，见图 3.21。图 3.21 中，横坐标为 R_{H_2S}（立方米/秒），纵坐标为 R_{EPZ}（米）。从 R_{EPZ} 和 R_{H_2S} 的散点图看，两者可能呈幂函数关系。因此，采用幂函数方程作 R_{EPZ} 和 R_{H_2S} 的非线性回归分析，并在显著性水平 0.05 下检验。图 3.21 中，回归曲线用黑色实线表示，虚线为 95% 置信区间。

回归方程如下：
$$R_{EPZ} = 645.6 R_{H_2S}^{0.48} \tag{3.8}$$

其中，在显著性水平 0.05 下，方程中各项显著性检验的相伴概率均为 0.000。

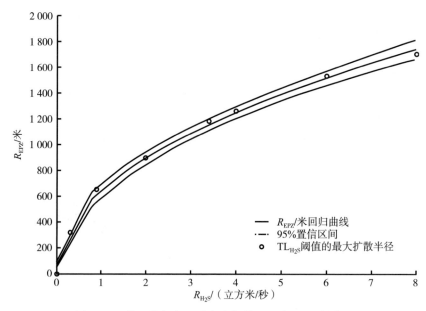

图 3.21 第三类复杂地形含硫气井 R_{EPZ} 与 R_{H_2S} 的关系

方程总体显著性检验的可决系数 R^2 为 0.995 8，相伴概率为 0.000。式(3.8)即为第三类复杂地形含硫气井 EPZ 计算模型。

2. 计算模型的比较与应用

1) 计算模型的比较

将加拿大 EUB 含硫气井 EPZ 划分方法与本书提出的三类复杂地形含硫气井 EPZ 的划分方法作图进行比较，横坐标为 R_{H_2S}（立方米/秒），纵坐标为 R_{EPZ}（米），结果见图 3.22。本节提出的三类复杂地形含硫气井 EPZ 划分方法的计算结果要远小于加拿大 EUB 的 EPZ 划分方法的计算结果，而且 R_{H_2S} 越大，这种差异越显著。

加拿大 EUB 采用 SLAB 重气扩散模型模拟含硫气井井喷后硫化氢的大气扩散，进而建立其 EPZ 划分方法。SLAB 模型在稳定、中度稳定及不稳定的大气环境下均能对重气浓度扩散做出较好的预测，已用各种尺度的实验进行了验证，是目前应用最广泛的重气扩散模型之一，但该模型不能模拟复杂的二维边界变化情况，适合平坦地形下的重气扩散模拟，由于加拿大的含硫气田多处于平原地形，井喷事故状态下有利于含硫天然气的扩散，影响范围较大，可以用 SLAB 重气扩散模型来模拟，而我国含硫气田多处于川渝地区的山区，复杂地形对井喷硫化氢扩散影响非常大，发生井喷事故后硫化氢不易扩散而在井场附近积聚，对附近居民的影响较大。因此，选择三维数值模型来模拟复杂地形条件下含硫气井

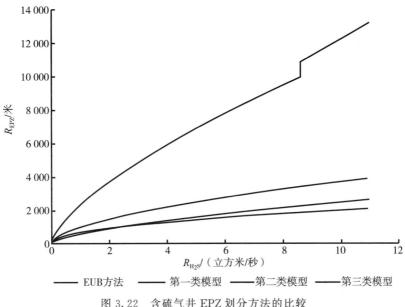

图 3.22 含硫气井 EPZ 划分方法的比较

井喷后硫化氢的大气扩散，然后建立三类复杂地形含硫气井 EPZ 的划分方法，对于我国大部分含硫气井主要集中在人口密集的川渝地区的实际情况而言，本方法是比较适用且可行的。

比较三类复杂地形含硫气井 EPZ 划分方法，可以发现第一类模型明显大于第二类和第三类模型，第三类模型的计算结果最小，可见地形对含硫气井 EPZ 范围的影响很大。

对于发生"12·23"井喷的罗家 16H 井而言，其所在地形属于第二类地形，R_{H_2S} 为 10.719 立方米/秒，将其代入第二类模型计算，可以计算得到该井 R_{EPZ} 约为 2 570 米。通过实地调研发现，人员实际死亡区域最远处距离井口 1.5 千米，说明致死浓度的硫化氢已扩散至 1.5 千米处，而这个距离在该井 R_{EPZ} 范围内。如果按加拿大 EUB 的计算方法，则罗家 16H 井的 EPZ 半径为 12.977 千米。根据现场调查情况看，该计算结果显然太大，与实际情况不甚吻合。

2) 计算模型的应用

将三类模型应用于分析 R_{H_2S} 概率分布的 591 口含硫气井 ($R_{H_2S} > 0$)，对计算结果作直方图分析，见图 3.23。图 3.23 中，横坐标为 R_{EPZ}（米），纵坐标为百分比（%），实线为直方图的指数型拟合线。从图 3.23 中可以看到，591 口含硫气井 EPZ 大小呈负指数分布，具体见表 3.4。总体而言，大多数含硫气井 R_{EPZ} 小于 100 米，小于《含硫化氢天然气井公众安全防护距离》（AQ 2018—2008）的公众安全防护距离，约占 83.25%；R_{EPZ} 大于 1 000 米的含硫气井约占 2.20%。

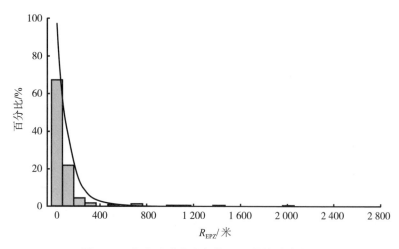

图 3.23　复杂地形含硫气井 R_{EPZ} 的统计直方图

表 3.4　复杂地形含硫气井 R_{EPZ} 统计结果

R_{EPZ}/米	百分比/%
≤100	83.25
100～200	9.31
200～300	1.18
300～500	1.35
500～1 000	2.71
>1 000	2.20

3. 应急准备规划区划分原则

确定复杂地形含硫气井 EPZ 的实际边界时，除了应按照相应公式计算含硫气井 EPZ 的基本范围外，还应考虑含硫气井周围的具体环境特征，如行政区划边界、人口分布、交通和通信、社会经济状况等因素，使最终划定的 EPZ 实际边界(不一定是圆形)符合实际，便于进行应急准备和应急响应。

1) 小于公众安全防护距离情况

公众安全防护距离是指含硫气井井口至民宅、铁路及高速公路、公共设施、城镇中心的水平距离，目的是在危险源与公众之间提供一定的缓冲区域，在此区域内允许人员的通行、耕作等正常活动(AQ 2018—2008)。我国于 2009 年正式颁布了《含硫化氢天然气井公众安全防护距离》(AQ 2018—2008)，该标准要求含硫化氢天然气井井口距离民宅不小于 100 米。因此，如果计算得到含硫气井 EPZ 小于 100 米，则该含硫气井不必设置应急准备规划区，但必须根据《含硫化氢天然气井公众安全防护距离规定》标准(AQ 2018—2008)的规定,采取适当的措施满足安全生产的要求。

2) 丛式井情况

对于丛式井组,应确定一个统一的 EPZ。其范围应根据井组中最大的 R_{H2S} 按照根据所在地形类别选择相应的计算模型确定。

3) 多井场情况

对于多井场,其 EPZ 应有统一的考虑。其范围应包括针对每一井场所确定的 EPZ 范围,其边界应是各井场 EPZ 边界的包络线。

4) 有重点防护目标情况

如果含硫气井 EPZ 边界外有重点防护目标,如学校、医院、居民区等,这些重点防护目标应该被划入 EPZ 范围。如果含硫气井 EPZ 边界内没有防护目标,如大面积水体、无人居住的山区等,这些区域可以不被纳入 EPZ 范围。

4. 应急准备规划区的应急管理要求

应急准备包括应急预案、培训、演练、组织指挥、物资储备与调配等方面,应建立支撑含硫气井突发事件应急全过程的基础性行动应急准备框架。

1) 应急预案

(1) 应急预案应符合《生产经营单位安全生产事故应急预案编制导则》(AQ/T 9002—2006)及《石油天然气安全规程》(AQ 2012—2007)中相应规定。

(2) 应急预案中应提供以下信息并保持随时更新:气井基础数据、地图信息、联系方式等。

(3) 应急预案中应明确 EPZ 内应急状态下的疏散组织计划,应包括疏散时间、疏散线路、安全地点、疏散方式和程序等,疏散路线、疏散时间的确定方法应符合相关规定。

(4) 应急预案中应明确 EPZ 内应急状态下的现场紧急避难方案,应综合考虑事故后果和当地实际条件,说明现场避难实施条件和程序。事故后果分析应符合相关规定。

(5) 应急预案中应明确气井失控点火实施的条件、具体程序等要求,点火条件和时间应符合《含硫化氢天然气井失控井口点火时间规定》(AQ 2016—2008)中的相应规定。

(6) 应急预案中应规定 EPZ 内公众报警条件、报警方式和程序。

(7) 应急预案中应包含 EPZ 内事故现场气体监测的规定。

(8) 应急预案中应包括培训、演练等方面的要求。

(9) 生产经营单位应加强与当地政府及监管部门的沟通协调,共同开展对含硫气井 EPZ 的管理。

2) 应急组织指挥

含硫气井重大事故的应急救援组织机构主要由管理机构、功能部门、指挥协调机构等组成。

管理机构主要是组织制定应急救援相关法规、规章和标准；统一指挥和协调应急委成员单位的应急准备、应急响应和应急救援工作；组织制订本地区应急救援预案；监督应急救援体系的建设和运转，审查应急救援工作报告；指导各部门和下级政府的应急救援工作。

应急功能部门包括政府承担专业领域含硫气井重大事故应急准备体系管理职责的部门和在应急救援活动中承担有关任务的应急功能部门，构成条块结合的应急救援网络。

指挥协调机构成立本地重大事故应急救援指挥中心，组织实施应急救援工作；建立完善专业应急救援指挥分机构，在本地指挥中心的领导和协调下开展各领域应急救援工作。

3) 监测与预警

(1) 监测。

含硫天然气泄漏及泄漏着火后，应对空气质量进行监测，跟踪和掌握当前硫化氢和二氧化硫(SO_2)的浓度，以便跟踪云羽；确定是否满足点燃条件；确定应急区域是否有必要进行疏散和(或)庇护，尤其是应急区域之外；确定降低紧急情况级别的时机；确定路障设置地点；确定疏散区内的浓度以确保疏散安全。应根据下列情况确定监测仪器的类型及所需的数量：出入口；人口密度和与城市中心的接近程度；当地环境。

对于危险酸井，如果应急区域的计算结果包括城区的一部分，至少需要进行两类移动空气监测。第一类用于监测城区边界，第二类用于跟踪云羽。在钻井、完井、服务和试验过程中，必须在可能的酸性区域现场安装第一类监测仪；在Ⅲ级紧急情况时，必须启用第二类监测仪。在城市稠密区应增加空气监测仪。

空气监测应顺风进行，优先指向最近的未疏散的人群或有人群的区域。在整个涉及酸性气体的紧急情况中，硫化氢和二氧化硫的监测结果必须定时通报地方政府和公众。

(2) 预警。

当事故可能影响到周边地区，对周边地区的公众可能造成威胁时，应及时启动警报系统，向公众发出警报，同时通过各种途径向公众发出通知和紧急公告，告知事故性质、影响范围、对健康的影响、自我保护措施、注意事项等，以保证公众能够做出及时自我防护响应。决定实施疏散时，应通过紧要公告确保公众了解疏散的有关信息，如疏散时间、路线、随身携带物、交通工具、搭乘地点及目的地等。

发生Ⅲ级紧急情况，应对应急区域内有特殊需要的、可能受影响的公众发出警报和通知。

发生Ⅱ级及以上紧急情况，应向应急区域内所有的公众发出警报和通知；发生Ⅱ级及以上紧急情况时，应立即对应急区域设置路障和路标，实施交通管制，必要时划定禁飞区，以避免发生不必要的伤亡，保障应急救援工作的顺利开展。当地政府应通过媒体等各种手段向公众通告管制区域。

根据空气监测质量或其他严重情况，可能威胁到应急区域以外的公众时，应立即与地方政府协调，进行通知。

4）信息发布

（1）公众咨询。为满足公众咨询的需要，企业和政府必须对公众咨询做好妥善的安排，包括设立和公开足够数量的公众咨询热线，开设公众接待和咨询中心等，准备公众关注的焦点问题和有关帮助信息，及时处理公众的求救信息，主要包括以下几方面：事故地点、性质、严重程度等事故信息；自我防护措施；疏散区域、路线及有关事项；安置场所名称、位置及联络方式；正在采取的应急措施和进展情况；查找失散的亲人好友；医院等联络方式；其他，如公众请求救助、质疑、信息反馈、谣言求证等。

（2）新闻发布。重大井喷事故发生后，不可避免地会引起新闻媒体和公众的关注，甚至会产生谣言流传。应及时地将有关事故的信息、影响、救援工作的进展等情况及时向媒体和公众公布，澄清谣言，消除公众的恐慌心理或猜疑和不满情绪。应建立事故和救援信息的统一发布机制，明确事故应急救援过程中对媒体和公众的发言人与信息批准、发布的程序，准确发布事故信息，避免信息的不一致性。

5）应急响应

（1）人群疏散与安置。

在含硫天然气泄漏前或泄漏过程中，如果能够保证人群安全地转移，针对长时间的泄漏，疏散则是主要的公众保护措施。如果区域处于高硫化氢状态，在应急区域的疏散最迟不得晚于Ⅱ级紧急情况。疏散必须从顺风方向、离泄漏处最近的地方开始。

应急预案应当制定如何找到临时过往人群的程序，如狩猎者、游客等。对学校、医院等公共设施的疏散应根据情况制定专门的程序。

如果涉及大规模人群疏散，应根据情况明确交通保障，通知的程序也可能要根据具体情况进行调整。

人群疏散应在酸性气体对人群产生威胁之前，或尽可能快地实施，以避免接触硫化氢。在Ⅲ级紧急情况时，通常不要求对应急区域进行疏散，但必须通知该区域内有特殊需要的人群，提供疏散选择和帮助。对于应急区域之外的人群，应与当地政府共同，负责通知和疏散。必要时，政府应启动有关应急预案为通知和疏散提供援助。

当应急区域外部人群需要立即疏散时，应充分利用有关媒体进行紧急通知，如广播、电视等。

疏散时，应考虑疏散人群的数量、所需要的时间和可利用的时间、风向等环境变化，以及老弱病残等特殊人群的疏散等问题。

疏散完成后，往往还有一些人由于各种原因没有及时疏散。例如，没有听到警报或理解警报的含义，过于自信而忽视警报，恋家不愿意撤离，疏散途中又返回，行动不便或已经受伤，等等，应尽快组织搜救队伍，在做好个体防护、保障安全的情况下对疏散区域实现搜救，以确保所有公众安全疏散。

对已实施临时疏散的人群，应提供安全的临时安置场所，做好临时生活安置，保障必要的水、电、生活必需品供应及卫生、通信、治安等基本条件。临时安置场所的选择，应考虑事故影响及势态、安置人群数量估测与疏散路线相关的位置及场所的基本条件；每个临时安置场所应设立醒目的识别标志。

（2）避难。

在下列某些有限的情况下，应当将就地庇护作为公众的主要保护措施：没有足够的时间对受影响人群进行安全疏散；在等待疏散救援的过程中；有限时间的酸性气体泄漏；泄漏地点不明；如果进行疏散，公众可能面临更大的风险。

应急预案应当明确适用于就地庇护的有限情况，并包括有关就地庇护的指导，同时作为公共信息提供给公众。

（3）点火。

含硫化氢天然气井出现井喷事故征兆时，现场作业人员应立即进行点火准备工作；含硫化氢天然气井发生井喷，符合下述条件之一时，应在15分钟内实施井口点火（AQ 2016—2008）。

第一，气井发生井喷失控，且距井口500米范围内存在未撤离的公众。

第二，距井口500米范围内居民点的硫化氢3分钟平均监测浓度达到100 ppm，且存在无防护措施的公众。

第三，井场周边1 000米范围内无有效的硫化氢监测手段。

若井场周边1.5千米范围内无常住居民，可适当延长点火时间。

（4）急救与医疗。

对受伤害人员采取及时有效的现场急救以及转送医院进行治疗，是减少事故现场人员伤亡的关键。在应急准备阶段应建立可用的急救和医疗资源列表，包括数量、分布、可用病床、治疗能力、联络方式等，明确抢救药品、医疗器械、消毒、解毒药品等的内外来源和供给，对医务人员有针对性地开展培训，保证掌握正确急救和治疗方法；应急过程中应对急救与医疗建立统一的指挥和协调机制，合理调度和安排急救资源与医疗资源，统一记录和汇总伤亡情况。必要时，安排建立现场急救站（包括在人群安置场所），设置明显标志。

6）善后恢复

制订受灾人员的安置计划，对事故进行损失评估和调查，制订恢复重建计划等。

7）应急保障

(1) 应急队伍。充分利用企业救援队伍和现有专业救援力量，包括防化部队、消防部队和武警部队等救援队伍，在上级指挥中心的领导下实施现场应急救援工作。

(2) 应急物资。储备含硫气井突发事件应急处置、快速机动和自身防护装备、物资。

(3) 应急资金。应有含硫气井突发事件应急救援的资金准备。

(4) 应急通信。应提供生产经营单位、地方政府有关部门及人员的联系方式；应准备现场应急指挥通信设备。

3.2.5 含硫气井应急准备规划区在川东北气矿的应用

1. 井场基本情况

含硫气井应急准备规划区在黄龙 G1 井进行应用，该井属川东北气矿的宣汉作业区，位于四川省达州市宣汉县。

1）硫化氢释放速率

根据硫化氢释放速率的定义，可计算黄龙 G1 井 R_{H_2S} 为 0.995 立方米/秒。

2）地形条件

黄龙 G1 井地处丘陵山区，三面环山，所在的地形属第二类复杂地形。

3）气象条件

宣汉县年平均气温 16.8 ℃，平均风速 1.5 米/秒，主导风向 NE。

4）人口分布

黄龙 G1 井北面 136 米处有 1 处民房，北面 252~325 米范围内有 5 处民房。以井口为中心，500 米半径范围内，约有 900 人分散居住。

2. 应急准备规划区划分

1）应急准备规划区的计算

黄龙 G1 井所在的地形为第二类复杂地形，将该井的 R_{H_2S}(0.995 立方米/秒)代入第二类模型，该井 EPZ 的半径约为 548 米。在地图上以该井为中心，作半径为 548 米的圆，即为该井理论计算的 EPZ，见图 3.24(a)。该井 EPZ 边界的西侧是黄龙村的村部所在，分布有较多的居民，而且有一所医院、一所幼儿园和一所小学三个重点防护目标。该井 EPZ 边界的东北侧也有一所幼儿园、一所小学两个重点防护目标。该井 EPZ 东南边界附近则分布有黄龙 G2 井。因此，实际应用中，必须考虑上述重点防护目标和黄龙 G2 井，在理论计算的 EPZ 的基础上作适当的调整。

(a) 理论计算结果　　　　　　　　(b) 实际边界情况

图 3.24　黄龙 G1 井应急准备规划区示意图

2) 应急准备规划区范围的确定

根据黄龙 G2 井的基础数据，可计算该井 R_{H_2S} 为 0.146 立方米/秒，该井理论计算的 EPZ 大小约为 158 米。同样，在地图上以该井为中心，作半径为 158 米的圆，即为该井理论计算的应急准备规划区。取黄龙 G1 井和黄龙 G2 井理论计算的 EPZ 的包络线，另外，考虑上述边界附近的幼儿园、学校、医院等防护目标，调整该井应急准备规划区西侧边界，把一所医院、一所幼儿园和一所小学三个重点防护目标纳入 EPZ；调整该井 EPZ 东北侧边界，把一所幼儿园和一所小学两个重点防护目标也纳入 EPZ。由此构成了黄龙 G1 井实际 EPZ。该区范围内有上述 5 个重点防护目标，197 户居民，共 990 人。

3. 应急准备措施

1) 应急预案制订

制订了川东北气矿总体应急预案，规定了气矿及其所属单位发生突发事故(事件)后气矿及时、有效地统筹指挥事故(事件)应急救援行动的管理内容和要求，包括《钻井试修井喷及采气井口失控事故应急预案》、《油气开发生产事故应急救援预案》、《天然气集输管道事故应急救援预案》、《天然气净化生产事故应急救援预案》、《交通事故应急救援预案》、《环境污染事故应急救援预案》、《自然灾害事故应急救援预案》、《公共事件应急处置预案》和《危险化学品泄漏事故应急救援预案》九个分预案，适用于发生在气矿管理范围内各类一级、二级、三级事故的应对工作，当然也适用于黄龙 G1 井。

气矿应急办公室规划气矿预案演练工作，协助各作业区制订应急预案演练计划并付诸实施。各级单位(包括井场)把预案的宣传和培训纳入年度工作计划,普及环境污染事件预防常识,编印、发放有毒有害物质污染公众防护资料,增强公众的防范意识和相关心理准备,提高公众的防范能力;加强环保专业技术人员日常培训和重要污染源工作人员的培训和管理。

2)应急指挥

气矿应急组织体系由应急领导小组、专家组、气矿应急办公室、现场指挥部构成,见图3.25。各部分的人员组成、职责均已明确。

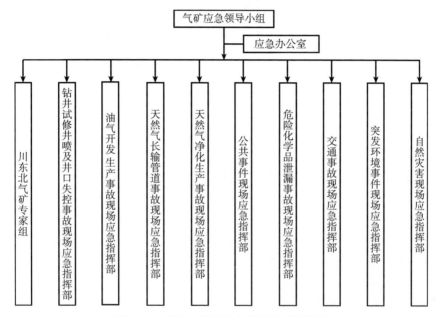

图 3.25　川东北气矿应急组织体系网络图

3)监测预警

(1)监测信息的获取。气矿应急办公室和机关职能部门通过以下途径获取预警信息:经安全评价或风险评估得出的可能发生的突发事件;重大危险源监控;钻探公司或作业区上报的预警信息。获取预警信息后,气矿应急办公室立即组织有关部门和专家,根据预警信息分析、判断突发事件的危害程度、紧急情况和发展态势。

(2)预警。根据对突发事件的预警信息分析,以及政府发布的预警等级,气矿应急领导小组对预警的突发事件采取以下措施:下达预警指令;及时向各单位发布和传递预警信息;工程技术与监督部连续跟踪事态发展,采取防范控制措施,做好相应的应急准备;气矿相关科(部)室、小车队及应急机构进入应急准备,采取相应防范控制措施;一旦突发事件达到三级标准时,启动应急预案。

（3）预警解除。根据已预警突发事件的情况变化，气矿应急领导小组可适时宣布预警解除。

4）信息管理

（1）事故上报流程。发生事故后，作业区应根据事故基本情况，判断事故的级别并立即向气矿报告。气矿接到报告后，应同时向分公司报告事故情况。需向地方事故应急管理部门报告的，应及时报告，并做好事故应急的接口工作。

（2）信息发布。对外信息发布形式主要包括授权发布、散发新闻稿、组织报道、接受记者采访、举行新闻发布会等形式。气矿应急办公室要充分重视并发挥主流媒体的作用，及时消除不正确信息造成的影响，并严格执行分公司事故对外信息披露制度。

5）应急响应

（1）现场应急处置措施。

发生大量含硫天然气泄漏事故时，按照《危险化学品泄漏事故应急救援预案》进行处理。

（2）应急程序。

启动气矿事故应急救援预案后，应按照以下程序开展救援工作。

第一，由气矿应急领导小组组长立即组织现场指挥部，赶赴事故现场参与抢险救援工作。

第二，气矿生产运行科调度室保持与分公司生产运行处生产调度中心值班室的联系，随时通报事故抢险进展情况。需向地方政府报告的，应及时报告，并做好事故应急的接口工作。

第三，气矿现场应急指挥部成立后，立即接管现场救援的指挥权，对事故进行处置，现场所有员工服从现场应急指挥长的调度和安排，如成立了企地联合指挥部的应服从企地联合指挥部的调度和安排。

第四，现场指挥长立即对事故性质、严重程度、可能的发展趋势进行判断，并及时向气矿事故应急办公室报告，并随时保持联系，及时通报事故抢险救援情况。

第五，在现场指挥长的领导下，现场抢险实施组等应急小组按照已制定的各自职责开展事故救援工作。

第六，现场抢险指挥部应首先对作业区根据现场情况制订的处置方案进行审查并组织实施。

第七，现场医疗救护组对现场伤员立即进行救护，了解已送达医院的伤员医治情况，并联系转院等事宜。

第八，现场监测组做好事故现场的监测工作，及时向现场指挥长报告，对是否扩大应急范围做出建议。

第九，现场综合协调组做好各种应急指令的传递工作，并同气矿应急办公室保持联系；在矿长（党委）办公室授权后，对外发布经分公司总经理办公室审核的事故信息及其他信息；配合地方应急部门做好居民清洁饮用水的组织和发放工作。

第十，事故调查组负责做好中毒、死亡、污染、财产损失等情况的统计工作；当地方政府事故调查组开展事故调查时，配合开展事故调查工作。

第十一，如事故严重程度属于一级、二级事故的，根据事故严重程度和可能影响范围，做好人员的疏散工作，积极开展事故控制和处置，并做好分公司和地方事故应急救援队伍、物资到达现场后的后续工作。

（3）应急响应的终止。

第一，终止条件。符合下列条件之一的，即满足应急终止条件：事件现场得到控制，事件条件已经消除；污染源的泄漏或释放已降至规定限值以内；事件所造成的危害已经被彻底消除，无继发可能；事件现场的各种专业应急处置行动已无继续的必要；采取了必要的防护措施以保护公众免受再次危害，并使事件可能引起的中长期影响趋于合理且尽量低的水平。

第二，应急终止。如事故严重程度属于三级事故的，待事故抢险救援工作结束后，由气矿应急领导小组组长宣布关闭气矿应急救援预案；如事故严重程度属于一级、二级事故的，待上级应急部门关闭应急救援预案后，方可关闭气矿应急救援预案，并按照分公司事故信息上报制度向分公司汇报事故情况。

6）善后处置

做好受灾人员的安置工作，组织有关专家对受灾范围进行科学评估，提出补偿建议。

7）应急保障

（1）人力资源保障。气矿应急抢险中心、达州市消防中队与宣汉县消防中队、达州市环境监测站与宣汉县环境监测站、达州市中心医院、达县二医院、宣汉县人民医院和宣汉中医院是黄龙G1井发生井喷失控事故应急救援的主要力量。

（2）资金保障。财务科在气矿日常资金管理中，应保留适量的流动资金作为突发事件应急救援的资金准备。在事故状态下，现场应急指挥部可先向气矿借款，作为事故中抢救伤员、善后处置等的垫付资金。

（3）物资保障。气矿增加应急处置、快速机动和自身防护装备、物资的储备，不断提高应急监测，动态监控的能力，保证在发生事故时能有效防范。

（4）通信和信息保障。气矿要配备必要的有线、无线通信器材，确保本预案启动时事故现场应急指挥部和气矿应急中心及现场各专业应急分队间的联络畅通。

第 4 章

重大事故应急准备关键技术研发与应用

4.1 基于情景-任务-能力的应急预案编制技术

应急预案是突发事件应急管理重要的基础性工作,是有效应对从自然灾害到恐怖袭击各类事故灾难必不可少的有力武器。应急预案及其编制工作的意义在于:一是国家和地方针对事先预期的风险制定响应策略和行动依据,以影响突发事件发展过程;二是指导并实现各类应急准备活动;三是为应急响应活动提供一个共同的行动蓝图,有利于推进各项响应活动统一。虽然应急预案并不能保证绝对成功,但没有或应急预案不够全面和科学可能是应急响应失败的主要原因。应急预案编制工作已成为国家公共安全最优先重点任务,是各级政府和领导人的"固有责任",应急预案及其制订工作对推进应急准备工作和有效应对各类突发事件意义重大。

我国系统性应急预案编制工作起始于 2004 年,经过六年多的发展取得了重大成绩,但在实践应用过程中也逐渐发现了一些问题。站在新的历史起点上,我国应急管理工作和应急预案编制也进入关键性时期,从中央到地方各级政府乃至全社会都已经把应急预案修订完善作为十二五期间公共安全领域中的重要任务之一,而在应急预案编制与管理方面仍有一些重大科学与技术瓶颈问题亟待解决,其中,如何科学地构建和描述重大突发事件情景的理论与方法最具有前沿性和挑战性。针对公共安全与应急管理的迫切需求,我国有关部门围绕"情景应对"这个方向已组织多个专项研究课题,我们在国内外应急预案编制技术对比研究基础上,结合我国应急管理的实践,提出了基于"情景-任务-能力"的应急预案编制技术方法,力求从科学与应用两个维度为今后应急预案编制工作提供参考。

4.1.1 基于情景的应急预案编制技术方法

与国外应急预案工作对比,对以下四点应给予特别关注。

1. 突发事件情景规划是制订应急预案的重要依据

基于情景的应急预案制订工作，有助于提高处理复杂和交叉的重大突发事件协调能力。在面临日益严重的各类公共安全事件威胁下，通过情景构建发展灵活、统一、高效应对主要风险能力，凝聚整体力量对各类重大突发事件进行有效的预防、准备、响应和恢复，提高国家应对重大突发事件挑战的能力。国家应急规划情景的另一个重要功能是，情景应成为应急培训、演练规划的依据，为各类应急培训、演练活动开发出一个共同的基础，使各地区、各部门组织的演练达到共同的预期目标和要求，形成具有一致性的能力。

2. 应急预案应成为应急准备的基础性平台

建立与风险匹配的应急准备能力是应急预案的核心目标。按照传统的应急管理四阶段理论（预防—准备—响应—恢复），应急准备不过是应急管理过程中的一个中间环节，而现代应急管理学说则认为，应急准备所形成的能力是贯穿和支撑应急管理全过程的基础性行动。这一指导思想的改变引导了应急预案本质性的重大变革。经典的应急预案概念如下：是在突发事件发生后如何处置的方案，而现代则定义为：所谓应急预案是在事故发生前做好应急准备工作计划。应急预案的结构、功能和内容都应以应急准备为核心目标，应急预案成为开展应急准备的基础平台，因此，重大突发事件情景构建就自然而然地成为应急准备的先导和应急预案的基础。目前，我国的应急预案总体上还处在"应急处置方案"阶段，在应急管理工作中对应急准备强调不够，严格意义上讲，还没有形成实质性应急准备体系。在这个体系中，最显著的缺失是重大突发事件情景构建及其向应急准备方向上的延伸。

3. 基于"情景"的应急预案结构、内容及其分类

应急预案的分类与分级对形成预案体系和指导应急预案编制工作具有重要意义。最近几年，应急预案分类和应用研究发展迅速，归纳起来，当前国内外针对应急预案主要有三种分类分级的方法。

1）按照预案编制过程与方法分类

在一些国家应急预案编制指南中把综合性应急预案的制订过程分为两类：一是审议式应急预案编制，依据构建突发事件情景中各类假设的状态，制订战略性和概念性应急预案的过程，这类预案比较格式化，经评审批准后预案文本不易改动，我国已公布的一些预案大多属于此类；二是行动预案（operation planning）的编制，这类预案的制订一般是在突发事件即将发生和事件发生后的处置过程中，针对事件现场发生的各类实际状况（随机情景）对审议式预案进行调整、修改，从而制订出具有可执行性的行动方案。

2)针对实际使用功能分类

这是目前国际上比较常见的一种通用性应急预案分类方法，也是与突发事件情景结合较为紧密的模式，这种系统一般把应急预案主要分成四类，即战略级预案(stategic-level plans)、行动级预案(operation-level plans)、战术级预案(tactical level plans)和现场行动方案(incident action plan，IAP)，由于这几类预案的功能不同，所以在各类预案的结构内容和目标等方面也有很大区别。

战略级预案主要围绕国家公安安全政策方针，提出应急管理愿景目标，明确应急管理的体制与机制，以及处置重大突发事件基本原则。战略级预案一般不对应急管理行为提出具体要求，主要强调应急战略方针基本框架，不关注具体细节，因此，从内容上"宜粗不宜细"。

行动级预案一般分成两类，即概念预案(conplans)和操作预案(oplans)，概念预案的作用是优化、协调各部门的应急管理活动，以实现应急响应统一指挥，而操作预案是明确每个参加应急活动单位的各自职责，使之任务清楚、分工明确，有利于各尽其责，各司其职。

战术级预案的使用对象是参与具体救援活动的团队，内容主要是围绕应急响应总体目标所开展的各种应急救援活动。例如，人员搜救、工程抢险、安全警戒、医疗救护、通信联络和资源保障等应急活动，其结构主要包括各类任务清单和标准化行动程序等。

现场行动方案是在应急救援现场制订的，内容包括依据现实情况制订的拟采用的行动方案。例如，人员装备、行动时间和任务要求等，现场行动方案要十分细致、具体和清晰，因此"宜细不宜粗"。

3)按行政管理体制分类

这是一种传统分类方法，它源于早期政府的应急管理模式，与严格意义上的"情景-应对"概念有一定距离，我国现行的应急预案系统基本类似于这种分类。应急预案系统涉及各级政府之间的协调和政府各部门及社会各界形成的联动，因此应急预案要有广泛的覆盖性和行政权威性，另外，各类应急预案也应实现无缝链接，在突发事件应对过程中确保各项应急活动嵌合为一个整体，保持高度的一致性。因此这类预案体系结构强调以政府行政管理体制为基础，通过横向整合和纵向协调，达到应急管理行动和目标统一。行政管理模式预案体系是以各级与各类预案为结点，以每个预案之间的行政关系和合作协议为连线，纵横交叉联结形成一个以各级政府为应急管理的核心结点的网格化多维体系结构(图4.1)。

如图4.1所示，从中央到地方为1~5级，形成了逐层纵向分布，与我国行政管理架构严密联结、形成一体。一方面，这种预案体系的纵向结构有利于各级政府在应对重大事故灾难时迅速整体动员，有效实现纵向协调，确保目标集中和

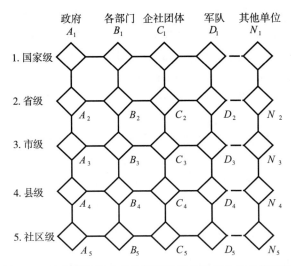

图 4.1　行政管理模式应急预案系统的网格化结构模拟图

行动统一。另一方面，同级政府中的各部门 A、B、C、D、…、N 多个预案，包括总体预案、专项预案、部门预案、企事业单位综合应急预案、军地互助预案等各类预案，一并纳入国家或地方辖区整体预案系统之中，这种横向整合可确保部门与各单位之间的理解、沟通、配合和共享。网格化结构不但便于同级政府对应急准备工作进行规划、实施与检查，同时也为不同级政府的同类部门之间的纵向联结与协作提供有效的途径。但这种预案体系也存在一些问题，如启动速度较慢、响应成本较高、灵活性较差和易形成多头指挥等。如果能在这种网格化应急预案体系结构基础之上，再参照在前述章节列出的重大突发事件情景构建矩阵，在各级各类应急预案中融入情景关键要素，形成一个新的多维应急预案体系结构，既能紧密结合我国现有行政管理体制，又可明确针对重大突发事件应急管理工作中的实际需求。这一思路应作为未来我国应急预案体系建设方案的主要选项之一。

4. 强调应急预案编制"过程"的重要性

编制应急预案是一个循序渐进去发现、分析和解决问题的过程，从某种意义上讲，应急预案的制订过程可能比形式文本更重要。"过程"的重要性至少表现在两个方面：首先，应急预案涉及应急管理中各部门的协调，具有高度的复杂性，在有代表性的编制团队中可以对风险评估、脆弱性分析、合作协议、指挥协调和资源配置等众多问题进行充分细致的协商审议，最终形成具有共性的认识，可以在事件发生前，就把一些可预期的"难点"事先解决，这对于提高应急预案的科学性与可行性显而易见；其次，通过应急预案编制活动，有助于造就一批能够熟悉应急工作和深入了解应急预案的专家队伍，应急预案编制在启动前要经过一系列培训活动，如美国应急预案编制指南中明确规定应急预案编制人员必须经过专业培训和资格认定，培训内容包括突发事件应急法律法规和重大事故管理系统（national incident management system，NIMS）等14门专业课程和实际操作能力的考验，在编制工作中，还要定期举办研讨会、讲习班，进行深入交流、沟通，有助于从整体和系统上提高参与编制人员及应急管理部门干部的专业素养。同时通过应急预案编制的程序性业务工作，对本辖区或本单位风险特征与能力缺失会有更深入和细致把握，特别有助于在应急响应的全过程中避免盲动减少失误。重大突发事件情景贯穿在应急预案编制的全过程，应急管理人员正是通过对各类情景的理解、认知和把握，逐渐提高了应急预案编制和应急响应的实际能力。

4.1.2 应急准备任务设置与应急响应能力建设

应急准备任务设置和应急响应能力建设是应急预案编制的前置条件和主要内容，是情景-任务-能力应急预案编制技术方法中一个必备的中间环节。任务来源于重大突发事件情景，能力是应急准备的核心目标。系统地梳理应急准备具体职责与任务，并有针对性地规划应急响应能力建设，对于提高应急预案的一致性和实用性都十分重要。任务设置与能力建设两者之间联系紧密，互相呼应，可以将其看做一个整体，所有应急管理的工作人员，尤其是直接参与应急预案编制的专业人士应该更清楚地理解和把握不同应急岗位的职责、任务和能力，以更有效地应对情况复杂的重大突发事件的实际情景。

1. 应急准备任务设置

1）突发事件应急任务设置概述

重大突发事件情景中规划了应急准备的目标，为了确保目标实现，应调动和整合国家、地方、各部门、各类组织与社会公众各方面力量，明确其具体职责任务，实现并保障对各类重大突发事件具备预防、保护、响应与恢复的能力，使突发事件的强度、范围和复杂性得到有效管控，把可能造成公众生命安全健康损伤和社会经济影响降到最低。应急管理任务设置通常是以通用任务一览表（universal task list，UTL）或任务清单的形式体现，UTL依据突发事件情景明确设置了各级政府、各类部门与单位需要完成的各项任务，同时也保留了任务执行人员原有组织形式和行动灵活性，每个部门或个人需要依据自己的职能和责任，在UTL或任务清单中选择自己应承担的任务，UTL还为各类人员与活动规范了统一的术语与参考依据，使之与国家相关的法律、规章和应急预案等文件在概念上保持一致，并提出通用的交流表达方式。

2) 通用任务设置的结构与内容

应急准备通用任务主要包括共同任务，以及预防、保护、响应和恢复具体职责任务，共五类。在每一类任务内又逐层划分为目标、功能、母任务和子任务四个级别，这种分类、分级方法可以使各类使用单位与人员能够采用最简明的路径，在最短的时间准确找到适用于自己应急职责的各项任务，以便采取特定的行动，完成特定的功能。这些任务、行动和目标都与各自承担的法定职责密切相关，基于各类风险的应急准备任务主要源于相关的国家法律、法规、应急预案和相关文件与标准，应急准备任务设置就是通过简洁明了的方式把这些应急法定职责转化为具体的行为，以便于理解和执行。

表 4.1～表 4.5 列出了共同任务和职责任务设置的主要结构与内容。

表 4.1　一、共同任务

目标	1. 应急准备	2. 资源管理	3. 通信与信息	4. 技术保障
功能与任务	1.1　应急预案 1.2　培训 1.3　演练与评审改进 1.4　装备物质及资源管理 1.5　互助协议 1.6　科技支持	2.1　物资管理规划、流程 2.2　非政府组织资源协调 2.3　财务管理	3.1　通信与信息、政策规划与规程 3.2　技术支持与协调 3.3　应急响应单位信息系统维护与运行 3.4　建立、维护应急响应通信系统	4.1　制定应急科技战略 4.2　建立概念、标准和原则 4.3　应急响应科技支持 4.4　技术标准评估与协调 4.5　系统需求与研发规划 4.6　应急装备科技指导 4.7　实验室能力提高

表 4.2　二、预防任务

目标	1. 监测	2. 预警	3. 危害控制
功能与任务	1.1　建全各类监测网络 1.2　管理数据规范 1.3　监测信息收集、分析 1.4　危害与风险信息交互	2.1　建立完善预警标准和程序 2.2　预警信号筛查、确认 2.3　构建预警发布网络 2.4　预警效果评估	3.1　消除风险源 3.2　启动早期预防性响应 3.3　控制危害的人和物 3.4　对危害进行调查评估

表 4.3　三、保护任务

目标	1. 关键设施与重要资源评估	2. 设施与资源保护	3. 保护公众免于风险
功能与任务	1.1　关键基础设施与重要资源识别 1.2　经济社会影响脆弱性分析 1.3　相关信息共享 1.4　运行状态评估	2.1　保护目标与原则 2.2　保护措施落实 2.3　提供备份和可代替资源	3.1　保护公共安全 3.2　保障公共卫生 3.3　为提供公众服务做好应急准备

表 4.4　四、应急响应任务

目标	1. 事件态势评估	2. 控制事态、减轻灾害	3. 公众防护
功能与任务	1.1　事故调查分析 1.2　评估危险与后果 1.3　内部信息沟通	2.1　管理事故（指挥与控制） 2.2　针对危险采取响应行动 2.3　实施保护措施 2.4　开展搜寻及救援活动 2.5　发布公共信息	3.1　提供紧急医疗服务 3.2　发放防护用品 3.3　组织疏散 3.4　提供收容服务 3.5　管理社会生活与物资供应

表 4.5　五、恢复任务

目标	1. 公众援助	2. 恢复环境	3. 恢复基础设施
功能与任务	1.1　提供长期医疗与心理保健服务 1.2　提供灾后恢复信息 1.3　提供社会管理服务 1.4　灾害后风险评估告知	2.1　清理事故现场 2.2　恢复现场公共秩序 2.3　恢复自然资源和生态 2.4　处置相关物品	3.1　恢复政府公共服务 3.2　恢复生命线工程 3.3　房屋重建 3.4　恢复经济运行

表 4.1～表 4.5 只是给出了通用任务设置的框架结构，即标示出了职责、目标和功能这三个层次，层次下面的才是具体的任务与子任务级，是实质的操作部分。本节以共同任务中的应急准备为例，对该目标的功能、任务和子任务进一步展开如下。

一、共同任务（注：职责）

1. 应急准备（注：目标级）

应急准备定义如下：建立并维持各类突发事件预防、预警、响应及恢复能力的各项工作。

1.1　应急预案（注：功能级）

1.1.1　制定国家应急规划、相关法规制度，以支持应急管理要求（注：任务级）

1.1.1.1　制订更新应急响应预案（注：1.1.1.1～1.1.1.7 子任务级）

1.1.1.2　促进应急响应预案实施

1.1.1.3　制定并完善突发事件管理系统

1.1.1.4　促进突发事件管理系统实施

1.1.1.5　依据突发事件管理系统制订紧急状态下行动方案

1.1.1.6　建立实施应急准备评价与报告制度

1.1.1.7　制定并推广应急准备安全指导原则，对行动、政策和遵守情况进行评估

1.1.2　制订应急预案，规定如何配置人力、设备、物资、其他政府与非政府资源，满足应急管理要求

1.1.2.1 开展风险评估与脆弱性分析,早期发现危害、威胁、脆弱点及潜在风险

1.1.2.2 在预案编制过程中,协调整合参与应急行动的各单位力量

一是明确应急管理系统预案的职责和企业力量使用标准。

二是整合协调非政府组织。

三是明确各单位、各部门职责。

1.1.2.3 制订综合应急管理预案

(1)制订并维护应急行动预案。

(2)建立应急准备与应急响应级别。

(3)明确应急响应能力,并划分重要度。

(4)识别、评估应对事故灾难脆弱性。

(5)为实施应急行动预案制定准备行动程序和准备行动指南。

(6)为执行应急行动预案制定相应程序。

(7)识别所需资源。

(8)编写人员防护装备清单及相关培训清单。

(9)编制相应程序,准备随时把职责单位的任务转化为便于执行应急管理的行动清单和为特殊需求人群制订相应计划、流程与规程。

(10)编制全风险和危险源清单及附件,制定各类应急响应行动附件以应对各种风险,包括自然灾害、事故灾难、公共卫生事件和社会安全事件等各种危害。

(11)编制预案支持附件。

一是为军方支援地方政府制订相关预案。

二是制订可以满足应急准备需求的培训计划。

1.1.2.4 更新并维护各类应急预案,为维护相关行动预案制定相应流程

1.1.3 协调辖区应急准备规划

(1)确定应急准备规划及其评审周期。

(2)评估社团、社区及企事业团体应急响应能力。

(3)贯彻国家有关法律和指导原则。

(4)准备好支持应急救援合同。

(5)建立政府与各方面多边决策模型。

(6)确保政府工作计划连贯性,下达并执行延续性指令。

(7)制订行动连续性计划,确认备份工作场所及其基本职责。

(8)征求科技专家意见。

1.1.4 明确联络人员在预防和响应行动方面的具体职责

1.1.4.1 在救援单位建立联络机构

1.1.4.2 为突发事件管理组织指派联络员

1.1.5 协调交通运输资源

1.1.5.1 明确公共运输代表参与各级政府应急规划与应急预案活动

1.1.5.2 确保产出具有连续性的运输资源使用计划

1.1.5.3 制订紧急运输计划、制定通报流程

1.1.5.4 为可能受影响的所有部门提供指导

1.1.5.5 对食品、医疗物资和农产品等必需品的运送形成联合运输协议

1.1.5.6 推进运输企业、管理部门（交通局）及应急管理部门安全保护计划的落实

1.1.5.7 确保交通运输全体员工都要接受安全素质培训

1.1.5.8 推进国家对重要运输装备资源项目拨款落实，推出并实施重大项目，向用户介绍构成交通安全的主要问题和基本规律

1.1.5.9 为地面运输业员工设计全国统一的安全意识培训课程

1.1.6 制订社区减灾、恢复及稳定经济社会的计划、方案及流程

1.1.6.1 制订灾难恢复援助计划

1.1.6.2 制订并实施灾难恢复减灾计划

1.1.6.3 制订食品恢复重建计划

1.1.6.4 制订公共卫生防疫计划

一是预防传染病、保护水源卫生工作计划、流程与规程。

二是预防传染病、防止药品污染工作计划、流程与规程。

三是需要制订长期心理康复计划。

1.1.6.5 开发社区关系项目

1.1.6.6 制订商业恢复计划

1.1.7 提供公共卫生、医疗服务和心理保健

建立流程，确保在紧急状态下，公共卫生、医院和采供血等资源单位保持联络畅通。

1.1.8 形成并保持各种响应能力专业技术人员（例如，受过专门培训的防爆、防化、防生物、防辐射和核爆炸的军方与非军方专业人员）的储备

1.2 培训

1.2.1 为提高事故风险管理能力设计并组织相关培训

1.2.1.1 分析差距与缺陷，明确培训需求

1.2.1.2 设置标准化系列培训课程

（1）为预案编制、应急管理、应急指挥、组织结构、协调流程及规程等方面，有针对性地设计标准化培训课程。

（2）编制有关应急管理培训及演练的国家标准、指南和规程，并广泛推广。

（3）审批各专业相关培训需求与课程。

(4)通过培训,提供如何联系专家或使用政府资源的信息与方法。

(5)设计重点适用于各级政府、各个行业应急管理,各个部门专业技能的标准化培训课程。

(6)为应急管理安全官员设计并组织培训,重点是在各种危险情况下如何保障应急人员的安全与健康。

(7)为非应急人员设计培训。

1.2.1.3　安排标准化培训

(1)协调应急管理人员、救灾人员、卫生保证服务等人员的应急培训工作。

(2)协调应急行动中心工作人员培训。

(3)与互助组织、志愿者组织及志愿者协调培训,更便于协助应急响应服务。

(4)为负责官员提供应急指挥组织结构和应急管理职责培训。

(5)以变更或增补内容为重点,尽快组织安排复习培训课程。

1.2.1.4　对标准化培训课程进行评估

(1)针对应急响应与救灾人员的应急准备情况进行评估。

(2)通过多种方式评估培训效果,包括演练与实战。

(3)针对应急管理新出现的关键问题,对现有培训内容进行修改,并整合到培训计划清单中。

1.2.1.5　为确定基本培训要求和适合与突发事件管理系统全体用的培训课程提供支持

1.2.2　提供应急人员资质要求及相关资格认证

1.2.2.1　建立和推进应急人员资格证书制度,制定和推广相关标准、指南和规程

1.2.2.2　审批地方应急管理部门及协会上报的各类要求

1.2.2.3　推进各级政府建立数据系统,为应急管理人员提供授权人员必须具备的要件、经验和培训,以及具体信息

(1)建立相应制度,提供高效的临床急救医生注册与授权途径。增强医院等医疗单位能力,以满足紧急医疗峰值需求。

(2)建立应急工程技术人员高效注册与授权制度,为各级政府与建设部门提供技术支持。

1.2.2.4　为突发事件管理系统规定各项职责,建立相应的人员资质及其认证机制

1.3　演练与评审改进

1.3.1　充分开展各种演练活动,检验各项应急管理功能和应急响应行动,测试应急响应人员专业知识、技术与能力

1.3.1.1　制订并实施演练计划,测试关键基础设施安全保护方案

1.3.1.2 参加国家及各级政府部门组织的应急演练

1.3.2 制定总结经验教训及行动总结报告的制度与规程

1.3.2.1 编制经验教训报告及相应规程

评审应急行动总结报告，提供更新应急预案修改建议。

1.3.2.2 编制、审议应急行动总结报告，发现存在问题，总结经验教训

1.3.2.3 为解决存在的问题，评估应急行动报告中提出的具体改进意见，制订相应工作计划

1.3.2.4 跟踪检查改进意见落实情况

1.3.2.5 从各政府部门和企事业单位征集评审改进意见，汇编好的做法，进一步巩固提高安全防护工作水平

1.3.2.6 制定改进的措施，完善减灾计划

1.4 装备物质及资源管理

1.4.1 制定应急装备采购及认证标准

1.4.1.1 宣传推广国家应急装备认证标准、指南及规程

1.4.1.2 制定和颁布应急装备认证国家标准、指南及规程

1.4.1.3 审批符合国家认证标准的应急响应装备清单

1.4.1.4 确定并整合参与应急装备认证的组织机构，确保及时有效地为新标准完成相关规程的修订

1.5 互助协议

1.5.1 推进国家省、市、县、社区各地方政府之间签订互助协议

推进省与省、市与市等地区之间签订互助协议。

1.5.2 在政府与企事业、社团之间签订互助协议

1.5.3 制定互助发展规划

（略）

本节对共同任务中的应急准备任务做了简要描述，共同任务的其他三个目标，以及预防、保护、响应和恢复其他四个职责任务，也可同样做各个目标下的功能、任务与子任务的纵深展开，所有这些具体任务全部展开后，就形成结构严整、内容清晰的任务设置清单系统。

通用任务设置一览表形成后，能够对有效执行任务和评估提供通用的表达方式，通用任务设置为各级政府、各个部门、行业、企事业单位和社团组织开展应急管理工作提供了共同的参考依据，这种基于任务分析的方法，为建立确保任务顺利有效执行的培训和演练制度提供了重要依据，有助于组织和开展风险评价、应急能力评估和脆弱性分析，对于解决在复杂条件下各个地区和部门如何配合、协调与支援建立了一致的基础。在大规模非常规突发事件发生时，一般都需要多级政府、多个部门、多个辖区的联合响应，一方面要求承担任务的单位与个人必须清楚了解并

有效执行本职任务,另一方面,实际上任何一个辖区或单位也并不需要执行任务清单中列出的所有任务,另外,还有很多任务是在突发事件发生、发展过程中随时涌现的,并在各级政府和相关单位互相协助支持下共同完成,这就要求各方面应急管理人员要善于理解、识别、筛选和明确既定与预期的职责任务。

通用任务设置的另一个重要功能是有助于制订培训计划和演练规划,应急准备任务设置内容为制订具体的培训和演练计划提供了依据。培训的目标是确定参加培训人员了解、熟悉、掌握和执行应急响应任务必需的知识、技术和能力。而演练的目的是检验各级政府与部门在应急准备中对所承担的职责与功能的执行能力和效果,通过脆弱性分析环节,查找急需解决的突出问题,为今后的培训、演练提出指导意见,并对完善应急预案提出修改建议。

通用任务设置通过界定有效实施重大突发事件预防、准备、响应和恢复所必须执行的各项任务,为应急管理工作的评估与改进提供了重要工具,它不仅可以用来指导各单位或个人如何形成达到目标的能力,也能够为各单位开展应急准备自评估提供依据,通用任务设置的衡量标准也可以在演练与实战过程中用于评估各项任务执行的质量。

通用任务设置并非一成不变的文件,要积极拓展,另外,还要依据各个使用单位提出的建议不断修改完善。

应急准备是各级政府乃至全社会的共同使命,基于能力的规划流程有助于提高辖区重大突发事件预防、响应和恢复能力,编制和实施通用任务设置是实现基于能力的规划流程一个关键环节。

2. 突发事件应急响应能力建设

基于情景-任务-能力的应急预案编制方法,其最终核心目标能力建设,只有具备了应对重大事件的响应能力,才能有效完成各项应急响应任务。所有的应急准备和应急响应任务也必须由具有能力的单位和人员去执行才能达到预期目标,从这个意义上讲,所谓能力就是为完成各种应急准备任务提供方法的能力。通用能力是执行所有任务都要具备的素质,而另一些职责任务则是需要完成特定的预防、保护、响应和恢复能力。在表4.6~表4.10中分别描述了五种能力的具体内容,包括能力的类别及其主要产出结果。

表4.6 通用能力

能力	主要功能与产出
预案制订能力	基于脆弱性分析、能力评估、危害辨识和风险评价,以确保获得预防、准备、应对和恢复各类重大突发事件的能力

续表

能力	主要功能与产出
通信能力	为了使来自不同地区不同专业应急反应人员、指挥所、相关机构和政府官员在应急响应期间需要保持重要信息的不间断交流，各辖区应制订确保公共安全通信不间断交互的应急预案，包括考虑突发事件中需要用到的关键设施、网络、支持系统、人员和相应的备份通信系统
风险管理能力	各级政府和社区及企事业单位有能力识别并评估危险，有能力选择合适的保护、预防和减灾方案，减少危险并列出工作重点和优先顺序，有能力决策、监控资源配置，并采取必要的调整措施
公众应急准备和参与能力	公众应具备支持预防、准备、应对和恢复所有威胁和危险的能力（即拥有必要的信息、知识、技能和能力）。通过各级政府、应急管理人员、企事业单位、社区组织、非政府组织、学校和一般公众之间的合作，公众可以在应急准备的四个任务方面得到教育；公众在生命急救、第一响应、应对技能和超负荷压力方面得到培训；公众参与演习、志愿者活动和超常规负荷援助等活动

表 4.7　预防能力

能力	主要功能与产出
信息收集、指标识别和预警能力	识别、收集本地危害、威胁和其他风险信息，输入合适的数据库或检索数据库，提供给相关的分析中心
情报分析和提供能力	应及时、准确产出并可采取行动的情报或信息产品，支持预防、研判、威慑、应急响应工作，支持应急预案不断完善
情报或信息的共享和传递能力	使各级政府机构、区域机构和企事业单位及时有效地共享信息和情报，使各机构在研判、准备、预防、抵御和应对可能（或实际发生）的突发事件时获得相同的情报与信息
执法调查和运作能力	能成功地侦察、威慑、瓦解、调查并布控涉及公共安全犯罪活动的犯罪嫌疑人，积极依法处置所有与恐怖活动有关的案件
化学、生物、辐射、核子和爆炸材料的检测能力	在国界、关键部门、重要集会和突发事件中，能迅速检测、识别并安全处置化学、生物、辐射、核物质和爆炸材料

表 4.8　保护能力

能力	主要功能与产出
关键基础设施的保护能力	识别关键基础设施，进行风险评估，建立档案，实施标准化管理，排查重点资产，做出保护和预防决策，实施保护和预防计划，降低关键基础设施遭受袭击或破坏的风险、脆弱性和后果
食品和农业安全及防护	预防、减轻和消除食品与农业安全的威胁，恢复农产品贸易，处置受影响的产品，清除受影响设备的污染。保持食品供应的信心，保护公众、动物和植物健康，与所有相关机构保持有效信息沟通

续表

能力	主要功能与产出
公众卫生、传染病调查能力	迅速确定潜在接触人群和疾病（确定接触的人群、传播方式和媒介，阻止传播，减小事件的扩散范围和发病人数）。向所有相关的公共卫生、食品管理、环境管理和执法机构及时报告确诊的病例。对疑似病例立即调查，并报告给相关的公共卫生部门，并进一步确诊，确保执行正确的预防性措施或医疗防范措施。确定爆发情况并说明特征；根据最新的疾病诊断标准，确定新疑似病例并说明特征；获得相关的临床采样，并送经认证的实验室试验；追踪传播源；确定传播方式
公共卫生实验室测试能力	辖区内公共卫生实验室或通过网络与其他相关地方和国家实验室合作，共同迅速检测并精确确定引起或可能引起大范围疾病或死亡的化学、放射化学和生物制剂。公共卫生实验室与公共卫生传染病学、环境卫生、执法、农业和兽医官员紧密合作，共同给出及时、精确的数据，支持进行中的公共卫生调查和相关的预防或治疗措施的实施。公共卫生实验室的活动也要与公共安全、执法、医院和其他相关机构协调

表 4.9 应急响应能力

能力	主要功能与产出
现场突发事件的管理能力	运用通常的组织化结构或突发事件指挥系统，建立能有效管理突发事件，整合机构、资源（人员、设备、供应和通信）和处置程序的系统
应急响应中心的管理能力	针对预期或突发的事件，启动并管理应急响应中心（emergency operations centre，EOC），配备人员并实施管理；协调多个机构或跨机构的活动，如通信（包括直接及间接语音通信及数据相互操作）、资源管理和互助；按规定的程序，在应急反应中心内部实施应对行动。按规定的时间提交情况报告。过渡到恢复阶段时，停止应急反应中心的活动
关键资源后勤支持和分配能力	储备关键资源，并登记造册和跟踪。在突发事件管理人员和现场应对人员请求时能随时合理地分配资源，按有效、合理、及时原则救助难民
志愿者管理和募捐能力	使志愿者贡献和慈善捐赠达到最大化，且不能妨碍应急反应和恢复工作
现场应急人员安全健康	在工程抢险、污染清除和后续处理等一系列应急响应活动中，确保任何第一现场应急反应人员、第一接待人、医疗机构工作人员或其他技术支持人员安全与健康，保护其不因继续发生创伤、化学物品或放射物品释放、传染性疾病或身体及情绪压力而患病和受伤
公众安全和保护应对能力	对应急响应工作（有关的重要场所、机构和资源）提供安全保卫支持，协助公共应急信息的发布，而且要保护第一现场的应急反应人员，减轻处于威胁中的人群遭受进一步影响的危险
动物保健应急支持能力	通过保护关键基础设施和重要资源，防止境外动物疾病进入国内。如果发生突发事件，应尽早检测动物疾病，减少家畜接触外来疾病的机会，杜绝疾病暴发，保持农民和相关产业的连续性，减少经济损失，保护公共卫生、动物卫生和环境。维持和恢复农产品贸易，以及国内外对我国食品供应的信心。农业恢复到其先前的生产率，包括补充家畜和其他驯养的动物
环境卫生和病原的传播控制	首次疫情暴发后，将可预防的接触疾病或污染（包括二次接触传染性疾病）而产生的新病例减至最少。对危险的人群（如接触或可能接触疾病的人）要给予适当的保护（采取防范措施）。如果受到污染（如接触辐射性物质），则应将再次污染的程度减至最少

续表

能力	主要功能与产出
应对爆炸装置的能力	进行威胁评估，使该区域回归到安全状态。按以下优先级别采取措施：①保护公众安全；②保护现场官员（包括排爆技术人员）；③保护并保管公共和私人财产；④收集并保留证据；⑤向群众提供必需品或恢复服务
消防作业或消防支持能力	按辖区当局设计的应对事件目标分派最初出警任务。最初到达的单位启动突发事件指挥系统，评估事件现场形势，报告情况并请求适当的资源。安全进行消防工作，按照突发事件应急响应预案和程序遏制、控制火势，并管理好现场
大规模杀伤性武器或有害物品的应对和清除污染的能力	迅速确定、遏制并减轻有害物品的释放，抢救危险中的受害者，消除污染并进行处置，减少释放的影响，恢复受影响区域，有效保护现场应急人员和处于危险的人群
市民保护（组织撤离和原地保护）的能力	受影响和处于危险的人群应在原地获得安全庇护或转移到安全的避难地区，提供庇护和基本服务，并在适当时候有效并安全地送返受影响的地区
隔离和检疫能力	隔离患病、感染或可能感染疾病的人，限制其活动，提供基本的生活必需品，监控其健康状况，以防新进入的传染病扩散。将这些措施的法律规定清楚地向公众传达。提供后勤支援，维持采取的措施，直到传染病的危险消失为止
灾难搜救能力	在最短时间内搜救出最多的受害者，同时保护营救人员的安全
紧急情况信息发布和预警能力	能使公众收到即时、准确、有用的安全信息，收到个人及其社区可采取保护措施的信息（内容应当清楚、扼要、不相互矛盾，且定期更新）
伤员鉴别分类和到达医院前的处置能力	有效合理地调度急救中心资源，并能为事件中的病人提供伤员鉴别分类、院前处置、转运、跟踪和护理资料归档，同时保持急救中心系统连续运行的能力
医疗激增应对能力	护理事件中的初始伤员或病人，将初始疾病或受伤引起的新病例，原有疾病、污染或受伤导致的新病、新伤（包括对二次感染导致的疾病或受伤）或恶化病例减至最少。使处于危险的人群及时接受适当的保护和处置
医疗供应品管理和分发能力	提供在突发事件发生后，在适当的时限内保障关键的医疗供应品和设备，并有效管理、分发和补充这些医疗供应品和设备
公众预防能力	在事件开始时，及时实施适当的药品预防和接种疫苗预防，防止疾病在没有防护的人群中传播。发布公共信息，提出保护其家庭，保护朋友，保护自己应当采取的行动建议
公众照顾（庇护、食品供应和相关服务）的能力	迅速为受影响地区内一般公众提供照顾服务，为特殊需要的人群提供专门服务，还应为动物提供照管服务
死亡管理能力	通过统一的指挥机构尽可能安全、及时、有效地进行死亡管理。建立完整的档案，妥善处理尸体，收集并保存私人物品和证据。尸体应接受表面消毒，尸体应经检查、确定身份，转到最近的殡仪馆，并附上全面验证的死亡证明。有效收集失踪人员的报告和临终前的资料。在媒体公布之前，死者家属应收到最新的信息。当局的相关人员应仔细阅读有害物品管理条例，对遗物的运输和处理做出明确限制，并负责制定标准。所有私人物品都应安全地返还最亲近的亲属，除非灾难情况不允许。向执法机构提供所有成功调查和起诉所需的资料。向死者家庭提供突发事件所需的特定支持服务

表 4.10　恢复能力

能力	主要功能与产出
结构破坏评估能力和减轻未来破坏项目的评估能力	评估实际需求和破坏情况。确定减轻损坏的项目并列出重点，以减少未来类似事件的影响。通过以下方式，即最佳利用资源、援助突发事件应对工作、实施恢复重建工作，防范类似情况发生，来实施、管理并协调所有工程施工、建筑监理和执法工作
生命线工程恢复能力	恢复突发事件应对和恢复工作迫切需要的生命线工程，恢复灾区基本的生命线服务
经济和社区恢复能力	评估经济影响，设定恢复工作重点，将企业破坏降到最低限度并恢复运营，在最短的时间内向个人和家庭提供相应类型和等级的救济

通用能力一览表不仅仅是执行应急准备任务应具备各种能力的综合目录，同时也是衡量任务完成情况的主要指标。另外，基于能力的应急准备策略有助于确保全国范围内应急预案编制人员和应急管理工作者在制订预案、组织培训演练、生产应急装备物资和进行相关投资时能够使用统一的方法和程序，能够测量到一致认可的结果。应急任务设置和应急能力一览表是重大突发事件情景的后续性延伸，也是实施应急预案编制工作的前置条件，三者互相紧密连接形成一个完整系统，缺一不可，而应急准备任务设置和应急响应能力建设不但承前启后，而且贯穿始终。

4.1.3　高风险油气田应急预案编制关键技术

1. 国内外高风险油气田应急预案现状调研

1）加拿大石油勘探开发应急预案现状

针对高硫气井、高硫气生产设施及相关的收集系统、高压管道、碳氢化合物涌出及水害和碳氢化合物储藏硐室等问题，加拿大 ERCB 提出了更为具体的要求。从事这方面产业活动的企业，必须制订一套特殊的应急响应预案（emergency response plans，ERPs），而且 ERPs 必须得到 ERCB 的审批通过后方能实施。同时，为了保证 ERPs 保持时效性，ERCB 要求所有的设施类预案至少每年更新一次，公共安全类至少每半年更新一次。通过制订 ERPs 来修订、培训、演练等相关标准，ERCB 和石油工业行业一起保证艾伯塔能源开采的安全和公众利益。

(1) ERPs 编制流程。

编制 ERPs 就是为了能够快速有效地应急响应以保护公众的安全和健康。ERPs 主要专注于最坏的应急情景、潜在的公众危害、系统足够响应的必要的条件。应急准备和响应的一个关键组成部分是制订 ERPs，ERPs 是一个编制完成的文档，能够确保快速地获得相关的风险信息，进行有效的应急响应。制订

ERPs 流程见图 4.2。

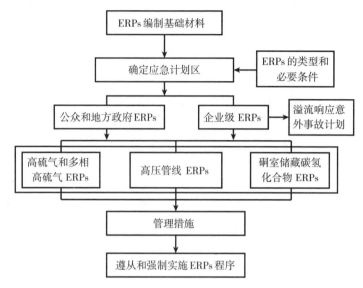

图 4.2 加拿大石油天然气事故应急准备和响应程序流程

(2) 企业级 ERPs。

加拿大对企业级别的应急预案提出了具体的编制要求，其中，从事该行业企业在编制 ERPs 时，至少要考虑以下几个方面的内容。

第一，通信计划。在 ERPs 中必须对主要持证人员、政府、后勤组织、公共成员(EPZ 范围的内外)及媒体的联络和管理通信建立程序和详细说明。要求持证单位熟知所有需要对紧急事故进行有效响应的通信系统和装备。

第二，应急人员职责。ERPs 必须规定不同应急参与人员的特殊任务和职责，以满足任何紧急情况下的有效响应。主要职员和应急人员及他们的接替人员也必须规定。每个人可以委命一项或多项职责，这取决于紧急事故潜在响应的复杂性。

第三，应急管理中心。ERPs 必须说明单位的应急管理体系，以及在紧急情况如何管理和协调对紧急情况响应，明确每个中心职员的作用和职责，以及各中心之间如何协调和联络。

(3) 地方政府应急计划。

对公众安全来说，在紧急事件中清楚识别角色和职责非常重要。地方市政（乡村和城市）当局在管辖范围内，在保护公众方面有不可推卸的责任，并在持证人的应急响应里是一个关键角色。持证人的职责是确保在紧急事件地点采取合适的应急响应措施，并能贯彻执行，包括在 EPZ 区域之外受到潜在影响的地方。这些职责必须在 ERPs 清楚地描述出来。

因此，要和上级政府协调角色和职责，包括在 EPZ 范围内的市区以及在 EPZ 附近市区的灾害服务机构的领导、医疗卫生官员（指派）或者受影响地区的环境卫生服务当局或者环境卫生官员，一定要在公众参与过程之前理解并达成协议。通过公众调查后如果需要做出改变，应进一步和当地政府当局讨论。这些都是为了使持证人能够对任何紧急事件做出快速而有效的响应，以保护公众安全，包括在 EPZ 范围之外可能受到伤害影响的中心城区。

如果企业和当地政府及其他应急响应组织之间有相互救助和应急响应协议，这些必须在 ERPs 中说明，以便于职责明确。如果相互救助和当地政府与其他回应者的应急事件响应达成统一，就需要在 ERPs 中提到，以便于职责明确。这是为了确保当需要 ERPs 时，职责不会混淆和误解。

第一，发展公共信息资源。在公众参与过程中，要求企业开发信息包，在公众参与过程中把信息公布给所有有需要的人群。这些信息包必须包括足够的信息，使参与者能够理解计划的或现有的操作、紧急事件可能对他们造成的影响、当地的应急响应程序和公众保护措施。

第二，指导公众参与项目。要求持证单位根据要求，编制 ERPs 的公共发展指导公众参与项目要点，确保方案的细节没有混乱，应急状态下与周围社团没有冲突。有提供应急程序细节的必备知识和解决问题以及可能发生关系的企业，必须指导所有涉及的人员亲自参与项目。企业代表必须回答任何特定的修改给 ERPs 的问题及附加信息。

2）美国石油勘探开发应急预案现状

美国石油学会对含硫油气井的钻井和服务提出了推荐作法，《含硫化氢油气井钻井和服务作业的推荐作法》（API-49）。推荐的主要内容包括人员培训、监测设备、应急预案、井场安全、特殊作业要求等。对含硫气井开发应急预案编制工作，推荐作法指出，作业者应对含有硫化氢和二氧化硫条件下的作业进行评估，以确定是否应急预案、特别应急程序或培训是担保的或是由适用的联邦、州或地方立法机构所要求的。在评估过程中应认识到可能发生的紧急情况及其对作业人员及公众的影响。如果要求的话，应急预案的通知、预防措施、撤离及其他要求应符合一切适用当地的、州的及联邦的法规。应急预案应包括应急响应程序，该程序提供一项有组织的立即行动计划，用于警告和保护作业人员、承包商人员及公众。应急预案应考虑到预期的大气中硫化氢和二氧化硫浓度的严重性及其程度。应急预案应考虑硫化氢和二氧化硫的扩散特点。

（1）应急预案。应急预案的条款可能包括几个预案或都在一个单一的预案内。对海上作业的应急预案，宜包括更详细地对下述方面的考虑：运输需求、非必要人员的撤离需求、安全集中地区需求，以及在机械和人员空间危险气体的危险性。应急预案宜包括合适的下述资料，即应急程序、硫化氢及二氧化硫的特性、设施描述、地图及测绘图、培训和演练。

(2)行动计划。每一个应急预案都宜包含一个"行动计划",被指派的人员在任何时候接到出现硫化氢和二氧化硫泄漏的潜在危险通知时,都应遵循这一计划的精简指令。为了保护人员(包括公众在内)和减轻毒气排放的影响,这种"行动计划"宜包括但不限于如下条款:警告并清点设施人员;采取紧急措施控制当前的或可能的硫化氢或二氧化硫的释放,并消灭可能的着火源。如有必要对特殊情况进行整改或控制时,宜启动应急关停程序。当所要求的行动不能及时完成,无法阻止作业人员及公众暴露于硫化氢或二氧化硫的有害浓度之中时,应采取适用于现场特殊情况的步骤;按要求通知政府机构;在采取消除措施后,监测暴露区大气中的空气,以确定什么时候重新进入是安全的。

3)壳牌公司事故应急预案编制

根据风险评估和绩效管理过程的结果,壳牌会制订一系列的恢复方案,而应急预案和应急程序成为恢复方案中重要的组成部分。壳牌拥有一套完整的体系,从而保证应急预案可以有效实施。应急预案的编制基本要求包括以下几点。

(1)营造应急情况处理意识,主要包括以下细节,以及随之执行的操作:危险存在的地方;后续的发展如何;应该启动响应级别;如何采取安全操作尽快恢复正常。

(2)成立应急管理机构,配备工作人员,明确在实施应急响应时的职责和义务。

(3)建立并明确有效、通常的不同级别事故下的响应机制,包括需要特殊应急响应情况下的动员方案和应急预案。

(4)开展应急培训、演练和评审活动。

Niglintgak气田是壳牌公司在加拿大北极地区马更些河三角洲投资开发的一个大型天然气田,探明储量超过1亿立方英尺(1立方英尺≈0.028立方米)。针对Niglintgak气田,壳牌公式制订的应急预案内容包括以下几点。

(1)应急响应的组织结构、职责义务、权利和程序、灾害控制以及地区内部和外部的信息沟通机制。

(2)应急行动中防护、减灾、环境影响监测的体系和运行程序。

(3)与权威机构、社会团体及相关应急机构的信息交流程序。

(4)充分、及时调动第三方应急资源的机制和程序。

(5)钻井过程中针对各种紧急情景,安排应急培训小组,评估应急响应体系和程序。

Niglintgak气田的应急预案在制订时,考虑到了所有可能发生的应急情景,包括火灾和爆炸、井喷及井喷失控、结构性破坏、作业场所伤害、飞行事故、人身伤害、泄漏、人为破坏、洪水灾害。

在制订Niglintgak气田应急预案时，同时考虑了应急响应措施和设备，包括紧急停车系统、灭火设备设施、溢油清理和维护系统、适用于偏远地区的医疗护理专家制度、应急疏散程序、救援技术、急救人员和设备。

4) 埃克森美孚公司事故应急预案编制

埃克森美孚通过不断的摸索，建立了业务一体化管理系统（operations integrity management system，OIMS）框架，涵盖了在预防业务操作过程中可能涉及地对员工、顾客及公众带来危害的各项政策、措施。OIMS框架在控制业务固有风险方面，为埃克森美孚各业务公司提出了防止对安全、健康和环境产生影响的目标要求。

在OIMS的11个要素中，应急准备和应急预案是重要的组成部分。埃克森美孚要求应急准备和应急预案必须文档化，容易获取。埃克森美孚的应急预案制订是基于业务一体化系统中风险评估结果的，包括：应急组织结构、职责和权利；内部和外部沟通程序；应急队伍和资源调用程序；业务一体化信息评估程序；与埃克森美孚其他业务公司以及其他应急组织机构的联动程序；定期更新机制。应急响应中所需要的设备、设施和应急队伍必须在应急预案中有详细说明。

5) 我国高风险油气田应急预案编制现状

(1) 我国高风险油气田应急管理现状。

目前，针对高风险油气田应急管理，我国初步建立了全盘考虑、整体策划、突出重点、切合实际的基本思路，重点考虑以下三个方面的因素。

第一，地域特点。在高风险油气田应急管理工作中，要结合地域的地表特点、人口密度程度、道路状况和社会支持能力等现实条件。

第二，生产特点。要从气田生产系统工程一体化的特点出发，从钻井—完井—采气—运输—处理净化等考虑应急体系的建设。

第三，工程工艺特点。不仅要考虑钻井施工、井下作业施工过程中的井喷失控风险，还要注重采气、净化中的腐蚀泄漏、火灾爆炸等风险，以及同时伴生着的大气污染、水体污染和土壤污染等生态破坏风险。

因此，在高风险油气田区域建设和应急管理方面，明确了以下几个原则。

一是专职应急队伍建设。应急资源配置应依据"分散设置，划区设防，统一指挥，就近救援"的原则。一个气田开发区域，往往具有一定的面积，无论将全部应急资源集中放置在任何一个地方，都不可能在数分钟内到达所有的现场，因此便会错过最佳的抢险时间。特别是在山谷纵横、水网密集地区从事高风险油气田开发，这一问题尤其突出。因此，在应急资源配置上，应充分考虑开发区块和重要装置的分布情况，统一布点。

二是专用应急设备配置。根据应急建设总体原则和应急队伍设站分布的特点，统筹考虑各类抢险救援必需的设备和器具，并按照区域应急救援站的功能配备到位。

三是"三级应急联防"体系建设。在高风险油气田开发区域内的各种应急力量，无论是应急队伍，还是义务应急力量，甚至是各类施工队伍和人员，均属于同一应急体系。在这个体系内，确定"三级应急联防"的基本原则，即场站应急自救、区块应急救援和区域联防应急救援。

(2)应急预案体系框架。

高风险油气田钻完井应急预案体系是一个复杂的系统工程。通过本次调研，可以发现目前我国高风险油气田钻完井应急预案的总体框架已经形成，如图4.3所示。

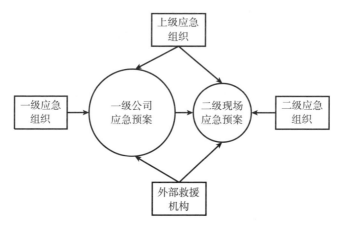

图4.3 我国高风险油气田应急预案框架

通过分析现有高风险油气田应急预案体系框架，可以看出，该预案体系中的二级预案没有与公司一级预案形成整体，从而导致了现场员工在发生紧急事件后很难及时与公司一级预案联系起来统一操作，造成了操作困难。一级与二级预案分离脱节，导致了很多遗漏程序，如多数企业没有媒体应对策略，没有规定应急情况下对外的媒体政策等。

(3)应急预案层次与分类。

通过资料调研和现场调研的资料总结和分析，目前我国高风险油气田钻完井事故应急预案一般有以下几种分类方式。

第一，按照行政区域划分。根据高风险油气田事故后果可能影响的范围、地点和应急方式，可以将高风险油气田应急预案划分为五个级别，即企业级、县、市/社区级、市/地区级、省级和国家级。

第二，按照应急预案功能和目标划分。按照应急预案的功能和目标，可以将应急预案体系划分为综合类应急预案、专项应急预案和现场处置方案三类。

(4)我国高风险油气田应急预案存在的问题。

第一，应急预案编制不规范，缺乏针对性和可操作性。目前，石油化工企业大多编制了事故应急救援预案。但是，从调研情况来看，各层次、类别制订的应急预案没有统一的格式。应急预案普遍存在内容不完善、不规范，危险因素分析不全面，应急预案框架结构与层次不尽合理，运作程序缺乏标准化规定等缺陷，不能满足实际事故应急救援的需求。

第二，应急预案更新不及时，内容无法保持时效性。在高风险油气田开采过程中，有关场所情况、工艺、设备等变更后，原应急预案中的危险源已改变或不复存在，或增加了一些原预案未考虑的新危险源，而且场所、操作岗位设置等也发生了变化，因此，场所情况、工艺、设备等变更后应及时修订预案。但是，部分企业应急预案制订后，少有更新，导致应急预案丧失了时效性，当事故发生时，无法满足事故现场应急救援工作的需求，延误了事故救援的最佳时机。

第三，与政府应急预案缺少衔接，无法整合有效应急资源。企业未与地方政府的应急组织机构建立联系，企业应急预案也没有与地方政府的应急工作衔接，企业与地方政府之间缺乏及时有效的沟通协调。由于石化行业的特点，仅仅依靠企业的应急力量往往难以完成应急救援，所以，企业的应急预案应并入地方政府编制的区域性事故应急预案体系中。企业制订的应急救援预案必须提交当地政府安全监察部门审查备案，并根据需要进行修改和补充。

第四，应急预案管理不科学，缺少管理机构、制度和人员。目前，我国企业在进行高风险油气田开采时，对所编制的应急预案缺乏科学的管理手段。因此，为了能在事故发生后，迅速、准确、有效地进行抢险救护的工作，必须制定应急救援预案的规章制度，建立值班制度、检查制度、例会制度等相应制度，落实岗位责任制。

第五，应急预案缺少培训和演练。部分开采企业仅将制订应急预案作为一项任务来抓，在应急预案制订后，并没有将应急预案下发到各部门和单位进行学习，并对全体职工进行经常性的应急救援常识教育。企业缺乏定期的应急预案演练机制，导致事故发生后，职工不了解厂内应急资料和应急设备，无法组织有效的事故救援。

2. 高风险油气田重大事故应急预案编制内容

1)应急预案的层次

根据目前我国应急预案体系及我国安全生产监管部门、地方政府及企业的应急管理工作现状，建立如图4.4所示的应急预案层次。

高风险油气田应急预案体系划分为三个层次。

(1)事故行动计划。在高风险油气田发生重大事故后，现场从事钻完井作业的企业无疑承担着在第一时间进行预警、控制事故灾害、开展有效救援的责任。

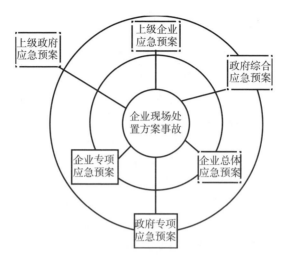

图 4.4 高风险油气田应急预案层次图

从事高风险油气田钻完井作业的钻井企业，必须根据自身应急能力评估的结果，针对各个作业环节制订完备的事故行动计划，并保持持续更新。

(2)企业级应急预案。企业级应急预案是指企业制订的各类专项应急预案和企业综合应急预案。当企业发生事故后，如果事故较小，启动现场处置方案就可以控制事故。但是，当事故超过了企业现场处置方案的能力时，就需要启动企业专项应急预案；如果企业专项应急预案还不能有效地控制事故，就要启动企业综合应急预案。

(3)政府级应急预案。政府级应急预案主要涉及发生在其管辖区范围内的重大事故的应急救援，主要侧重于应急救援的整体实施的部署工作，包括政府专项应急预案、政府综合应急预案和上级政府应急预案三种。

2)应急预案的核心要素

不同层次、不同类型的应急预案，应急预案的内容也各不相同，但从基本内容组成结构来看，每个应急预案可以包括以下 9 个一级核心要素，33 个二级核心要素，如图 4.5 所示。

(1)总则。应急预案的总则，要说明编制该应急预案的目的、编制依据、分类与分级、适用范围、应急工作原则、应急预案体系、启动条件 7 个二级核心要素。

(2)危险分析。对于区域应急预案，危险分析内容包括该区域企业、商业、交通状况、人口分布情况，该区域存在的重大危险源及场所情况等。对企业应急预案，危险分析的内容包括单位概况，如单位的地址、从业人数、隶属关系、主要原材料、主要产品、产量等内容，以及周边重大危险源、重要设施、目标、场

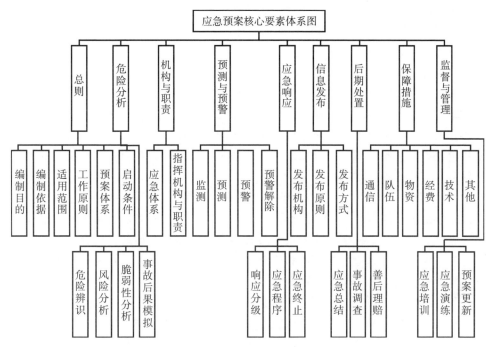

图4.5 应急预案核心要素框架图

所和周边布局情况,必要时,可附平面图进行说明。

(3)机构与职责。应急组织体系应明确应急组织形式,构成单位与人员,并且尽可能地以结构图的形式表示出来。明确各应急机构、应急指挥、应急人员及其相应的职责。应急救援指挥机构根据事故类型和应急工作的实际需要,可以设置相应的应急救援工作小组,并进一步明确小组的工作任务和职责。

(4)预测与预警。预测与预警的内容包括监测、预测、预警和预警解除四个内容。预测与预警是为了能够根据其结果,开展重特大事故的风险分析工作,做到早发现、早报告和早处置。

(5)应急响应。应针对事故危害程度、影响范围和单位控制事态的能力,明确应急响应的级别,明确应急指挥、应急行动、资源调配、应急疏散、扩大应急等应急程序,明确应急终止的条件。

(6)信息发布。在应急救援工作中,要及时通过媒体向公众发布相关的信息。信息发布需要包括以下几个方面的内容,即发布机构、发布原则、发布方式。

(7)后期处置。明确在事故应急终止后,应进行应急总结的内容。根据事件调查小组的要求,现场应急指挥部应如实提供有关材料。按照保险理赔机构的要求,做好相应的善后理赔工作。

(8)保障措施。根据实际应急工作需要确定保障措施,包括通信保障、应急队伍保障、应急物资保障、经费保障、技术保障、其他保障。

(9)监督与管理。监督与管理的内容包括以下几个二级要素，即应急培训、应急演练、预案更新等。

3)应急预案的类别

在高风险油气田钻完井作业过程中，可能发生多种类型的事故，如井喷、火灾、爆炸、泄漏、环境污染等。因此，在制订应急预案时应当进行合理的策划，做到合理组织、突出重点，避免应急预案之间相互孤立、交叉。高风险油气田钻完井应急预案按照预案面向对象的针对性情况，可以分为综合应急预案、专项应急预案和事故行动计划三类。

(1)综合应急预案。综合应急预案是从总体上阐述处理事件的应急方针、政策，应急组织机构与职责，应急准备、应急响应、应急处置以及相关的措施和保障等应急工作的基本程序与要求，是对各类事故的综合性预案。综合应急预案在编制时，要综合考虑应急指挥者和应急工作人员责任与义务，并说明在紧急事件应急体系中各项应急工作的关系。

通过综合应急预案，可以清晰地了解应急救援体系以及应急文件体系，特别是针对政府综合预案可作为应急救援工作的基础，即使对非常规突发事件的应急响应，也能起到一般的应急指导作用。因此，综合应急预案非常复杂和庞大。

(2)专项应急预案。专项应急预案是针对具体的突发事故类型(如井喷、火灾爆炸、危险化学品泄漏等)、危险源和应急保障而制订的应急计划或应急方案，是综合应急预案不可分割的组成部分。应按照综合应急预案的程序和要求组织制订各专项应急预案，并作为综合应急预案的附件。

专项应急预案应制定明确的应急救援程序和具体的应急救援措施，可以包括应急准备措施等。专项应急预案是在综合应急预案的基础上充分考虑了特定危害的特点，对应急形势、组织机构、应急活动等进行更为具体的阐述，具有较强的针对性、操作行。但是，在制订专项应急预案时，要重点关注其与其他专项预案、综合应急预案及现场处置方案之间的衔接问题，做好协调准备工作。

(3)事故行动计划。事故行动计划，也可称为现场处置方案，是针对具体的装置、场所或设施、岗位所制定的具体应急处置措施。它是在专项应急预案的基础上，根据实际情况需要而编制的。事故行动计划是一系列简单行动的过程，针对某一具体现场的该类特殊危险及周边环境的具体情况，在详细分析的基础上，对应急救援中的各个方面做出具体而细致的安排，具有更强的针对性和对现场救援活动的指导性。

在制订事故行动计划时要注意，事故行动计划应具体、简单、针对性强，应根据风险评估和危险控制措施逐一编制，做到发生事故时，相关人员应知应会，做到熟练掌握。事故行动计划不涉及应急准备和应急恢复活动，一些事故行动计划不能指出特殊装置的特性及其他可能的危险,因此,需要通过补充内容加以完善。

4)应急预案的结构

不同的应急预案由于在应急预案体系中所处的层次和适用范围不同,其应急预案的详细程度、应急工作的重点方向也可能存在差异。从目前的应急功能划分及应急任务来看,在编制应急预案时,可采取如下的应急预案结构。

应急预案＝基本预案＋应急程序＋附件

(1)基本预案。

基本预案是对应给预案总体上的描述。基本预案应当包括救援工作的总体思路、基本情况、危险评估和风险分析、事故后果模拟、应急能力评估、应急组织机构及职责、应急预案培训与演练的制度和计划,以及应急预案的管理和完善等。

(2)应急程序。

应急程序是针对某一具体事故或事件(如井喷)制订的应急救援行动计划,包括人员分工、职责和工作步骤,应急报告程序,应急响应程序等。在制定应急程序时,要对该类事故做出充分、周密的调查研究,对事故应急救援中的每一个可能影响安全的环节,都应当制定针对性的措施。

应急程序应当明确每一个参与应急救援工作人员的岗位、任务、责任和权利。一旦发生事故,每个人都应该了解自己的位置在哪里,自己的职责是什么,应该怎么做,听从谁的指挥,与人怎么配合等。不同类型的应急预案,需要根据实际情况,制定不同的应急程序。

(3)附件。

附件是指基本预案和应急程序的各类图表及相关文件。为了使应急预案简单、明了,应急程序应当清晰可用,便于应急人员掌握,应当把基本预案和应急程序的篇幅限制在一定的范围内,其他资料可以放在附件中。

应急预案的附件可以包括以下内容:应急组织结构图,应急组织通信,应急行动图表,应急制度、计划和方案,应急物资清单。

5)应急预案的衔接

对于同一事故的应急救援,可能会面临启动不同层次的应急预案。如果事故较小,可能启动现场事故行动计划就可以控制事故。但如果事故超出了事故行动计划的处置能力,就需要启动企业专项应急预案,如果企业专项应急预案还不能控制事故,就需要启动综合预案。根据事故的严重程度不同,可能需要依次启动政府专项应急预案、政府综合应急预案。

在启动不同层次的应急预案中,面临如下的衔接问题。

(1)不同层次应急预案在应对事故的程序方面是否衔接。

(2) 不同层次应急预案对事故的处置方案是否衔接。

(3) 启动不同层次应急预案也就意味着更多的应急指挥力量参与应急救援的过程，多重指挥是否衔接。

(4) 不同层次应急预案的启动也就意味投入更多的资源参与事故应急工作中，资源的配置是否衔接。

应急预案衔接的主要内容包括以下几点。

第一，应急程序的衔接。

多层次应急预案逐级响应的衔接机制如下：企业一旦发生事故，企业应立即启动应急程序，同时上报当地政府主管部门，这时政府应急预案应进入预警状态。企业如需上级援助，政府应根据预测的事故影响程度和范围，启动政府应急预案，按照需要投入人力、物力和财力。在任何情况下都要对事故情况进行连续不断的监测，并将监测数据上报至地方政府事故应急指挥中心，地方政府事故应急指挥中心根据事故的严重程度经核实后上报至上一级应急机构。企业或地方政府要不断向上级机构报告事故的发展状况，以及所采取的决定和措施。上级机构要不断地审查、批准或提出应急策略，并依据事故的规模、企业和当地政府提供的信息，决定是否要上报至上一级的政府。

应急程序衔接具体表现在以下几个方面：一是各级应急预案执行过程信息流通是否通畅。二是各级应急预案是否因信息传递途径设置不同而影响应急预案执行的整体效果。三是各级应急预案执行过程是否因应急程序步骤衔接脱节而造成应急混乱或延误应急。四是各级应急预案启动是否因时间衔接脱节而造成应急混乱或延误应急。五是各级应急预案是否因响应程序设置不同而造成衔接脱节。六是各级应急预案是否因响应机制设置不同而造成衔接脱节。

第二，应急指挥协调的衔接。

根据应急指挥面向对象的不同，应急指挥协调的内容也不尽相同。

一是按面向事故，主要是处置过程、方法、技术措施、工程抢险等应急指挥协调问题（如具体点火时间）。

二是按面向人员，主要是人员的疏散、撤离、伤员抢救的指挥协调问题。

三是按面向公众，主要是信息发布、事故发生地的隔离、警戒、管制等指挥协调。

四是按面向应急参与人员，主要是人员的组织、调配、管理等指挥协调。

由于多层次应急预案依次启动，形成联合应对事故的局面，如果各层次应急预案所设置的组织结构指挥体系及其职责衔接不好，就很难做到"统一指挥、反应灵敏、协调有序、运转高效"的应急指挥协调机制。

应急指挥协调衔接的具体表现存在如下问题：一是指挥指令传达程序是否通畅。二是各层次应急预案设置的指挥信号标识是否统一。三是各层次应急预案设置的组织机构是否衔接。四是各层次应急预案组织机构的办公室沟通是否通畅。

第三，事故行动计划的衔接。

事故行动计划实际上就是一系列应急处置技术路线和处置措施的综合，对于具体的一个事故来说，在第一时间响应的预案肯定是事故行动计划（现场处置方案）。事故行动计划是针对具体的装备、场所或设施、岗位所指定的应急处置措施。事故行动计划应具体、简单、针对性强，它是根据危险分析逐一编制的，要求相关人员做到熟练掌握，并通过应急演练做到迅速反应、正确处置。一个事故可能涉及多个装备、场所或设施、岗位，也就要求启动多个事故行动计划。

第四，应急资源配置的衔接。

应急资源包括应急人员、应急设备设施、应急装备和物资等。应急资源配置就是根据应急救援工作的实际需要，调用各项应急资源，使其发挥最佳的效能。由于应急预案是分层次编制的，在各层次应急预案编制过程中常因受到所在层次的限制，对应急资源的评估和配置很难做到全面、准确。在进行应急资源配置管理过程中，需要注意三个方面的问题，即应急资源的需求、应急资源的约束、应急资源的规划。

第五，其他方面的衔接。

在指定应急预案时，还要考虑其应符合相关的法律、法规、规章和标准的要求，所规定和明确的原则、组织、程序、措施等具有针对性、可操作性，满足事故应急救援的需要。

应急预案衔接的主要措施包括以下几点。

(1) 加强编制过程的指导。要做好应急预案编制工作，保证预案间上下兼容衔接、横向兼容衔接，就必须加强对应急预案编制过程的指导。首先，要制订计划和目标，认真组织各有关单位开展应急预案的编制工作。其次，要事先制订预案编制纲要，分类分析不同形式企业的应急预案，通过以点带面的形式，解决企业应急预案编制过程中的问题。最后，要加强应急预案的修订工作，切实提高应急预案的质量，解决不同应急预案之间的衔接问题。

(2) 优化应急功能设计。应急功能是对在各类重特大事故应急救援工作中通常都要采取的一系列基本应急行动和任务而编写的计划，如应急指挥、警报、通信、人员疏散、医疗等。由于应急功能是围绕应急行动的，所以其主要对象是那些任务的执行机构。针对每一项应急功能，要明确其针对的形势、目标、负责机构和支持机构、任务要求、应急准备和操作程序等。应急预案中应急功能的数量和类型会因为地区差异有所不同，主要取决于所针对的潜在重大事故的危险类型，以及应急组织方式和运行机制。优化应急功能设计，就要在全面调查研究的基础上，通过危险分析，制订和完善应急预案；明确应急组织机制职责，做到快速反应、应对有序；制订符合相关要求、简单易懂、功能齐全的事故行动计划，做到分工明确，保证应急预案相互衔接。

(3)做好应急预案的备案、互审、公开。应急预案编制完成后应向上一级机构报送备案。上一级在对应急预案进行备案审查过程中，若发现有不衔接的地方应及时提出，并协调修改。预案互审就是政府部门之间，或企业内部各部门之间，乃至政府部门和企业之间，就各自编制的应急预案开展相互评审工作。通过互审可以发现各层次应急预案之间存在的不衔接问题，以便加以修改和完善。预案公开及时对应急预案的宣传与教育，也是保证应急预案之间有效衔接的有效途径。通过公开应急预案，让各职能部门以及公众了解应急预案的内容、应急响应程序、应急处置措施，对于提高大家的危机意识，熟悉应急工作程序、具体基本的应急技能，掌握事故方案措施和应急处置程序，具有重要的意义。

(4)开展综合应急演练。通过开展应急演练，特别是综合应急演练，可及时发现应急预案中不合适的地方，提高应急预案的实用性。通过开展应急演练，可以发现各层次预案中不完善和不衔接的地方，以便及时做出协调，重新修订完善。综合应急演练还可以促进各单位协同配合，加强培训，锻炼队伍，特别是应急演练中不断总结经验、发现问题，及时修订和完善应急预案，提高应急预案的针对性、有效性和可操作性。

(5)建立共享信息平台。无论是应急响应过程、应急资源的调配过程，还是应急救援的实施过程，都离不开信息的收集、处理和传递。建立统一高效的应急信息平台，实现相关信息的共享，加强信息的沟通，增强应急预案的协调，提高应急处置能力。

3. 应急准备规划区井喷事故应急预案编制方法

1)应急预案的编制原则

应急预案编制过程中，有必要遵循以下原则。

(1)科学性原则。应急预案的重点不应单单以突发事件的处置方案为重点，而应注重不同事件和风险发生前和发生中的社会需求是什么，并将这些需求作为制订预案中防范、响应、处置、善后和沟通的内容、措施及途径的依据，以人为本，科学制定，规范实施，不断完善。

(2)可操作性原则。制订应急预案是为了在发生突发事件时，能够有效开展应对工作，因此，在编制应急预案时，要详细对应急能力展开细致的分析，避免制订的应急预案实用性不强。

(3)衔接性原则。高风险油气田应急预案的制订不但涉及从事钻完井作业的各个企业，还涉及各级政府部门，因此，在编制应急预案时，要做好上级预案和下级预案的衔接，主管部门和配合部门之间的衔接，地方政府和企业之间的衔接问题，确保应急预案的落实。

(4)持续改进原则。应急预案编制完成后，需要根据应急预案实施或演练后的情况,对应急预案进行持续完善和改进,保证应急预案的实效性。

2) 应急预案的编制要求

高风险油气田应急准备规划区应急预案的编制要求包括以下几点。

(1)施工队伍"一井一预案"。钻井施工与井下作用施工具有"打一枪换一个地方"的特点,虽然每次施工作业的目的性大致相同,但是每口井的地质构造、气体组分、地理位置、周边环境等相差甚大,故施工作业的主要风险并不完全相同。因此,施工队伍应根据每一口井的特殊性风险,制订针对性强的应急预案,做到"一井一预案"。

(2)"区域应急一盘棋"。高风险油气田应急预案的制订,要立足于区域应急一盘棋的要求,统一考虑整个气田开发过程,特别是下游应急预案必须充分考虑上游应急预案应该如何进行高效联动,上游应急预案也要考虑与下游应急预案的衔接问题,各应急程序应集中在一个应急控制中心,做到信息共享、有利交流和统筹兼顾。

(3)考虑"四级关断"。通常情况下,高风险油气田开发企业承担着巨大的风险,企业均需按照"四级关断"的原则配套自动应急关断系统(emergency shutdown device,ESD)。因此,在组织编制各应急预案时,应充分考虑相关的自动关断装置、应急广播系统和响应的系统配套工程应急关断系统,确保在发生井喷事故时,各响应区域的各种应急设施有效联动。

3) 应急预案的编制步骤

应急预案编制的基本步骤包括应急预案策划、成立应急预案编制工作组、应急预案编制基础材料、确定应急计划区、危险源与风险分析、事故后果模拟、应急能力评估、编写应急预案、应急预案的评审与发布及应急预案的实施等,如图4.6所示。

(1)应急预案策划。

在编制应急准备规划区应急预案时,要明确应急预案的对象和可能用到的资源情况,在全面系统地认识和评价井喷事故的基础上,识别其性质、影响区域、事故后果,并根据风险分析和事故后果模拟的结果,分析评估政府和企业应急救援力量与资源情况,为所需的应急资源准备提供建设性意见。在进行应急准备规划区应急策划时,应当列出国家、地方相关的法律法规作为制订应急预案的法制依据。

(2)成立应急预案编工作组。

在编制应急预案前,要根据应急预案的类别和层次,分别邀请应急、消防、医疗、交通、公安、环保、市政、卫生等部门的专业人员参与应急预案的编制工作,并熟悉其在应急预案编制工作中的职责。应急预案编制工作组是一个临时性的组织机构,因此,必须确定一名或多名小组领导,来推动和领导整个预案的编制工作并建立管理预案编制过程的程序,促使编制人员能够通力协作、互相配

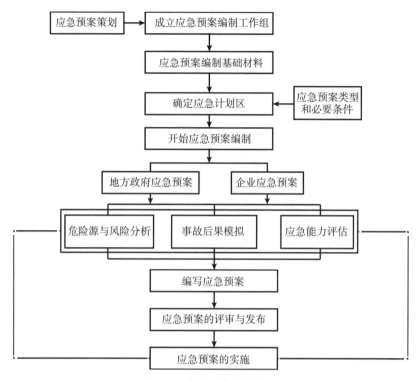

图 4.6　应急预案编制流程

合,形成一个有机的整体,顺利完成应急预案的编制工作。

(3)应急预案编制基础材料。

在编制政府应急预案时,所需要的基础资料主要包括:①辖区内的地理环境条件;②危险源分布情况;③事故情况;④区域人口情况;⑤应急救援力量分布情况。

在编制企业应急预案时,所需要的基础资料主要包括:①企业周边条件;②企业区域平面布置图;③运输路线;④生产工艺过程;⑤设备设施情况;⑥危险品储存。

(4)确定应急计划区。

进行应急准备规划区的划分并开展应急准备措施。

(5)危险源与风险分析、事故后果模拟。

第一,危险辨识的主要内容。在危险有害因素的辨识与危险评价过程中,应对如下主要方面存在的危险有害因素进行分析与评价:①厂址;②厂区平面布局;③建(构)筑物;④生产工艺过程;⑤生产设备、装置。

第二,风险分析。风险分析主要是指分析事故的触发条件、触发后概率及触发后事故的演变过程等。在进行风险分析时,要重点考虑以下几个方面的内容:①事故触发条件;②事故触发概率;③事故演变过程。

第三,脆弱性分析。脆弱性分析是在假定发生事故的前提下,分析系统中容易受到破坏区域的暴露值、敏感性和抗灾能力。脆弱性的主要内容包括:①事故影响范围;②物理基础设施;③人口类型和数量;④经济状况和社会关系。

第四,事故后果模拟。事故后果模拟主要包括硫化氢扩散过程数值模拟、二氧化硫扩散过程数值模拟、人员疏散模拟。

(6) 应急能力评估。

编制应急预案要与所在区域及企业所具有的应急能力相适应,如果应急预案所需要的应急能力高于地方政府或企业实际所具有的应急能力,制订的应急预案的可操作性将大大降低,甚至无法开展有效的应急救援工作。因此,需要对地方政府和企业开展有效的应急能力评估工作。应急能力评估的内容主要包括应急队伍、应急物资、应急设备设施等。

第一,企业应急能力评估。企业应急能力评估主要是指对在发生事故后,企业自身应对突发事故各种应急能力的一项评估,这种应急能力可以确保发生事故的单位可以采取合理的预防和疏散措施,来保护本单位的人员免受事故的伤害,而其余的应急工作则由应急系统中其他的机构完成。

第二,政府应急能力评估。当发生较大的事故时,仅仅依靠企业本身很难完成事故的救援和处理工作,需要外部应急资源的投入。因此,在开展应急能力评估时,还需要对地方政府及外部机构应对突发事故的能力开展评估。

(7) 填写应急预案。

针对可能发生的事故,按照有关规定和要求编制应急预案。应急预案的编制是在考虑政府和企业实际情况、需求和风险分析、事故后果模拟结果,以及收集和参阅大量已有应急资料的基础上进行的。在编制应急预案过程中,需要注意以下几个问题。

第一,合理组织。应合理地组织预案的章节,以便每个不同的读者能快速地找到各自需要的信息,避免从一堆不相关的信息中去查找所需要的信息。此外,在修改单个部分时应避免对整个应急预案做较大的改动。

第二,连续性。保证应急预案每个章节及其组成部分,在内容上的相互衔接,避免内容出现明显的位置不当。

第三,一致性。保证应急预案的每个部分都采用相似的逻辑结构来组织内容,而不需要读者重新适应。

第四,兼容性。应急预案的格式应尽量采取上级机构所采取的格式,以便各级应急预案能更好地协调和对应。

(8)应急预案评审。

为确保应急预案的科学性、合理性以及与实际情况的符合性,预案编制单位或管理部门应依据我国有关应急的方针、政策、法律、法规、规章、标准和其他有关应急预案编制的指南性文件与评审检查表,组织开展预案评审工作,取得政府有关部门和应急机构的认可。应急预案的评审包括内部评审和外部评审。

第一,内部评审。内部评审是指编制小组内部组织的评审。应急预案编制单位应在预案初稿编写工作完成之后,组织编写成员对预案内部评审,内部评审不仅要确保语句通畅,更重要的是评估应急预案的完整性。

第二,外部评审。外部评审是预案编制单位组织本城或外埠同行专家、上级机构、社区及有关政府部门对预案进行评议的评审。外部评审的主要作用是确保应急预案中规定的各项权力法制化,确保应急预案被城市各阶层接受。根据评审人员的不同,可分为同行评审、上级评审、社区评议和政府评审四类。

(9)应急预案发布。

经过评审后的应急预案,由相关部门负责签署发布。

4)应急预案的培训与演练

(1)应急预案培训。

应急预案应明确对本单位人员开展应急培训的计划、方式和要求。如果应急预案的培训涉及企业周边的社区和居民,企业要做好宣传教育和告知等工作。

应急预案培训应针对不同层次人员、不同培训对象开展,培训的内容、方式和要求也不尽相同。对于预案涉及社区和居民的,要求其了解事故可能涉及的范围、可能引起的伤害、疏散要求、应急信号等,培训的方式主要采用宣传教育和告知的方法。而对于应急队伍,则要求全面掌握,熟练实施应急救援,因此,应采取应急演练的方式。

对于员工的应急培训,不仅要训练员工的工作技能,还要使他们学习相关的技能,如急救等,以及培养他们在应急工作中的协作能力和交流能力。通常应强调开展以下内容,培训的方式可以是讲解、演示或演练。

一是每个人在应急预案中承担的角色和所承担的责任。二是如何获得有关危害和保护行为的信息。三是紧急事件发生时,如何进行报告、警示和信息交流。四是在紧急情况下,寻找相关人员联系方法。五是面对紧急事件的应急响应程序。六是寻找、使用应急设备。七是自救、互救方法。

企业在制订应急预案培训计划时,应考虑不同对象,如施工队伍、承包商、管理人员等,使培训更具有针对性。

(2)应急预案演练。

开展应急预案演练的目的主要有检验预案、锻炼队伍、磨合机制、教育群众等。

演练按照组织方式及目标重点的不同,可以分为桌面演练、功能演练和综合演练三类。

第一,桌面演练。桌面演练是一种圆桌讨论式演习活动;其目的是使各级应急部门、组织和个人在较轻松的环境下,明确和熟悉应急预案中所规定的职责和程序,提高协同配合及解决问题的能力。桌面演练的情景和问题通常以口头或书面叙述的方式呈现,也可以使用地图、沙盘、计算机模拟、视频会议等辅助手段,有时被分别称为图上演练、沙盘演练、计算机模拟演练、视频会议演练等。

第二,功能演练。功能演练是一种行动模拟式演习活动;其目的是在一定时间压力条件下,检验各级应急部门、组织和个人完成应急响应任务的能力,锻炼和提高相关人员的决策、指挥与协调等能力。

第三,综合演练。综合演练是一种实战性演习活动;其目的是在贴近实际状况和高度紧张的环境下,全面检验各级应急部门、组织和个人完成应急响应任务的能力,锻炼和提高相关人员的综合应急能力。

此外,按照演练所涉及的应急响应功能的数量,应急预案演练还可以分为单项演练、多项演练和全面演练;按演练动机,应急预案演练可以分为检验性演练、示范性演练和研究性演练。

从演练组织管理的角度来说,按照组织方式进行分类比较有利。首先,桌面演练、功能演练和综合演练三种演练方式在演练准备和组织实施方面,各具有一定的特点,便于分类总结和学习;其次,这三种演练方式在复杂程度和演练代价方面,有着由低到高的特点,便于循序渐进地安排演练。

演练是一个周而复始、持续改进的过程,从主要阶段方面分为演练规划、演练准备、演练实施、演练评估与总结和演练后续行动,各阶段又可划分为不同的任务:①演练规划,是指对一段时期内的演练工作做出总体计划安排。②演练准备,是指对演练的各项活动做出计划,设计详尽的工作方案,并提前做好各项准备工作。③演练实施,是指在计划的时间和地点,按照演练方案举行演练活动。④演练评估与总结,是指对演练过程进行观察和记录,对所演练的应急能力、演练目标及演练的组织工作等进行分析、评估和总结。⑤演练后续行动,是指演练结束后,进行预案修订、资料存档、人员奖惩等。

4. 重大事故行动计划编制技术

1)事故行动计划的作用

事故行动计划主要是根据实际情况需要而对作业期间某个具体装置、场所或设施、岗位所制定的事故应变处置措施,它是一系列简单行动过程的总称。科学的事故行动计划,对应急工作具有更强的针对性和指导性,因而在应急救援工作中具有重要的作用。

(1)编制程序简单、易于掌握。现场行动计划的编制主要针对某一类事故(如井喷），可由各个具体装置、场所或设施、岗位的现场负责人负责完成，经过现场负责人核准后传达给每名具体的作业工人。对于小型事故现场行动计划的制订，可以由现场负责人及各小组负责人讨论后，无须制订纸质现场行动计划，口头传达即可；对于大型事故，只需召开相关讨论会即可。

(2) 具有更强的针对性。现场行动计划与综合预案和专项预案相比，其目标针对作业场所中可能发生事故的具体对象（如装置、岗位等）而制定的事故处置措施，具有清晰的事故处理目标及处置方案，因此具有更强的针对性。

(3) 具有更高的可操作性。现场行动计划是根据风险评估和危险控制措施逐一编制的，并根据应急演练进行不断的更新与完善，要求相关人员应知应会，做到熟练掌握，因此具有更高的可操作性。

2) 现场行动计划的内容

在编制现场行动计划时，重点考虑以下几个方面的内容。

(1) 现状分析。计划涉及的参与人员，必须对在作业周期（现场行动计划中的作业时间周期一般不超过 24 小时）内可能发生的紧急事故有充分的了解，掌握发生事故的类型、危害程度和范围、现有及未来的应急资源需求如何、目前的现场行动计划能否控制事故等。

(2) 事故目标说明。说明针对特定类型的事故（如井喷），事故发生后现场行动计划的应急组织体系，必须达到的应急处置目标。

(3) 应急组织体系与职责。确定事故应急体系机构，明确应急参与人员在应急处置中承担的角色和职责，制定各个参与机构和人员的应急任务清单。

(4) 应急处置措施。针对突发事故，各个应急参与者应当采取的应急处置措施。

(5) 应急资源调配。有关应急资源（如事故现场地图、通信联络、医疗救护、交通、气象等）的调配计划。

(6) 评估与监控。评估现行的现场行动计划处置紧急事故的能力，并根据实施的效果对现场行动计划进行更新和完善。

现场行动计划的编制内容与事故有关，不同类型的事故编制现场行动计划包括的内容会有所差异，但是以上的六个核心要素是必不可少的。

3) 现场行动计划的编制步骤

(1) 现状分析。

第一，危险辨识。分析装置、场所或设施、岗位可能发生的事故类型、特点，危害程度。

第二，危险分析。分析发生事故的地点、产生危害的种类及影响范围、危害影响的时间、是否还有其他的次生或衍生灾害发生、当地的地理和气象条件如何等。

第三，应急处置分析。分析事故可能发生后预期所需要的警戒时间、各项应急救援全面开展的时间、所需的特种应急资源的种类和数量及其分布（如人力、物资、车辆、器材、耗材等）。

第四，制定现场行动计划表格。按照上述分析的结果，制定现场行动计划表格。

（2）设立事故目标。

第一，设立事故目标的原则。

设定事故目标是制订现场行动计划的首要任务，在设定事故目标时，要遵守以下三个原则：一是可行性原则，设定的事故目标要充分考虑在现有操作阶段所具备的操作人员、设备设施和资源前提下，事故目标是可以实现的。二是可量化原则，事故目标要具有可量化性，事故管理小组能够对此事故目标以及为实现目标所采取的各种应急处置措施的效果进行考核。三是伸缩性原则，设定的事故目标要广泛考虑到现场行动计划在不同阶段所制定的应急策略和应急处置措施，并能以各种不同的方式实现。

第二，设立事故目标的方法。

其一，对于较小事故的目标确定，可由现场负责人独立完成，并由其制定完成事故目标所需要采取的应急策略和处置措施。其二，对于较大事故的目标确定之前，现场负责人要将其提出的事故目标以书面形式转发到每个小组负责人手中。经过小组负责人的消化吸收后，由现场负责人召开研讨会，并最终确定事故目标和事故应急策略与措施。

在确定事故目标后，由现场负责人填写表格。

（3）确定应急组织体系与职责。

现场的应急组织体系是应急响应的第一响应者，是事故发生后第一时间开展应急自救的执行者，决定了能否及时控制事故以及事故应急工作的成败。在编制现场行动计划时，要明确现场应急组织体系每一个机构和人员组成，明确应急自救组织机构、人员及其相关责任。

现场应急组织体系，可以根据实际工作的需要，由现场负责人提出，并经过小组讨论后确定。一般的应急组织体系包括以下几个方面的内容。

第一，应急指挥组。

应急指挥组可以设应急组长一名和应急副组长若干名，灵活掌握事故现场信息，向各小组下达应急指挥任务，协调各小组的应急工作。应急指挥组的各项具体职责包括以下几点：一是了解现场状况，组织现场侦查、监测、分析，确定总体应急决策和现场行动计划行动方案，根据现场情况变化，适时调配救援力量。二是复查和评估事故的发展趋势，确定其可能的发展进程。三是与上级应急组织保持联系，保障现场应急工作的顺利开展，并对紧急情况的记录作业安排。四是根据现场具体情况，组织设立警戒区域，限制或禁止其他不相关人员、车辆进入现场。五是在紧急状态结束后，控制事故影响地点的恢复工作，并组织人员参加事故的分析、处理与总结。

第二，通信联络组。

一是确保事故现场与指挥部及上级部门之间联络信息的通畅。二是保持与生产技术管理部的通信联络通畅。三是负责应急过程的记录与整理。

第三，消防抢险组。

一是实施抢险抢修的应急方案和措施，并不断加以改进。二是采取紧急措施，尽一切可能抢救伤员及被困人员，防止事故的进一步扩大。三是开展人员疏散安置工作。四是抢险或救援结束后，报告上级领导并对结果进行复查和评估。

第四，环境监测组。

一是负责对事故现场大气中的硫化氢、二氧化硫进行实时监测，并迅速出具检验报告。二是负责对事故现场周边的水质进行实时监测，并迅速出具检验报告。

第五，后勤保障组。

一是负责应急车辆的调配、紧急物资的征集和调用。二是保障系统应急救援资源的合理供给。三是提供医疗救助服务，对受伤人员开展救助工作。四是提供合格的抢险抢修物资。

(4)制定应急处置措施。

第一，应急处置程序。

说明事故应急处置的主要程序，包括应急处置的启动、应急处置过程各部门的组织和协调问题。在编制现场行动计划时，应根据发生的事故类别以及现场具体情况，明确事故报警、各项应急措施行动、应急救护人员的引导、事故扩大应急程序等。

第二，应急处置措施。

现场应急措施，主要说明针对突发的事故，应采取的具体处置技术措施，包括从操作措施、工艺流程、现场处置、事故控制、人员救护、现场恢复等。下面以井喷失控为例，说明具体的处置措施。

井喷失控时，如果封井器同时损坏，按照下列步骤开展应急处置：①井口点火。井口点火的目的是防止造成硫化氢中毒死亡事故，点火作业应该严格执行相关标准。油气井点火决策人宜由单位代表或其授权的现场负责人承担。点火人员应佩戴防护器具，并在上风方向，离火口不少于 10 米处点火。②井口清障。井口清障的目的是为下步更换井口和井口封井器做好前期准备。如果井口低于水平面，在切割井口之前，还应挖好作业面，然后才能进行切割作业。③恢复控制。首先切割掉已经损坏的井口，其次再焊接上新井口，最后安装新的封井器。④重建平衡。更换封井器之后，边循环泥浆，边提高泥浆密度，最后重新建立起井下液柱平衡。⑤若以上应急处置措施无法恢复井口控制，可以采取打救援井，或封井、弃井等措施。进行救援井施工和封井、弃井施工应严格执行标准，并有工程施工涉及。

(5) 应急资源调配。

制定的每一项应急处置措施，都伴随着应急资源的调配，包括应急资源调配的种类、项目以及在作业周期内为达到处置该紧急事故所需要的数量、可用的数量。

如果所需要的应急资源无法使用，必须按照要求在规定的时间内对计划内涉及的应急资源加以调整以满足需要；当应急资源缺乏时，需要对已经制定的应急处置措施进行重新评估。

事故应急小组在向下宣传贯彻现场行动计划之前，最重要的工作就是落实应急资源的可利用性及其他必要支援。在编制现场行动计划时，主要考虑的应急资源调配内容主要包括无线电通信、医疗救护、交通运输、安全措施、事故现场地图、气象条件资料、特别警戒、安全信息。

(6) 开展评估与监控。

在现场行动计划编制中，要预先包含针对现场行动计划的评估程序，以保证现场行动计划的有效性。现场行动计划评估步骤主要分为三步。

第一，在现场应急组组长正式核准发布现场行动计划之前，各应急参与机构及其相关的参与人员要对现场行动计划各个计划能否满足现实应急工作需要进行核准，并在各自现场行动计划计划上签字确定。现场应急组组长核准所有的签字，正式发布现场行动计划。

第二，在作业周期中，现场应急组组长、各计划组负责人必须定时评估作业进展情况是否符合现场行动计划所要求的管控要点。如发现任何的疏漏，要在第一时间通知责任人，对现场行动计划中涉及的相关内容进行修改。

第三，各计划组组长可以根据现场的实际需要，调整现场行动计划中的应急处置措施，以更快地达成事故目标。

4.2 基于风险管理的高风险油气田重大事故现场监测预警技术及系统

要从根本上控制重大事故多发的局面，必须构建高风险油气田重大事故综合监测预警技术体系，结合高风险油气田开发的自然地理情况和高含硫化氢天然气、二氧化硫泄漏扩散规律，以及应急处置和救援中对监测设备技术性能要求，建立高风险油气田重大事故现场监测预警平台，使我国在本领域的技术水平得到显著提高。

4.2.1 高风险油气田重大事故现场监测预警平台总体设计

1. 监测预警平台功能概述

高风险油气田重大事故现场监测预警平台的主要功能包括对高风险油气田气井周边环境进行快速部署和实时监测，实时获取有害气体浓度信息、气井区域气象信息和现场音视频数据，内嵌能够根据现场气体浓度信息进行自动修正的快速扩散模型，对事故的气体扩散范围进行预测，为应急指挥提供辅助决策支持。

监测预警平台的特点主要包括以下几点。

(1) 实时获取现场数据。能够通过部署在高风险油气田气井现场的气体采集设备、音视频采集设备和小型气象站，实时采集气体浓度信息、音视频信息和风速风向、温湿度等现场信息，并通过网络传输到各级指挥部门。

(2) 气体扩散快速预测。可以根据现场监测数据和井喷扩散模型，对井喷事故后果进行模拟预测，并根据计算结果，通过地理信息系统(geographic information system, GIS)平台显示井喷事故的预计死亡区域、重伤区域和轻伤区域，为井喷事故应急救援和人员疏散提供决策依据。

(3) 便于快速部署，适用于应急救援。监测预警平台的数据采集服务器、移动指挥工作站、单兵系统、前端监测设备和外围附属设备集成为少数几个箱体，便于通过小型车辆快速运输到事故现场进行部署。无线传感器节点、无线气象站、无线摄像头均采用电池供电，通过无线信道传输数据，无线传感器节点可以进行自组网，无线摄像头可通过无线中继扩展传输距离。因此，该系统的前端数据采集设备便于快速部署，适用于应急救援。

2. 监测预警平台总体构架设计

高风险油气田重大事故现场监测预警平台总体分为三个部分(图4.7)，包括：①部署在事故现场的气象、气体和视频监测设备。②部署在事故现场附近的前方指挥部。③后方指挥中心。其中现场设备和前方指挥设备集成为少数几个箱体，便于在现场进行快速部署。现场监测数据通过无线方式传输到前方指挥部，前方指挥部可通过卫星电话和3G移动通信系统向后方指挥中心传输数据。部署在后方指挥中心的计算服务器系统可对监测数据进行进一步的处理。

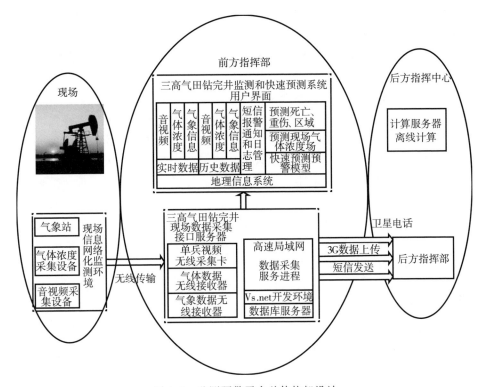

图 4.7 监测预警平台总体构架设计

1) 现场监测设备

数据采集功能由网络化气体传感器、气象站和音视频采集传输设备等硬件前端和数据采集软件完成，主要功能是进行现场数据采集。采集的数据包括风速、风向、温度和湿度等气象信息；硫化氢等有毒有害气体浓度、甲烷等易燃易爆气体浓度信息；现场音视频信息。

气象信息采集通过部署在事故现场的无线气象站实现，该气象站通过电池和太阳能板供电，通过无线信道传输气象数据，无须部署任何线缆，安装方便。

有毒有害气体和易燃易爆气体浓度信息通过可以部署在事故现场的网络化传感器进行采集。网络化传感器具有独立供电，自组织无线网络，全球定位系统（global positioning system，GPS）定位，适应恶劣天气等功能。

音视频信息通过一套单兵系统进行数据采集。

2) 前方指挥部

部署在前方指挥部的设备主要包括监测数据无线接收器，数据采集服务器，移动指挥工作站系统和卫星电话、4 卡码分多址（code division multiple access，CDMA）视频服务器等独立设备。

监测数据无线接收器通过无线方式接收监测设备采集的监测数据，使监测设备的部署和监测功能的运行都非常灵活。监测数据无线接收器包括气象数据无线接收器、气体浓度数据无线接收器和音频数据无线接收器、视频数据无线接收器。

气象数据无线接收器的传输距离约为几百米，要求气象采集设备部署于前方指挥部附近。气体浓度数据无线接收器的传输距离为几千米，结合无线气体传感器的中继特性，可以使前方指挥部对一个几平方千米的区域气体浓度信息进行监测。音频数据无线接收器由对讲机实现，传输距离一般为几千米。视频数据无线接收器集成在数据采集服务器中，配合高增益的外置天线，可以采集 2 千米之外的单兵视频数据。

数据采集服务器的功能是通过无线接收设备获取监测信息并存储。监测监控系统的数据库建立在 ORACLE 10G 数据平台上。数据库主要包含三类数据，即属性数据、地理数据和监测数据。属性数据包括人员信息、单位信息和物资信息等；地理数据包括各个图层、目标几何形状和位置信息等；监测数据主要包括现场设备采集的各种信息。属性数据和地理数据采用集中导入，分批维护的方法管理。由于监测数据属于实时信息，需要连续、不间断地进行采集和存储，所以数据库访问和数据管理模块采用了一个独立的进程负责监测数据的采集和存储。

移动指挥工作站系统的主要功能是现场监测数据的集成显示和对高风险油气田井喷与泄漏事故进行快速模拟及预警。

监测监控系统通过地理信息系统平台以图形化的方式对事故现场信息和模拟结果进行显示。通过地理信息系统，用户可以对部署在事故现场的音视频采集设备、气体传感器的位置进行设置或者查找，可以根据传感器返回的 GPS 数据显示气体传感器在地理信息系统上的位置。根据井喷事故气体扩散模拟计算的结果，系统可以在地理信息系统上以图形化的方式显示事故地点、预计死亡区域、重伤区域和轻伤区域以及需要进行疏散的建筑物和推荐人员疏散路线等信息。另外监测监控系统也可以以图形的方式对现场风速、温湿度变化曲线，风速风向玫瑰图和气体浓度变化曲线进行分时显示。监测监控系统还可具有远程调阅现场视频、对现场视频录像进行回放等功能。

快速预测模块对井喷事故有毒有害气体扩散范围进行模拟和预测。快速预测模块采用的气体扩散模型为 AKY-SLAB 模型，是通过对 SLAB 模型进行优化和修正后实现的一种模型。与原有的 SLAB 模型相比，该模型的特点是考虑了现场的实时气象信息，根据现场风速、风向变化对气体扩散的影响进行了叠加，从而使模拟结果更加精确。该模型已封装为一个动态链接库，可以通过标准的接口进行调用。

3) 后方指挥中心

后方指挥中心部署有独立的基于地理信息系统的高风险油气田钻完井监测预警平台，可以通过卫星电话和 3G 移动通信获得现场监测数据。后方指挥中心还部署有计算服务器，可以对有毒有害气体的扩散后果和影响范围进行更精细的预测预警。

4.2.2 监测预警平台软件系统设计

1. 监测预警平台软件系统功能及构架设计

高风险油气田重大事故现场监测数据采集管理软件也包括数据存储后台服务软件和监测数据显示浏览软件两部分。数据存储后台服务软件可以配置网络传感器、单兵视频、单兵 GPS 和气象信息等数据采集设备的数据访问端口和类型；查询各数据采集设备的状态；对各种数据的采集服务进程进行状态查询和进程启动、进程停止和进程重新启动管理。总之，该软件实现了重大事故监测系统的所有数据采集与存储的功能。

高风险油气田重大事故现场监测数据采集管理软件也包括数据采集服务软件和监测数据集成显示与预测预警软件两部分。高风险油气田重大事故现场监测预警系统是在事故现场无线网络监测传输、高风险油气田钻完井井喷事故现场视频、音频和数据的远程传输以及重大井喷事故预测预警模型的基础上开发研制的，该软件集成现场信息采集、传输、存储、处理功能于一体，利用良好的人机操作界面和简练的操作流程。该软件可显示高风险油气田钻完井现场的音视频、气体浓度和气象信息的实时数据和历史数据；可通过短信群发进行报警通知并对报警通知过程进行日志管理；该软件实现井喷事故含硫化氢天然气动态发展趋势及影响区域的预测，最终达到预警通知的功能。

2. 监测数据采集服务软件设计

1) 软件功能

移动监测、指挥平台的软件功能包括监测数据采集、设备状态查询和设备配置三大类，见图 4.8。数据采集过程中还涉及通信协议，通信协议对于软件是透明的。监测数据采集通过数据采集服务进程来实现。在启用数据采集服务进程进行数据采集之前，应查询各个设备是否处于可访问状态，并配置正确的端口。

重大事故移动监测、指挥平台监测数据采集软件包括数据存储后台服务软件和监测数据显示浏览软件两部分功能。数据存储后台服务软件可以配置网络传感器、单兵音视频、单兵 GPS 和气象信息等数据采集设备的数据访问端口和类型；查询各数据采集设备的状态；对各种数据的采集服务进程进行状态查询和进程启动、进程停止和进程重新启动管理。

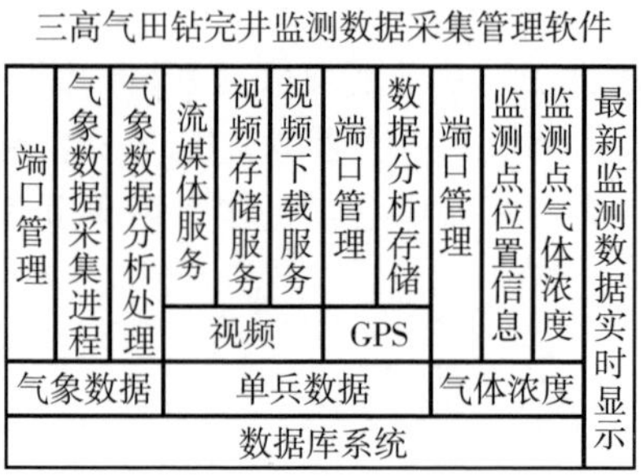

三高气田钻完井监测数据采集管理软件

端口管理	气象数据采集进程	气象数据分析处理	流媒体服务	视频存储服务	视频下载服务	端口管理	数据分析存储	端口管理	监测点位置信息	监测点气体浓度	最新监测数据实时显示
				视频				GPS			
气象数据			单兵数据						气体浓度		
数据库系统											

图 4.8　监测数据采集服务软件功能模块划分

2）软件配置

重大事故移动监测、指挥平台监测数据采集软件提供软件配置功能，可以配置数据库参数、测试数据库连接状态；配置各个单兵对应的视频采集设备、流媒体服务地址、单兵 GPS 设备虚拟端口号；配置气象设备端口号和气象设备端口速率；配置网络化气体采集设备端口号和数据采集速率。

3）数据采集流程

数据采集流程见图 4.9。

3. 数据集成显示与预测预警软件设计

1）软件概述

高风险油气田重大事故现场监测预警系统整体划分为四个模块（图 4.10），即基础信息管理模块、事故现场监测模块、风险分析模块和预警通知模块。

（1）基础信息管理模块功能主要包括地理信息管理、应急知识库管理、日志管理、设备与接口管理、应急通知对象管理和数据导入导出等八个部分，主要负责实现最终用户与系统各类基础信息进行的各种交互操作，如查询、更新、统计和打印等，同时基础信息管理模块为系统其他模块提供各类基础数据的访问服务接口。

（2）事故现场监测模块功能主要包括现场音视频数据、现场气象信息监测数据、现场气体浓度监测数据的显示三个部分，主要负责实时显示监测数据，同时为风险分析提供基础数据的访问服务接口。

（3）风险分析模块功能主要包括气体扩散在线快速预测模拟，主要负责对井喷风险进行分析，同时为预警通知提供基础依据。

（4）预警通知模块主要负责应急通知，并对接警信息进行管理。

2）基础信息管理

高风险油气田重大事故现场监测预警系统基础信息数据表总体结构如图 4.11 所示。

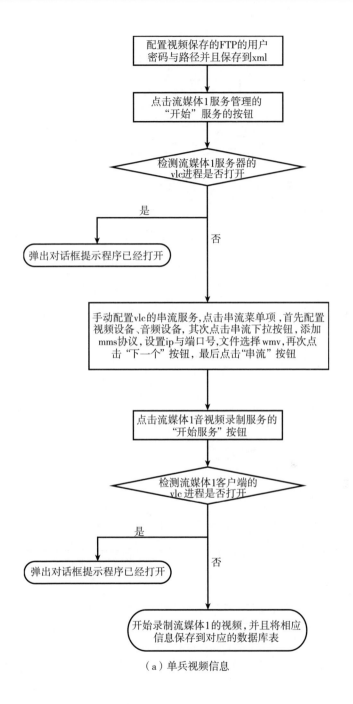

(a)单兵视频信息

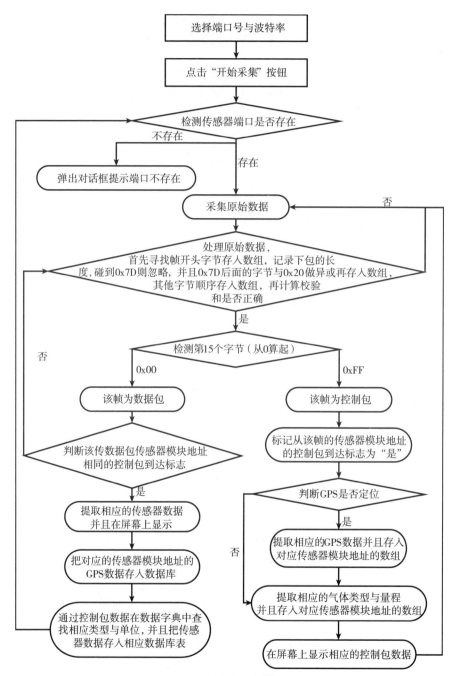

(b) 气体浓度数据

第 4 章 重大事故应急准备关键技术研发与应用

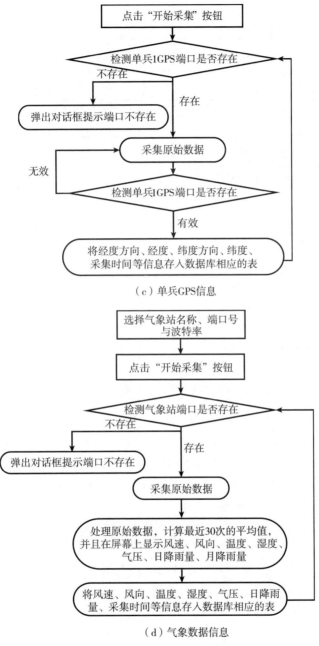

(c) 单兵GPS信息

(d) 气象数据信息

图 4.9 数据采集流程示意图

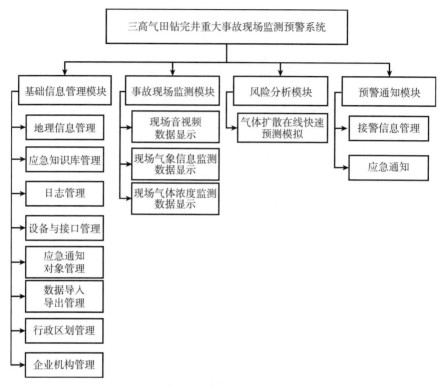

图 4.10　高风险油气田重大事故现场监测预警系统框架

(1)地理信息管理。地理信息是指具有空间意义的矢量信息和栅格信息的集合,以图层为单位进行管理。地图信息管理主要包括以下功能:地图浏览、地图放大、地图缩小、地图平移、距离量算、编辑空间对象、图形输出。

(2)应急知识库管理。系统提供应急知识库管理功能,用户可以在知识库管理界面进行新建、修改、删除、查询和打印等操作。系统应急知识库包括油气井专家知识库、井喷事故案例库、硫化氢防护法规标准等内容,主要操作功能包括增加记录信息、修改记录信息、删除记录信息、查询记录信息、打印记录信息。

(3)日志管理。系统提供日志管理功能,对指定的操作内容及其状态进行跟踪记录。日志管理对象包括在线快速预测、短信群发、知识库的检索。日志管理主要功能包括查询日志、打印日志、日志记录统计。

(4)设备与接口管理。设备与接口管理主要是对短信群发设备进行管理。具体内容包括设备与接口的初始化、设备与接口状态读取、设备与接口配置信息读写等功能。

(5)应急通知对象管理。应急通知对象管理主要是对应急通知对象进行信息维护,包括居民、应急管理人员。应急通知对象管理的具体功能包括增加应急通

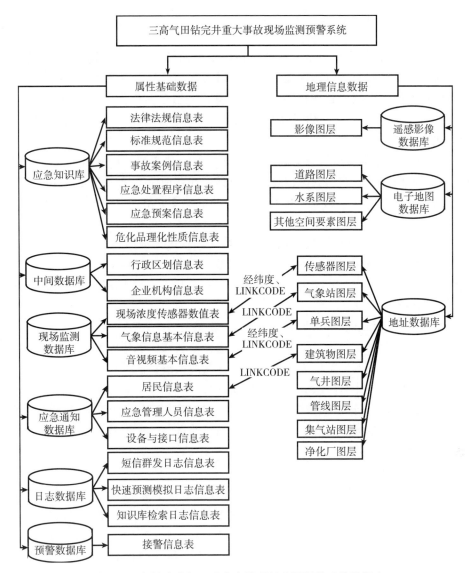

图 4.11　高风险油气田重大事故现场监测预警系统数据库

知对象信息、修改应急通知对象信息、删除应急通知对象信息、查询应急通知对象信息、打印应急通知对象信息、统计应急通知对象信息。

(6) 数据还原备份管理。数据还原备份主要实现系统数据库的还原与备份。

(7) 行政区划管理。系统提供行政区划的树形管理方式，用于管理行政区划内的居民等信息。

(8) 企业机构管理。系统提供企业机构的树形管理方式，用于管理企业机构内的应急管理人员等信息。

3)事故现场信息

(1)现场音视频数据显示。在应急指挥工作站端,现场数据监控和浏览软件可以通过流媒体服务实时访问地址监控实时音视频信息。现场数据监控和浏览软件可以从数据库中读取音视频录制文件信息,并通过文件传输协议(file transfer protocol,FTP)服务器下载录制的音视频文件并播放。在地图上根据单兵的GPS坐标标识其位置。

(2)现场气象信息监测数据显示。现场气象信息监测数据显示主要是读取存储在数据库中的最新现场气象信息监测数据,并在地图窗口中进行显示;同时系统提供历史气象信息监测数据的变化曲线和玫瑰图。在地图上手动标识气象站位置。

(3)现场气体浓度监测数据显示。现场气体浓度监测数据显示主要是读取存储在数据库中的最新现场气体浓度监测数据,并在地图窗口中进行显示;同时系统提供历史气体浓度监测数据的变化曲线显示功能。在地图上根据传感器的GPS坐标标识其位置。

4)风险分析和事故后果预测

气体扩散在线快速预测模拟基于当前边界层参数化理论的重气扩散模型,以高风险油气田钻井地形条件为背景,对硫化氢的泄漏扩散进行实时模拟计算,给出模拟分析结果,并对事故后果严重程度进行分析。其主要功能如下。

(1)硫化氢泄漏扩散的实时动态模拟。气体扩散模块选择美国环境保护署推荐的,并已经过重气泄漏的风洞模拟实验验证的重气扩散模型;根据事故气井的特性参数及气象参数,对硫化氢泄漏扩散进行实时模拟计算。其中气象参数来源于现场气象监测数据。

(2)根据硫化氢扩散模拟计算结果,绘制硫化氢泄漏事故的危险区域范围。

(3)根据硫化氢扩散模拟计算结果,绘制在泄漏范围内任意点的硫化氢泄漏随时间在空间的浓度分布图。

(4)模拟分析结果输出主要有文本形式和图形格式两种输出方式,为预警通知提供依据。

5)接处警和预警通知流程

接处警和预警通知流程见图4.12。

4.2.3 预测预警模型及分组广播报警系统

1. 计算模式及流程

以现有的北京大学大气环境模式(Peking University model of atmospheric evironment,PUMA)为基础,根据大气本身随机扩散的特点,建立科学的随机

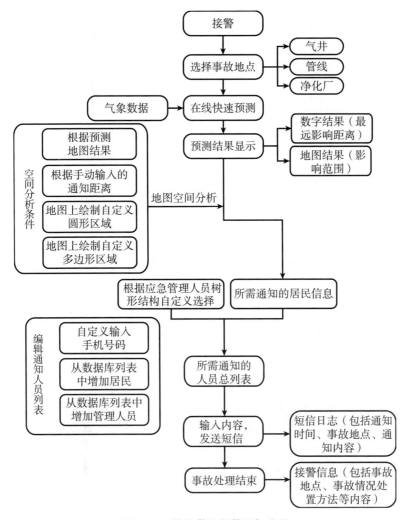

图 4.12 接处警和预警通知流程

游走大气扩散模型。随机游走大气扩散模型能够较好地模拟空气污染事故发生条件下的大气扩散过程,可作为空气扩散事故应急决策系统的一个大气扩散模块,为事故的早期应急和后期后果评价提供更接近实际的信息。

计算包括随机游走大气扩散软件相关的模式计算(包括流场模式、扩散模式)设计、动态格网设计、不同精度计算数据的交互与结合,以及流场、扩散场计算数据的获取等多方面的内容。

目标是建立水平范围为几千米和几百米两种尺度区域,在各类地表状态和各类气象条件下,以大气流场的数值计算模式、污染物的随机游走扩散模式为基础,在空气污染突发事件中,实时计算出空气污染物的浓度分布和演变,为事故应急、响应、指挥提供决策支持作用。

数值模式运行流程如下：首先由气象站获取风向与风速等气象数据，通过数据交换机制共享到模式运算平台中。其次使用冠层模式或街道尺模式计算生成流场数据，流场数据中包含三维风矢量、湿度与湍流能量。流场数据生成完毕，调用随机游走模式接口输入位置、强度等事故源数据进行计算，可得到浓度与时间演算结果等最终扩散场数据。

2. 模型计算方法

1）流场模式

计算流场主要采用街道尺度模式和冠层模式。

(1)冠层模式。

冠层是指树冠或城市建筑物影响的大气层(urban canopy layer，UCL)。这类模式应能反映树林和建筑群对流场的影响，地表类型(植被、建筑物、道路、水体等)不同产生的地表温度差异及响应的热力环流(如热岛环流)，地形起伏引起的环流(如绕流、阻塞、背风涡等)。

冠层模式计算的水平范围为1～10千米，水平分辨率(水平格距)为10～50米，通常用于模拟城市小区、小城镇、小尺度地形的流场。

(2)街道尺度模式。

水平分辨率1～5米，模拟水平范围为10^2米。此模式可模拟建筑物、建筑群引起的流场扰动，如绕流、尾流区、狭道流、屋顶急流等。

不同于一般商业计算流体动力学(computational fluid dynamics，CFD)软件之处为，此模式可计算城市各几何面(墙面、路面、屋顶、绿地等)的热力状态，即由于各表面热平衡差异所产生的温度差异以及相应的热力环流。在某些大气条件下，热环流可能对整体流场有明显影响。

(3)流场模式的嵌套。

冠层模式在系统中设定了6千米×6千米评价区域为区域A，其流场计算采用冠层模式为模式A，网格距为50米；街道尺度模式包括500米×500米评价区域为区域B，采用街道尺度模式为模式B，网格距为2米。

粗网格模式A与细网格模式B的嵌套采用单向嵌套，即将区域A计算出的流场作为模式B的初条件和边条件计算区域B流场。这样可保持在区域A、B的连接处流场和浓度场的光滑性。

利用模式A模拟整个评价区在典型气象条件下的温度场结构(大气稳定度)，结合气象观测到的气象数据确定评价区的大气稳定度分类，并建立各类稳定度分类下的温度场数据库。

2）扩散模式

物理模拟不同，污染扩散的随机游走模拟是一种纯粹数学模型的模拟。这类模拟的第一步是先构造出平均风场(如采用客观分析诊断模式构造出风场,或者用湍流模式求出风场),在此基础上根据湍流脉动的随机特性,构造出湍流脉动量,进行随机游走实验,即所谓 Markov 链过程或者 Monte Carlo 随机游走模式。

湍流扩散随机游走模拟的基本思想是用随机过程来模拟湍流脉动的随机性,平均运动部分用其他模式提供,以最小变分原理为基础的诊断模式可以提供平均运动数据。在构造的湍流场中释放示踪粒子,粒子在其中如流体质点一样被动运动,统计粒子的运动轨迹即可得到湍流扩散的规律。其优点在于可反映出局地的湍流运动状况,缺点在于计算量较大,对于复杂地形流动如绕过或越过有较强的人为特点。

3. 软件接口设计

随机游走大气扩散软件的系统接口包括外部接口(与系统外的数据和系统进行交互)和内部接口(与系统内不同的模块进行交互)(图 4.13)。

4. 计算结果分析

在考察龙岗 1 井周围地形的基础上,进行了四个风向、一个风速的浓度场计算,以考察模式运算的可靠性。这四个风向分别是 NE(当地主导风向)、SE、SW 和 NW,相应的排放源附近的 10 米高风速为 0.5~1.0 米/秒,属于低风速的情形。

1) NE 风向

图 4.14 给出了模式计算得到的地表 10 米高的水平风速分布以及沿着经过井口的 NE-SW 走向的垂直速度分布,图 4.15 给出了模式计算的地表浓度数据。从模式计算结果看,低风速下调整后的风场在龙岗 1 井西南方向有较好的随动特性,因而高浓度区出现在该方向的下游山坡上,范围为 700 米左右。

鉴于计算时使用的是预报模式得到的虚拟气象站数据,地表风速相对比较低,这种情形下模式认为大气流动处于比较不稳定情形,从流场看气体的流动基本沿着山谷行进,在落差较大的山脊后流动方向甚至调整了 90 度。但是山脊上的流动基本保持了东北西南走向。

如果有真实的现场实测数据,可以适度调整诊断风场中相应的参数,使流动更符合实际情况。

2) NW 风向

NW 风向下,气流自火地沟越过高垄进而下探进入石槽沟。与 SE 风向不同的是,这个风向下,经过井口之后在下游 1 千米内地形变化平缓,之后才是突兀下降的山谷(图 4.16)。

高浓度区出现在井口下游 300 米处,高于 75 毫克/立方米的区域范围大致在

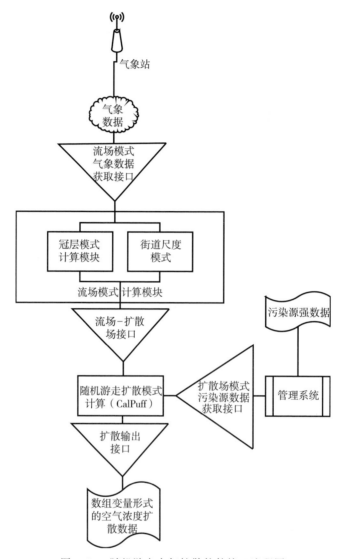

图 4.13 随机游走大气扩散软件接口流程图

500 米。可能是受到大范围内东北高西南低地势的影响,烟羽有向南偏斜的倾向(图 4.17)。

从以上计算结果分析可以看出以下几点内容。

(1)高分辨率诊断模式可以构造出反映地势变化的风场,从理论上和实际计算结果看,在比较准确的现场气象数据基础上,调整后的风场可以满足随机游走模式的需要。

(2)随机游走烟团模式结合了湍流扩散计算和现场经验公式,从时间上可以

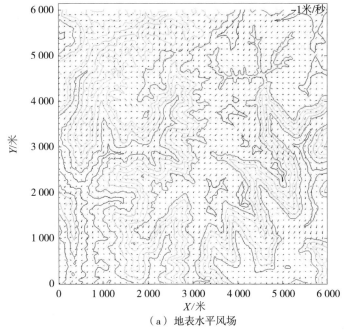

(a) 地表水平风场

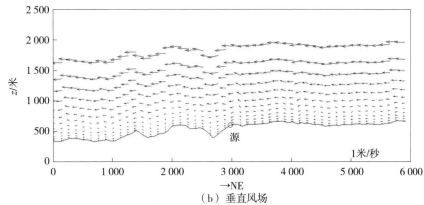

(b) 垂直风场

图 4.14　NE 风向 $u_{10}=0.5$ 米/秒模式风场

保证快速地计算出浓度场，从浓度场的分布与风洞试验结果的对比情况看，模式的误差基本在一个数量级之内，相应的高浓度区比较接近。

(3) 对于存在较大落差的山谷地区，诊断模式无法模拟山体背后湍涡脱落的情况，因而获得的浓度场中高浓度区相对接近释放源。

(4) 从实际调试程序过程看，风场调整过程中，高斯精度参数的平方比 $\left(\dfrac{\alpha_1}{\alpha_2}\right)^2$ 对于流场的影响较大，为了获得比较符合实际情形的风场，需要根据经验

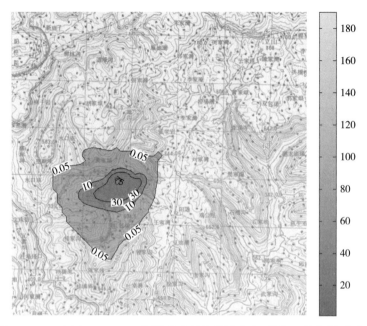

图 4.15　NE 风向 $u_{10}=0.5$ 米/秒地表气体浓度分布(单位：毫克/立方米)

进行相应的调整。

(5) 本模式可以用于井喷事故浓度场模拟。

5. 分组广播报警通知系统设计

1) 分组广播报警通知系统总体框架

分组报警通知系统能够在发生重大事故时，根据事故现场情况对人员进行分组报警通知，最大限度地降低事故危害，进而提高高风险油气田整体安全生产水平。分组广播报警通知系统由部署在指挥中心的分组广播报警通知软件、调频分组广播发射设备和部署在居民住所附近的分组编址警铃组成。在应急准备规划区的规划与计算分析基础上，对事故现场居民进行分组编址，分组报警通知(图 4.18)。

2) 分组广播报警通知系统软件流程

分组广播报警通知软件基于地理信息系统，可在事前编制分组通知预案，也可在事故发生时调整通知预案，编辑通知内容，通过文本语音合成的方式，生成语音报警通知内容，并通过广播群呼设备进行报警通知(图 4.19)。

3) 分组广播报警通知发射和接收硬件系统设计

指挥中心设置无线调频发射机、主控计算机、部分模拟音源、HG-6000 智能广播软件、调音台、软件通信体系框架(software communication architecture, SCA)编码控制器、电源时序器和广播操作台等设备(图 4.20)。

系统具有定时定点自动或手动播放、任意分区编组、自动开关机、紧急广播

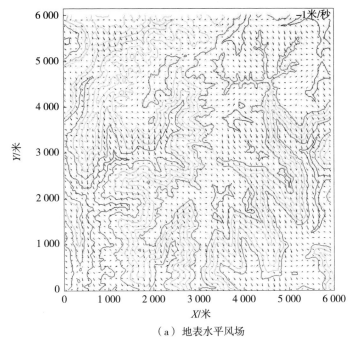

(a) 地表水平风场

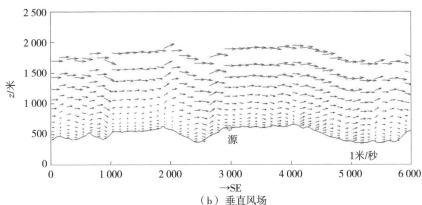

(b) 垂直风场

图 4.16　NW 风向 $u_{10}=0.5$ 米/秒模式风场

等功能，能够满足应急指挥广播用户多重播放的需要。

　　编码控制器是警情播报广播系统控制信号调制设备，采用频移键控方式，用数字控制信号调制载波参数，把频谱搬移到高频载波，便于远距离传输，具有误码率低、传输衰减小、抗扰性能强、抗噪声性能好等特点，是无线控制信号传输的最佳传输方式，非常稳定、可靠。

　　调频广播发射部分是应急广播系统的核心设备，发射音频信号品质的好坏将影响整个应急广播系统的质量，所以选择具有优秀品质的调频广播发射机至关重

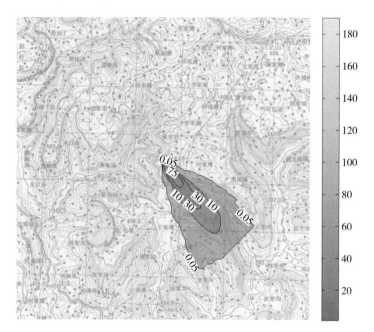

图 4.17　NW 风向 $u_{10}=0.5$ 米/秒地表气体浓度分布（单位：毫克/立方米）

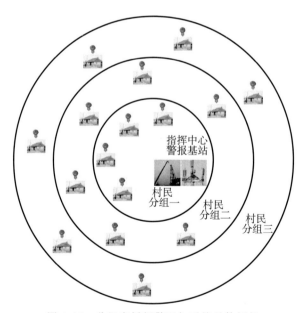

图 4.18　分组广播报警通知系统总体框架

要。我们采用高性能的调频广播发射机、四层高增益全向天线、高增益高频电流馈管等作为发射装置，极大地提高无线应急广播系统的整体品质。

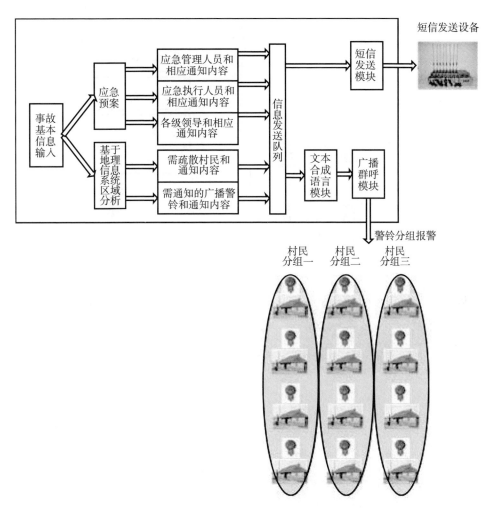

图 4.19 分组报警通知系统软件流程

入户接收设备采用小型音箱形式；沿管线高音广播采用室外调频音柱和高音喇叭形式。接收设备采用 220V 交流电供电，同时配备蓄电池，保证农电中断时至少待机 24 小时以上。

4.2.4 事故现场无线网络监测传输系统研发

1. 无线网络监测传输系统总体设计

无线网络监测传输系统总体设计如图 4.21 所示。

重大事故移动监测和指挥平台，能更有效地监测事故现场情况，快速进行处置，降低生命财产的损失。重大事故移动监测和指挥平台能够在事故现场进行快

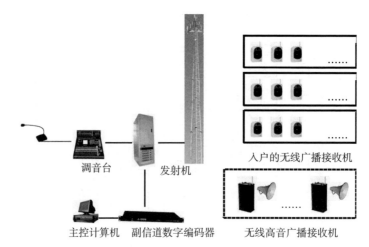

图 4.20 分组报警通知发射和接收硬件系统设计

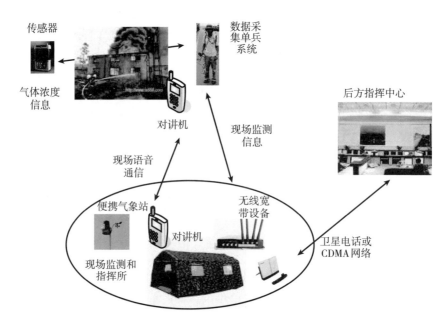

图 4.21 无线网络监测传输系统总体设计

速部署,对应急指挥进行辅助决策,并把现场视频图像信息、有毒有害气体浓度信息、GPS 信息、现场地形位置信息和现场风速风向等信息实时发送到远端的指挥中心,为领导和专家提供现场资料,有利于及时决策、控制事故后果蔓延,维护社会稳定和人民财产安全。

重大事故移动监测和指挥平台是中国安全生产科学研究院组织研究和开发的

应用于重大事故现场数据采集和应急指挥的车载便携式高科技装备。该装备具有以下特点。

(1) 集成度高，所有监测设备、通信设备、计算机集成为四个小型设备箱。

(2) 功能划分合理，单兵设备和指挥所设备单独装箱，使用方便灵活。

(3) 便于车载运输、快速部署。

(4) 包含丰富的现场音视频数据、气体浓度数据、现场位置和地形数据、气象数据采集功能。

(5) 监测设备可由单兵携带或者通过无线传输监测数据，便于快速部署，进行多点网络化监测。

(6) 通过卫星电话、CDMA 移动通信、有线网络方式进行远程实时数据传输。

(7) 对检测数据进行数据库存储，以变化曲线、统计图表方式多角度、全方位展示现场数据。

(8) 集成地理信息系统、专家库、知识库、预案库，提供丰富的应急指挥辅助决策功能。

2. 气体浓度采集系统设计

1) 总体设计

根据气体浓度采集系统的整体设计目标，网络化传感器节点可以划分为九个功能模块，即无线数据传输模块、温度采集模块、气体浓度采集模块、GPS 模块、微处理器模块、电源管理模块、计时器模块和电池模块，以及传感器防护外壳(图 4.22)。其中温度采集模块、气体浓度采集模块、GPS 模块完成数据采集功能，进行现场温度、气体浓度和 GPS 信息的采集。无线数据传输模块实现数据的收发、转发功能。计时器模块、电源管理模块实现传感器节点的功耗控制功能。微处理器模块对其他功能模块进行读写和状态控制。

2) 无线模块设计

选用 Digi 公司的 Gbee eGtender 900M 无线模块实现气体采集数据的无线传输。该模块的特点如下：集成度高、无线传输性能好、支持无线网络自组织协议、使用简洁。

3) GPS 模块设计

国际海洋电子协会(National Marine Electronics Association, NMEA)协议是为了在不同的 GPS 导航设备中建立统一的海事无线电技术委员会(Betasoft Central Management, BTCM)标准，由美国国家海洋电子协会(NMEA-The National Marine Electronics Association)制定的一套通信协议。GPS 接收机根据 NMEA-0183 协议的标准规范，将位置、速度等信息通过串口传送到个人计算机(personal computer, PC)、掌上电脑(personal digital assistant, PDA)等设备。

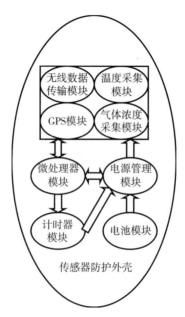

图 4.22 网络化传感器节点模块划分

NMEA-0183 协议是 GPS 接收机应当遵守的标准协议，也是目前 GPS 接收机上使用最广泛的协议，大多数常见的 GPS 接收机、GPS 数据处理软件、导航软件都遵守或者至少兼容这个协议。

4) 探头设计

探头包括温度探头和气体浓度探头。探头设计主要考虑了固定方式、防水和防尘问题。

5) 温度采集设计

DS18B20 数字温度计是 DALLAS 公司生产的 1-Wire，即单总线器件，具有线路简单、体积小的特点。因此用它可以组成一个测温系统，具有线路简单，在一根通信线，可以挂很多这样的数字温度计，十分方便。DS18B20 产品的特点如下：只要求一个端口即可实现通信；在 DS18B20 中的每个器件上都有独一无二的序列号；实际应用中不需要外部任何元器件即可实现测温；测量温度范围为 $-55 \sim 125\,℃$；数字温度计的分辨率用户可以从 9 位到 12 位进行选择；内部有温度上、下限告警设置。

6) 供电系统设计

电源管理部分电路的功能以锂电池为输入电源产生稳定的应用电路电压。在该设计中应用电路需 5 伏和 3 伏直流电压。常用电源电路可以分为 DC-DC(开关电源)和 LDO(low dropout pegulator)(低压降)电源电路。DC-DC 转换器包括升压、降压、升/降压和反相等电路。DC-DC 转换器的优点是效率高、可以输出大电流、静态电流小。随着集成度的提高，许多新型DC-DC转换器仅需要几只外接电感器和滤波电容器。但是，这类电源控制器的输出脉动和开关噪音较大、成本相对较高。LDO线性稳压器的成本低、噪音低、静态电流小，这些是它的突出优点。它需要的外接元件也很少，通常只需要一两个旁路电容。

总的来说，升压一定要选DC-DC，降压是选择DC-DC还是LDO，要在成本、效率、噪声和性能方面进行比较。在网络化传感器基本型节点的应用中电池输出电压大约为8伏。传感器需要5伏输入电压，其他模块需要3伏输入电压，因此我们采用DC-DC电路产生5伏电压，LDO模块产生3伏电压。

7) 处理器模块设计

处理器模块采用英国JENNECI公司的JN5139，该模块集成度较高，可进行无线数据收发，支持IEEE 802.15.4 zigbee协议，使用免许可证频段。该模块带有中央处理器，可处理无线协议和对其他功能模块进行控制。

处理器模块软件流程分为两部分内容。一是生成本节点的监测数据包并发送。二是中继转发临近节点的监测数据包。生成本节点监测数据包的流程如下：读取传感器的量程信息；读取传感器测量值信息；等待和采集GPS数据；分析GPS数据，并提取时间和经纬度等数据字段；生成监测数据包并通过2.4G模块发送。中继和转发临近节点的监测数据包通过中断处理来实现。但发生临近监测节点无线数据中继请求，进行中断处理流程，然后返回正常处理流程。

8) 外部接口设计

外部接口分为功能接口和用户交互接口。功能接口包括天线、GPS、温度探头和气体探头。用户交互接口包括指示灯开关、充电接口和测试接口。

9) 壳体防护设计

壳体防护需要考虑设备外壳防护和接口防护的设计问题。

3. 音频、视频传输系统设计

1) 总体设计

音频、视频传输系统包括移动指挥所及单兵系统，该系统可通过单兵采集音视频数据，通过移动指挥所采集、监控、存储和回放视频数据。其主要包括：单兵系统两套，接口通信设备箱一台，移动指挥设备箱一台，可集成为四个箱体进行运输，便于快速部署。其主要硬件包含接口服务器、现场音视频采集、无线气象站、无线气体传感器、工作站，附属设备包含多功能一体机、卫星电话、激光测距仪、数字照相机、对讲机(图4.23)。

2) 单兵系统设计

单兵系统的主要组件包括低频无线发射板、功放、滤波、电池、GPS模块、摄像头头盔(图4.24)。

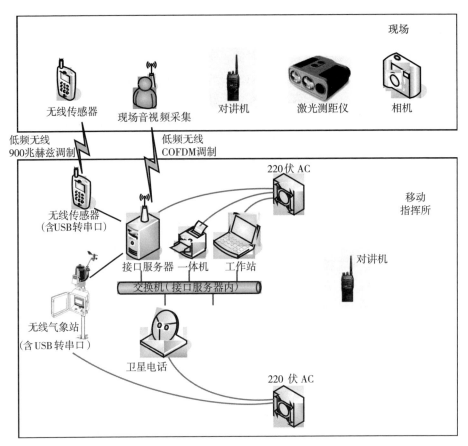

图 4.23 系统结构示意图

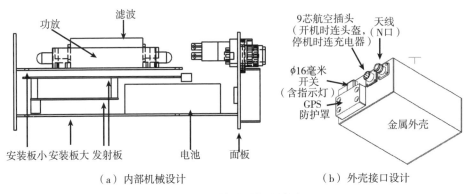

(a) 内部机械设计　　　　　　(b) 外壳接口设计

图 4.24 单兵系统设计图

3) 数据采集服务器设计

数据采集服务器的主要功能模块包括主板(含内存及 CPU)一块、3.5 寸硬盘两块、COFDM(coded orthogonal frequency division multiplexing,即编码正交频分复用)接收板两块、数字转换两块、功率放大器两个、滤波器两个、300 瓦台式机电源一个。其主要部件全部安装在金属机架上(图 4.25)。

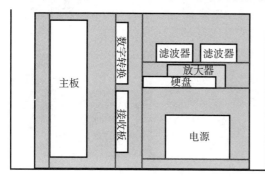
(a) 箱体剖面图

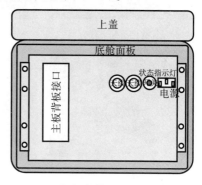
(b) 箱体面板接口

图 4.25 数据采集服务器设计图

数据采集服务器的外部接口包括各种数据接口、N 型天线连接器两个、复位开关一个、三相电源连接器。数据接口包括串口、网口、通用串行总线(universal serial bus, USB)接口和视频图形阵列(video graphics array, VGA)接口,便于集成各种数据采集和数据显示设备。

4) 外部设备

外部设备分为独立设备、指挥工作站功能扩展外设和通信设备三大类。独立设备包括激光测距仪、对讲机。指挥工作站功能扩展外设包括数码相机、多功能一体机。通信设备包括网络交换机、4 卡 CDMA 图像传输设备和 GPS 数据传输设备。

4.2.5 平台示范应用

平台进行了大量的外场和油气田现场试验与试点应用工作,包括在北京立水桥、北清路,四川西南油气田川东北气矿、川中气矿龙岗气田等地对高风险油气田重大事故监测预警平台各软硬件系统进行了试验和试点示范。

1) 平台现场部署

为了对重大事故移动监测和指挥平台的现场实际应用效果进行评估,并根据现场应用过程中出现的问题,对该平台进行改进,在中国石油西南油气田分公司川中气矿龙岗气田进行了现场示范工程工作(图 4.26)。

2) 现场音视频传输系统示范工程

现场音视频传输系统示范工程见图 4.27。

(a) 制订示范工程方案　　　(b) 数据采集服务器测试　　　(c) 子系统功能户外测试

(d) 监测设备现场运输　　　(e) 前方指挥部现场部署　　　(f) 前方指挥部功能测试

图 4.26　重大事故移动监测和指挥平台现场部署

(a) 现场单兵视频接收天线部署　(b) 单兵系统出发前功能测试　(c) 单兵系统周边村镇试点

(d) 单兵现场安全教育　　　(e) 单兵系统气井现场试点　　(f) 负载呼吸器和视频采集发射设备的现场单兵

图 4.27　现场音视频传输系统示范工程

3) 网络化无线气体采集系统现场示范工程

网络化无线气体采集系统现场示范工程见图 4.28。

4) 监测数据采集管理软件示范工程

监测数据采集管理软件示范工程见图 4.29。

第 4 章　重大事故应急准备关键技术研发与应用

(a) 网络化无线气体采集节点　(b) 网络化无线气体采集设备样机　(c) 部署网络化气体采集节点

(d) 居民点部署网络化气体采集节点　　　(e) 井场附件部署网络化气体采集节点

图 4.28　网络化无线气体采集系统现场示范工程

(a) 气体传感器数据采集　　　　　　　(b) 单兵GPS数据采集

(c) 气象数据采集　　　　　　　　　(d) 视频流媒体服务

图 4.29　监测数据采集管理软件示范工程

5)重大事故现场监测预警系统示范工程

重大事故现场监测预警系统示范工程见图 4.30。

(a)气象数据和传感器数据显示

(b)视频和传感器位置数据显示

(c)气象站和传感器位置数据显示

(d)监测数据整体显示界面

图 4.30 重大事故现场监测预警系统示范工程

测试结果表明,网络化无线气体采集设备可以准确采集 GPS、温度和气体浓度信息,并通过无线方式进行数据传输。网络化无线气体采集设备的点对点无线数据传输的传输性能可达 2 千米;在中继模式下,网络化无线气体采集设备可实现非视距的数据传输,实测传输距离达到 3.6 千米以上。

上述设备及软件系统在代替或辅助救援人员执行现场监测任务、快速响应准确获得事故现场信息(图像信息、硫化氢气体浓度)、定点数据采集等方面都可以发挥重要作用。

4.3 基于情景应对的公众安全保护技术

以往重大事故的统计表明，要确保高含硫气田开发过程井喷失控和硫化氢中毒事故中的公众安全，减少人员伤亡，关键是要解决应急响应过程中的公众保护这一关键环节。公众保护行为主要包括疏散、就地避难和个体保护等措施。疏散是将周围公众及其他无关人员从危险区临时转移到安全的区域。为实施疏散措施，必须有足够时间向公众发出疏散通知，做好准备和撤离。就地躲避是指井喷事故发生后，公众在建筑物内寻求庇护并等待救援和下一步行动。在疏散要比待在原地更危险的条件下，或者不可能采取撤离措施时可采用就地躲避。呼吸防护是在被硫化氢等有毒气体污染的大气环境里，采用呼吸防护装备去除污染物或直接向公众提供未被污染的空气。但疏散和就地避难也是一个非常复杂的问题，易受致害物、泄漏强度、事故发生时间和持续时间、气象条件与自然地理环境等因素影响，疏散范围有时也会涉及周边几千米甚至几十千米的成千上万居民。大规模疏散的组织准备和策划过程中稍有延迟或不慎，可能导致人员重大伤亡。重庆开县井喷失控事故，因未及时撤离至安全地点而遇难的当地群众就多达241人。

我国许多高含硫气田目前尽管设置了许多公众保护措施，但对应急疏散及公众保护缺乏系统的技术指导，缺乏大规模公众疏散过程的组织控制策略和公众保护安全分析技术。上述技术的缺失使此类事故的应急准备工作先天不足，严重制约了此类事故的应急响应能力，增大了应急响应过程中公众的安全风险。而要求相关技术，必须对其深层次的科学技术问题进行预先研究，为应急处置方案的制订提供足够的技术支持。

4.3.1 井场周边人群疏散及通知报警实验

1. 井场周边人群疏散实验

通过井场周边人群疏散的现场实验，获取山区环境下人群疏散的行为特征、疏散时间、运动速度等数据，为山区地形条件下大规模人群疏散模拟计算提供基础性实验数据，并为井喷事故发生时人员应急疏散组织和管理提供参考，防止气矿开采及运行发生天然气泄漏事故对社会公众造成影响，确保突发情况下快速有序有效地将受到影响的社会公众转移或疏散至安全地带。

1)实验现场及疏散线路

疏散实验是与川东北气矿企业、当地政府及村社基层组共同组织完成的,以我国川东北气矿黄龙井场境内多口气井周边区域为实验现场。黄龙井场作为川东北气矿在宣汉县境内众多天然气勘探开发井场之一,是典型的山地丘陵地形,山区道路崎岖难行,路段多为上坡、下坡。实验前村道公路正在道路硬化,修建为水泥路面,大部分行政村内道路还为泥泞路面,主要机动载人交通方式为摩托车、三轮车等。

为获得山区道路的疏散特征,所选择的疏散路径应该可以代表该区域的一些基本道路特征,实验选择路径特征主要包括以下几点。

(1)疏散路径中涵盖上坡路段、平路段、下坡路段。

(2)疏散路径包括村级水泥道路和次村级道路(村内土路)。

(3)疏散路径在井场周围不超过 500 米范围内的道路。

(4)为了获得较可信的行人的运动数据,疏散路径应该具有一定的长度,本次实验中所选择的路径基本不小于 2 千米,并且每次实验都是往返行走,往返总长度大于 4 千米。

实验共选择四条典型的疏散路径,具体如下。

(1)疏散路径 1(R1)的起点为黄龙中心学校,从学校出发,经过 0.1 千米的次村级道路(石子路)和 2.1 千米的村级道路(水泥路),到达终点后再沿原路返回,往返总长度为 4.4 千米。

(2)疏散路径 2(R2)起点为店子村,从村部出发,沿着村级道路(水泥路,1.4 千米),往黄龙 4-G1 井方向行走,途中经过 0.65 千米的连续下坡土路至黄龙 4-G1 井井场后返回至店子村村部,往返总长度为 5.1 千米。

(3)疏散路径 3(R3)起点为黄龙 4 井,先后经过 0.45 千米的次村级道路(土路)、1.35 千米的村级道路(水泥路)和 0.2 千米的村级道路(未修的土路),至路径终点后返回,往返总长度为 4.0 千米。

(4)疏散路径 4(R4)起点如图 4.31 所示,往上山方向行走,全部为村级道路(水泥路),往返总长度为 5.1 千米。

2)实验内容

为了获得不同年龄段、性别,以及个人和家庭为单位疏散的特征,在当地农村选择具有代表性的群众和家庭单元参与疏散实验,从不同的行政村和学校内选择不同年龄、性别和身体状况的群众与学生,每次实验组成 40 人的疏散群体,6 次实验共 240 人次,加上摩托车(4 人次)和三轮车(4 人次)两种车行疏散方式,共计 244 人次。实验设计了可便于人员携带的测试帽,在帽子上安装运动轨迹测量仪器 NCS NAVI R150+,通过该设备可跟踪测量人的运动轨迹。现对每次实验疏散人员的组成和每次疏散路径设计进行介绍。

第 4 章 重大事故应急准备关键技术研发与应用

(a) 村级水泥路　　　　　　　　　(b) 村内土路

(c) 黄龙村　　　　　　　　　(d) 疏散路径平面图

图 4.31　疏散道路特征及疏散路径

(1) 小学生疏散实验 TEST1。TEST1 以学校为单位进行疏散，疏散路径为 R1 (图 4.32)，设计该组实验是为了测试假想事故灾难发生后，学校学生疏散的运动特性。该实验从黄龙中心学校选择不同年级、不同性别的 40 个小学生参与实验。

(a) 起点处准备出发的学生　　　　　　(b) 疏散实验过程

图 4.32　小学生疏散实验 TEST1

(2) 个人疏散实验 TEST2～TEST4。TEST2～TEST4 3 组实验均是个人疏散实验,疏散路径分别采用 R2(TEST2)、R3(TEST3) 和 R4(TEST4),设计这 3 组实验的目的是测试不同年龄、性别、身体状况的人群在不同特性的山地道路上的运动特性。实验从不同行政村内选择不同性别、年龄的 40 名群众(包括学生)(图 4.33～图 4.35)。

(a) 参与实验人员　　　　　　　　(b) 实验行走过程中的人员

图 4.33　个人疏散实验 TEST2

(a) 参与实验人员　　　　　　　　(b) 实验行走过程中的人员

图 4.34　个人疏散实验 TEST3

(3) 家庭疏散实验 TEST5、TEST6。TEST5、TEST6 为两组家庭疏散测试实验,以家庭为单位分别进行疏散,两组实验的疏散路径均是 R3。设计这两组实验的目的是测试假想事故灾难发生后,疏散人群在家庭这种社会约束力情况下的疏散特征。实验从不同行政村内选择 40 名群众(学生)参与实验,组成 15 个家庭,每个家庭 2～4 人,包括老人、小孩和中年人。两组实验的不同之处在于,TEST5 为约束力较松散的疏散实验,即某个家庭成员在疏散过程中,可能会脱离该家庭组合,自由疏散。而 TEST6 为严格约束的家庭疏散实验,疏散过程中

(a) 参与实验人员　　　　　　　　(b) 实验行走过程中的人员

图 4.35　个人疏散实验 TEST4

一个家庭的成员必须一起行走,不能掉队或者脱离该家庭单元组合(图 4.36)。

(a) TEST5　　　　　　　　　　(b) TEST6

图 4.36　家庭疏散实验

(4)交通工具疏散实验 TEST7、TEST8。TEST7、TEST8 分别为摩托车和三轮摩托车疏散实验。由于该区域的主要交通出行方式为摩托车和三轮摩托车,所以 TEST7、TEST8 是为了测试假想事故灾难发生后,在山区道路条件下,这两种方式的疏散速度。两组实验均测试了 R1～R4 四条疏散路径(图 4.37)。

3)实验结果分析

实验得到了不同疏散方式下的疏散运动轨迹(经纬度及海拔高度)、疏散时间和运动速度等数据,同时实验中使用摄像、拍照等方式跟踪记录了实验过程中人群行为特征,获得了一批宝贵的基础实验数据,为下一步的大规模疏散模拟及仿真奠定了基础。

实验结果分析总结如下。

(1)通过本次实验,获得了 200 多组山区人员疏散的平均速度数据,具有很

（a）摩托车疏散实验　　　　　　　（b）三轮载人摩托疏散实验

图 4.37　交通工具疏散实验

好的实际参考价值，可作为疏散模拟、速度取值及疏散路线规划参考。

（2）同时也可以获得道路坡度对个体速度的影响关系，建议将路线坡度 $i\%$ 引入个体速度的预测和计算中。

（3）人员属性对于速度的影响：速度随人员年龄的分布基本呈平顶分布（top hat）（图 4.38），因此可分区间定义人员的速度。升高和体重与年龄有一定关系，但与速度没有必然的关系（图 4.39）。

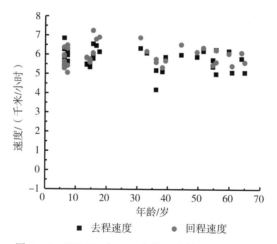

图 4.38　TEST2 中（R2 路线）不同年龄速度对比

（4）家庭对于疏散的影响：在以家庭为单位的实验中，家庭中的每个个体的平均速度几乎被归一化，可以用一个速度来描述，该速度逼近该家庭单位成员个体速度的最小值。而且实验表明，所有家庭的个体速度变化也基本一致。

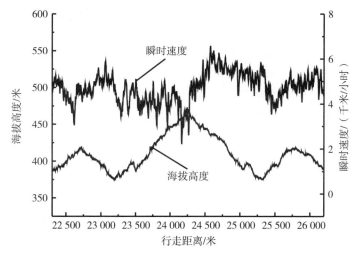

图 4.39 TEST6 中(R3 路线)典型人员的瞬时速度与高度对比图

2. 含硫气井周边人群疏散通知报警实验

通过含硫气井周边人群疏散通知报警的实验，获取人员疏散的通知、报警时间、效率等数据，探索含硫气井周边居民应急疏散通知及报警的有效方式，为区域大规模人群疏散模拟计算提供基础性实验数据，并为井喷事故发生时居民应急疏散通知方式提供参考。

1)疏散通知报警及信息传播行为和理论

(1)警报信息传播的四个阶段。

警报信息传播可以划分为四个阶段，即前期阶段、扩大阶段、蔓延阶段、稳定阶段。

第一，前期阶段：在前期阶段，井边较近的居民对事故信息通过气味、声音和其他信息等主观感知，并对事故的情况加以判断，此时事故发生的各种信息处于前期状态，没有通过传播媒介大规模的扩散。

第二，扩大阶段：在事故信息的扩散阶段，媒体、手机、挨家挨户通知等方式成为警报传播的渠道。应急准备规划区等危险区域内的人员通过这些渠道接收到各种各样的警报信息，对井喷等事件有了全面的概念，信息的传播范围不断扩大。

第三，蔓延阶段：当以报纸、电视、广播为主导的传统媒体处在"一个声音"状态时，对社会舆论就拥有绝对的控制权和主导权。但由于个人信息采集者或因角度不同，或因素质参差不齐，或因道听途说，对同一事件往往会有许多不同的见解。声音的多样化使人们质疑各种信息源的真假，此时如果没有一个权威的声音盖过"多种声音"，容易引起人们的不安情绪，造成社会恐慌。

第四，稳定阶段：在这一阶段，权威信息会通过政府部门、主流媒体传播给公众。信息传播慢慢得到控制，偏差和错误信息得到澄清，慢慢消除流言的继续传播。事故信息传播也趋向稳定的正确传播。

(2)公众对警报的认知模式。

井场周边群众接到警报首先经过一个社会心理过程，形成对危险的个人认识，以及在采取防御性行为之前的一系列行动。这一过程分为以下几个阶段。

第一，接到警报。公众通过多种渠道（警报器、口头通知等）收到警报，但并不是每个人都会收到，这与人们的习惯有关。

第二，对警报形成个人认识。每个人对警报的理解不一样，这与教育水平和经历有关。

第三，决定是否相信警报中包含的危险信息。公众在收到警报后，会寻求另外的警报信息来证实先前的警报。这种证实行为有助于对警报的理解。

第四，是否将危险感知为他人的问题。当收到信息时，公众会估计可能受影响的人员、什么时候发生，以及影响的程度。如果公众认为危险不会发生在自己身上，便不会采取行动。

第五，决定采取什么行为来应对危险。

(3)传播与扩散规律。

疏散通知方式及相关信息交流沟通是影响疏散响应速度的重要因素之一。Sorensen和Mileti(1989)曾对200多起紧急事件的疏散进行评估，除认为疏散通知方式和所表达信息对公众是否留意有很大影响之外，疏散通知和信息在疏散人员之间的传播速度也同样值得关注。Rogers等认为疏散通知的分散传播类似其他类型信息和交流的分散传播，只是发生和延续时间很短，且一旦未被公众及时获知可能产生不良后果，两位学者同意采用S形曲线表示疏散通知在人群中的传播过程，通知传播与扩散过程的一般数学表示如下：

$$\frac{dn}{dt} = k[a_1(N-n)] + (1-k)[a_2 n(N-n)] \tag{4.1}$$

(4)警报信息的内容。

在重大事故发生时，警报传送的信息直接影响公众对危险的理解。警报应包含以下五个方面。

第一，危险性。警报都应该包括即将发生的事故并解释为什么危害到人们的安全。警报只说明危险物质会泄漏是远远不够的，而应该包含这种物质的特性。

第二，特定区域。警报信息应包括事故发生地，同时必须确定危险区域和安全区域，因为如果处于安全区域的人员也随同疏散的话，无疑会造成疏散道路交通拥挤，增加疏散人员的危险性。

第三，行动指导。警报信息要详细地告诉人们面对即将到来的危险应采取何种保护行为，还要有疏散路线、目的地、可以利用的交通工具等。

第四，可用疏散时间。警报要告知公众可用的疏散时间。

第五，警报来源。公众对不同的信息来源有不同的信任度。

(5) 警报的类型。

警报的类型会影响公众对警报的认知能力。高效的警报应该满足以下条件。

第一，明确性。在突发事件发生时，如果警报明确地描述了危险物质的特性、无防护暴露的危险、危险区域、建议的防护措施等信息，就会促进公众对危险情况和警报信息的理解。

第二，一致性。警报信息应与已经公布的信息保持一致。

第三，肯定性。警报表达的是肯定的信息，即使对危险物质的影响不太确定时，警报也要是肯定的语气。

第四，准确性。警报内容的准确性会影响到公众对信息的信赖程度。如果公众认为自己被欺骗或者是没有获得整个真实情况，那么他们不再信赖这个渠道来源的信息。在事故发生初期，信息的公开和真实性是尤为重要的。

(6) 警报信息的传播渠道及主要特征。

通知来源会影响疏散通知的效率，可靠的来源可以增加疏散通知的可信度。Drabek(2012)研究发现，处于危险环境中的人们更倾向于相信来自官方的通知，其次是来自社会网络和媒体的通知。疏散通知可借助官方渠道(如当地政府机构和应急救援人员)、社会网络(如亲朋好友、邻居和同事)或媒体进行传播。警报信息可以通过很多方式传播，如声音、电子信号或者印刷品刊物。声音包括扬声器、电话、广播或电视等方式，电子信号包括汽笛、警报器、灯光。传单或录像机可生动形象地传播信息。

第一，个人通知。个人通知包括应急人员挨家挨户通知和一部分人员传播个人预警信息。这种传播机制可用于人烟稀少地区、人口流动大的地区、没有安装电子警报的地区或者是应急人员充足的地区。其好处在于人们更愿意对个人通知的警报做出响应，因为他们相信危险的存在。然而，这种方式传播警报时间耗费较大，并且需要交通工具和人员的保证。按照高风险到低风险地区顺序，应急人员应该制订系统穿越受影响地区和发布警报的方案。

第二，扬声器等扩音系统。学校、医院、监狱、疗养院、运动场、影院或商厦都有扩音系统。另外，便携式扬声器可以用在交通工具上以对周围群众发布警报信息，通常这种方式和个人通知结合使用。扩音系统对于特定区域的小部分人员的警报传播作用很大。这种传播方式对于夜晚人们熟睡时警报传播有很大的帮助。这种方式最大的缺点在于对移动车辆的警报广播，人们很难获知警报的全部信息。

第三，广播。广播是传播警报信息的主要渠道，因为这种方式可以在非睡觉时间很快地将警报传播给大量人员。广播的最大缺点在于广播区域总是包含无风险地区，同时在深夜广播只能够面向少数人员。

第四，电视。这种方式通常见于突然打断正常节目或者在屏幕下方显示一行文字。电视通常能联系到大量人员，尤其是在晚上。和广播一样，这种方式也不适用于睡觉时间。对于发展缓慢的事件，电视是一个不错的传播渠道。这种方式的优点在于可以用表格和地图等生动形象的方式传播警报。

第五，自动拨号。自动拨号系统可以在短时间内将警报信息传播给大量人群。在大多数情况下，现在的技术可以对当地电话公司20%~30%的客户同时自动拨号。但是问题在于人们不会经常在电话旁边，而且电话正在通话会阻碍警报的传播。这种方式目前主要用于组织内部而不服务于大众。

第六，鸣笛和警报器。鸣笛和警报系统将声音警报很快地传递给处于危险的大部分人员，虽然这种方式很昂贵。但是这种方式会促使人们寻求更多的警报信息，因为警报器的信息不包含指示性信息，如告诉人们采取什么样的保护措施。因此，警报器适用于在警报发送后人们采取相同反应的情况。

第七，飞机。在特定情况，飞机和直升机可以用于警报传播过程。低空飞行的飞机可以携带汽笛或扩音器发出警报，同时也可散发传单。这种方式通常用于一般通信渠道无法使用的人群。其缺点在于飞机的使用、维护、费用和在复杂飞行条件下的风险。

第八，标志牌。标志牌通常指导人们怎样识别危险以及应该采取什么措施。标志牌可以作为一种非常有用的教育设施，人们频繁看到标志牌会知道在紧急情况下应采取何种保护措施。这种方式最大的问题在于牌子的长期维持和更新，以及确定合适方位。

图4.40为采用警报器、电话等六种不同通知方式的效率比较，纵轴为接到通知的人员比率，横轴为时间轴，原点为疏散通知发出时刻。从图4.40中可以看出警报器和电话联合的疏散通知方式效率最高，媒体/紧急广播系统效率最低。但是，专家发现不同的通知方式中，电话和电台最不可靠，电话可能占线或断线，电台也可能调到错误的频率或者没有信号，而媒体已被证实是较为可靠的通知渠道，官方经常利用媒体作为传播疏散通知。一般来说，通过某种方式通知的人员数目越少、越集中，这种方式越是显得有效。对于预防性疏散和反应型疏散，疏散通知过程的长短并无显著差异。

2) 警报通知实验方案

本实验通过对含硫气井周边人群接收警报的现场实验，获取含硫气井周边居民条件下的警报系统发送警报时间、警报通知方式效率等数据，为含硫气井安装无线警报系统提供基础性实验数据，并为毒气泄漏事故发生时人员应急疏散组织和管理提供参考。

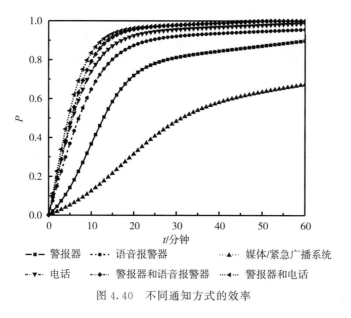

图 4.40　不同通知方式的效率

(1) 实验现场。

实验在龙岗气田周边开展,龙岗气田位于四川省南充仪陇县境内,所在区域地形复杂,属于典型的山区地形,为了保障周围居民的安全,保障在紧急情况下,居民能够安全有效地撤离应急准备规划区,2009 年由中国安全生产科学研究院承担并安装完成了应急报警平台系统(图 4.41)。

本次实验是与龙岗天然气净化厂和村社基层组共同组织完成的,测试报警系统疏散通知时间的测试实验以我国西南油气田公司川中油气矿龙岗天然气净化厂附近周边区域为实验现场。测试警报通知的效率实验部分以四川省南充市仪陇县立山镇王家嘴村为实验现场。龙岗气田所在德立山镇是典型的山地丘陵地形,山区道路崎岖难行,路段多为上坡、下坡。目前村道公路正在道路硬化,修建为水泥路面,大部分行政村内道路还为泥泞路面,主要机动载人交通方式为摩托车、三轮车等。农户居住分散,各家距离较远。

(2) 实验方法。

报警系统采用"短信群发＋无线音频调频广播＋智能控制"相结合的方式,无线应急指挥控制中心可对任意广播点进行分点、分区自动/手动预警指挥播报。本套应急警报系统在该地区的制高点设置无线应急警报(站)中心,配置短信群发系统、无线广播系统。在覆盖范围内的人口聚集区和人口活动较为频繁的地区安装高音喇叭与无线调频音柱等放声设备及家庭安装无线接收的调频喇叭。

警报系统分短信和分户报警系统。短信群发系统的功能是对事故信息进行快速广播发送,使村民了解事故的具体信息。分户报警喇叭安装于每户村民家中,

（a）应急报警操作台

（b）分户报警装置

（c）农户散居情况

（d）村内土路

图 4.41　警报通知实验

在发生事故的情况下可通过语音通知的方式对村民进行报警，并通过集成控制系统实现分区、分组进行报警功能，可以通过中继的方式扩展报警距离。

3）实验过程

（1）报警系统传播时间实验过程。为了获得应急报警系统送达疏散通知的时间等基本数据，在龙岗天然气净化厂附近各选择 30 户农户进行测试。针对净化厂周边居民进行随机抽查，对抽查居民进行家庭访问（图 4.42）。在村民家访问期间，联系控制中心发送警报，在该家庭测试警报器的警报时间，将两者时间相减得出所需时间。抽查尽量选取代表广泛的区域，包括离发射站近的区域以及离发射站远的区域，以获得最佳的测试效果。

（2）短信通知时间实验过程。随机选取净化厂周边王家嘴村 30 户居民，指挥中心利用应急报警系统控制软件通过短信群发设备，同时对 30 户居民发送疏散警报信息。然后以电话回访的方式，了解各户接收短信情况。由于应急报警系统控制软件是通过短信群发设备对应急力量和村民进行分组与分区域的通知，所以在实际情况下，该系统可同时对属于同组或同区域内的村民进行短信

(a) 控制中心现场　　　　　　　　　(b) 村民家走访

图 4.42　报警系统传播时间实验

群发。所以选取同为一组的 30 户村民进行测试。在选取过程中，通过实地走访，选择家庭成员数较多的 30 户家庭。

(3) 报警系统警报通知效率实验过程。随机选取净化厂周边王家嘴村 30 户居民，采取报警系统的广播和短信两种警报传播渠道，利用电话回访的方式，了解对分户警铃、短信的接受情况(图 4.43)。抽查时间分白天和晚上两个个时间段，以测试警报通知效率情况。

图 4.43　电话回访

4) 警报传播时间实验结果分析

(1) 报警系统传播时间分析。通过现场调查及实验数据，得出龙岗气田安装的应急报警系统自身对于警报传播的影响微乎其微，在距发射站最远距离为

12.21千米的测试中，该系统传送警报的时间为1~3秒，对于整个应急疏散通知来说，该系统耗费的时间可以忽略不计，同时说明警报器安装位置距离发射站的远近对报警系统传播时间并无影响。警报器播放警报时人员立即接收到警报信息，因此报警系统总体传播时间即为1~3秒，而对于没有听到警报器声响的人员来说，整个报警时间为无穷大，即没有接到警报。现场实验也可以证明在山区应用无线报警系统的优势如下：无线调频广播是将音频信号通过调制、放大和发射等，转换成电磁波利用空气无线传输的方式，其不受地域限制、不受环境影响、不用烦琐布线。

(2) 短信通知方式时间分析。短信通知方式时间测试时，在选取的30户居民中，只有一户居民表示收到了短信，并了解了短信警报信息，测出短信群发系统的传播耗时为2秒，与以往该系统短信群发系统测试时结果相符，因此设备传播耗时对警报传播整个过程(警报通知、人员反应、疏散过程传播)的影响可以忽略不计。而唯一看信息的居民反映是在大约两分钟后看完信息，并了解了警报的大致内容，这说明短信警报的局限性，因为居民看短信取决于其是否有收到短信，以及是否看短信的习惯，这就大大延长了短信警报传递给居民的总体时间，甚至大部分人根本就不看短信，所以整个报警通知方式失效。

5) 传播效率实验结果分析

(1) 报警系统传播效率。

由于龙岗气田附近居民受到过当地政府与企业关于毒物泄漏及报警广播等的安全教育，手机保持正常开机，白天当报警系统通知时，在选取的30户居民中，有3户居民出门在外，27户居民在家收到了警报，这说明报警系统在白天的报警效率很高，居民出门在外的情况不可避免，而且在山区农户家这种情况极为常见，而电话和报警系统两种通知方式发布警报的方式可以弥补这种缺憾。

晚间警报通知的情况较为复杂，该地居民晚间休息一般在九点左右，为了能够准确地得出居民在熟睡情况下警报系统的通知效率，实验选择在十一点左右通过警报系统向居民发布警报，30户居民中有2户在外，4户由于睡觉没有听到，5户电话未打通，比例占到了37%(图4.44)。这说明在夜间报警系统的效果大大减弱，这种方式可以在非睡觉时间很快将警报传播给大量人员，而在深夜，广播只能够面向少数人员。而电话通知也会出现这一问题，通过实验我们发现晚间电话通知的效果比白天有所下降，会出现电话关机这一阻断警报通知的情况。因此当毒物泄漏事故发生在夜晚时，靠单一警报方式发布警报信息是不可取的，多种方式的混合应用可以大大增加警报信息发布效率。

(2) 短信群发系统传播效率。

短信通知的方式也是警报传播的一个方式，但在此次实验中，短信通知完全失效，30户居民中只有两户表示看到警报短信，其他大部分居民表示都不会看

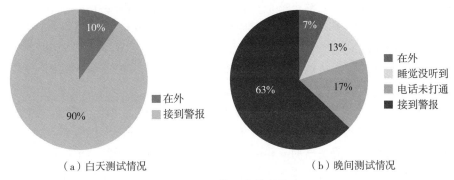

(a)白天测试情况　　　　　　　　(b)晚间测试情况

图4.44　报警系统传播效率

短信。这主要与当地居民的文化程度有关，当地居民普遍文化程度不高，虽然企业为每户居民配备了移动电话，居民却不知道怎样接收和发送短信，而且在现场调研中我们发现，当地居民多为老人和留守儿童，青壮年大部分在外打工，这一现象就导致了手机短信这一通知方式在当地无法实现，即使手机先是接到了短信提示，老人和小孩根本不认识字。因此短信通知方式在山区这一特殊环境下不可取。相反，在城市环境下，警报短信通知则是一个比较有效的通知方式。随着手机在全民中的普及，乃至小学生以及在城市务工人员都对手机短信业务了如指掌。因此接收短信已经不再成为问题，所以目前警报常用于通知气象灾害预警信息、交通状况预警等方面。

综上，对于疏散警报来说，警报系统可以在1~3秒内将警报传播给当地居民，但由于该系统统一安装于居民家中，且只在集中点处安放了少量大喇叭，这种情况受到了设备安装位置的影响，如果白天居民不在家中，是无法完成警报传播整个过程的。而电话通知的方式受到该地区地理位置的影响，可能出现手机信号不强，或者无法打通等状况，所以大大延长了警报传播的整个过程。对于短信方式，上述实验已经证明完全失效，因此在龙岗地区使用单一疏散通知方式时，警报传播效率并不理想，怎样利用多种疏散警报方式以达到理想效率是以后研究需要解决的方面。

4.3.2　含硫气井井喷事故疏散安全分析理论和方法

1. 含硫气井井喷事故中公众疏散基本特征分析

就疏散问题所涉及的空间范围看，所有疏散安全问题可大致分为两类：一类是在单体建筑内的建筑物疏散问题，另一类是在大面积开阔区域内进行的区域疏散。当然，在区域疏散过程中，必然涉及诸多建筑物内的建筑疏散问题，因为在指定的疏散区域内，人们往往首先由建筑物内疏散到室外，然后使用交通工具或步行向区域外疏散，但就整个疏散过程而言，主要是在室外进行的。另外大规模区域疏散，往往涉及大量人员的临时安置（从数小时到数月不等）及返回问题。井喷事故中的公众疏散显然是典型的区域疏散问题。

在建筑物疏散时，疏散过程有一个明显的边界范围，即一般以到达建筑物外即视为到达安全区域。高含硫气田一旦发生井喷失控，最终的解决办法是点火，即让喷出的天然气完全燃烧，点火后天然气中所含的硫化氢燃烧变成二氧化硫，对地面人群的危害大大降低。所以分析周边居民的疏散安全水平时，主要考虑人们能否及时避开点火前喷出的硫化氢气体的危害。因而对于井喷事故中的公众疏散，必须确定点火前喷出的硫化氢气体的危害范围和程度以及在可能影响到的区域范围内的居民群体的疏散能力。在此基础上进一步确定必须疏散的最小范围和该范围内居民完全疏散所需要的时间，这样才能进行比较分析，最终判断居民的疏散安全水平。

最小疏散范围实际是指在井喷失控情况下周边居民必须疏散到距离井口多远距离范围外才能确保生命安全，这个最小范围取决于点火前喷出的硫化氢气体的危害范围和程度，没有一个统一的固定值。所以，井喷事故中的公众疏散实际是一个开放边界的区域疏散问题。

2. 含硫气井井喷事故中典型区域疏散过程剖析

根据区域疏散行动的组织实施可将其划分为四个阶段，即监测、预测与决策期；疏散通知期；疏散响应期和疏散行动期。四个阶段的决策者略有差别，监测、预测与决策期和疏散通知期的决策者一般是现场应急指挥人员，而疏散响应期和疏散行动期的决策者一般是应疏散撤离的人员。

1）监测、预测与决策期

监测、预测与决策期是指从危险征兆发现时起至决策者决定采取疏散措施。在此期间需要监测井喷事故前期的征兆，在采取必要处置措施的同时，预测潜在井喷事故发生的可能性和影响范围，必要时发布危险事件预警。从预警发布到井喷事故预计发生的时间间隔与危险性质相关，如井喷事故发生的时间间隔很短，而其他自然灾害，如暴雨、飓风、洪水等的时间间隔可达几天。井喷泄漏形成有毒气云、扩散并导致人员伤亡需有一定时间，所以此类事件演化发展具备一定程度的可预测性，有关监测、预测期间获得的信息可作为疏散决策分析过程的输入条件。

一旦预测危险事件发生，决策者需要决定如何采取疏散措施预防或减少人员伤亡，如决定疏散就需要向公众发布疏散通知。提早发出疏散通知，意味着有较多时间疏散人员，但发布过早，有时会因为各种因素的影响，预测发生的泄漏事件最终并未发生，使疏散行动最终显得不必要。延迟发布虽然可以减少不确定性，但也减少了用于疏散人员的时间。显然，决策时间与疏散决策分析过程有关。

2) 疏散通知期

疏散通知期是指从发布疏散通知时起至周边群众收到这些通知。发生井喷泄漏事故，群众既可直接从事故本身若干特征中获得警示信息，如爆炸声、异味等，也可间接从官方发布的通知中了解有关情况。考虑到疏散通知过程对直接获得警示信息的群众影响较小。

3) 疏散响应期

疏散响应期是指群众从接到疏散通知时起至采取疏散行动。与前两个时期有所不同的是在此期间群众个体是具体行为的决策者，决定其是否撤离或躲避行动。研究表明，多数群众对井喷事件警示信息的第一反应是不相信，只有群众认为警示信息可信并与其自身安全健康相关才会采取行动撤离到安全地点。个体决策过程可划分为三个阶段，即群众接到疏散通知后，不断地通过听、看等方式继续获取各类相关信息，了解、确认这些信息的可信程度并形成个人对事件和疏散通知的初步认识，最终根据个人认识及相关因素决定是否采取疏散措施并付诸行动。

群众疏散响应行为受多方面因素的影响，包括疏散通知的类型和传播方式。疏散通知可分为自愿疏散和强制疏散两种类型，自愿疏散是提醒群众自己根据情况决定是否疏散，强制疏散是要求群众必须撤离。强制疏散的通知，更有可能促使群众采取行动。针对井喷事故危害特征，我国政府有关部门的应急决策者一般采取强制性疏散指令。群众疏散撤离的有效程度与指令的传播方式有关，包括指令的透明度、不同指令间的一致性、指令发布的频次和历史指令的准确性等。

群众具体疏散响应行为与个体风险意识相关。大多数群众接到疏散通知后并不会惊慌，响应行为实际上非常理性，根据 Gwynne 等(2002)的研究，仅有5%左右的群众响应行为异常。从国外危险化学品事故引发人员疏散案例的调查可知，并非所有群众听到指令后就一定会撤离，不撤离的原因除了不相信指令、认为事不关己外，还包括家庭因素(如家有老、弱、病、残、孕)和担心财产安全等相关因素。

4) 疏散行动期

疏散行动期是指群众从采取行动至撤离到安全地点的过程。在此期间，群众采取不同的交通方式，步行、乘机动车或非机动车，从危险区域临时撤离到安全地点。疏散行动时间主要受四个方面因素的影响：一是突发事件特征，如性质、规模、发展速度、可能发生的地点和时间；二是影响区域特征，如区域大小、路网和逃生路线、避难场所以及与安全地点的距离；三是人口特征，如人数、年龄和人口的空间分布、身体状况及疏散行为；四是疏散行动的组织实施，如对危险性和风险的认识、应急准备、应急决策、群众及应急人员相关技能的熟练程度等。

上述四个方面因素之间相互影响，如毒气泄漏事故，事故发生地点周边的地形影响毒气扩散范围、速度和浓度分布。受各类因素的影响，很难直接用疏散案例调查的方式给出估计数字来说明不同事故的疏散行动时间，预测疏散行动时间需借助各种专业模拟分析软件。

3. 含硫气井井喷泄漏事故的安全疏散判断准则

本小节主要提出含硫气井井喷事故情况下人员安全疏散判断准则，包括疏散时间综合判别法和毒性负荷判别法。

1) 疏散时间综合判别法

疏散时间综合判别法是通过比较可用安全疏散时间和所需要的安全疏散时间来进行综合判断的方法，可适用于群体性疏散的一个综合判断方法。时间是决策者面对井喷事故时选择公众防护措施的决定性因素。一方面，预测硫化氢泄漏量和扩散范围，选择合适的公众防护措施，通知相关地方政府部门和人员，向公众发出疏散通知，以及公众正确实施疏散行动都需要一定时间。另一方面，硫化氢云扩散过程本身也需要时间。考虑到硫化氢云的扩散过程和人员疏散过程都在随时间不可逆地进行，对人员疏散的基本要求是在硫化氢发展到对人体构成危险的时刻之前使人员疏散至安全地点，即疏散行动是否适用的判断准则就是必需疏散时间一定要小于可用疏散时间，数学描述为

$$t_{ret} < t_{aet} \tag{4.2}$$

其中，t_{ret} 表示必需疏散时间，秒；t_{aet} 表示可用疏散时间，秒。

可采用图 4.45 描述应急疏散过程，分析疏散时间构成，图中纵轴为收到疏散通知、开始疏散行动和完成疏散行动的人员百分比，横轴为时间，原点为发现井喷事故发生的危险征兆或事故发生时刻。可用疏散时间由天然气污染扩散过程及浓度分析的各种泄漏扩散模型计算后获得。而必需疏散时间由对应急准备规划区内的群众疏散过程模型计算或者仿真模拟得到。

2) 毒性负荷判别法

毒性负荷判别法通过对个体疏散过程中行走路径中所吸收的毒性负荷计算来判定人员疏散的安全性。图 4.46 中不同灰度代表不同浓度硫化氢的蔓延区域，曲线表示疏散路径和方向。涉及的含硫化氢气井主要位于山区，进行毒性负荷计算时需要采用三维模型进行数值模拟，其产生的浓度场计算结果由数万个点构成，进一步进行毒性负荷计算需要对每一个点进行计算，这就导致毒性致死概率计算需要进行多个步骤。计算过程主要包括三维数值模拟、疏散模拟、积分计算及受体致死概率计算四个步骤。

4. 含硫气井井喷泄漏事故安全疏散时间指标体系

安全疏散时间指标体系为疏散时间综合判别法所需确定的内容。对于基于个

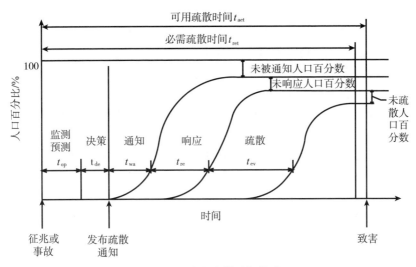

图 4.45 应急疏散时间构成

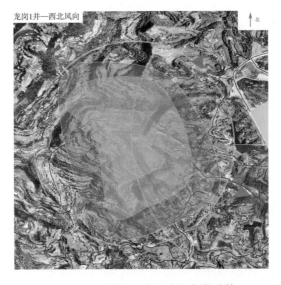

图 4.46 疏散路径中的毒性负荷计算

体判定的"毒性负荷判别法",实际上需要从毒理学角度分析人对毒性的反应时间。

1)可用疏散时间

可用疏散时间 t_{aet} 是指从发现井喷征兆或事故发生到硫化氢扩散并对人员安全健康构成危害的时间,主要由两部分组成:硫化氢从井口扩散到疏散地点的时间和疏散人员对硫化氢可承受且不致受伤害的时间,即

$$t_{aet} = t_l + t_{tl} \tag{4.3}$$

其中，t_l 表示硫化氢扩散到疏散人员所在地点需要的时间，秒；t_{tl} 表示疏散人员暴露于硫化氢但不致受伤害的时间，即可承受时间，秒。

t_l 与井口自身特征和发生地当时的气象条件有关，即事故发生时间、硫化氢密度、井口与疏散地点之间的距离、大气稳定度、风向和风速等因素将决定有硫化氢云的通过区域和污染的持续时间。t_{tl} 与泄漏产生的气体毒性特征相关。

t_l 和 t_{tl} 的计算需要了解有毒物质泄漏量和泄漏速率，并获得有毒物质扩散浓度场随时间变化状况，硫化氢污染扩散过程及浓度分析可通过泄漏扩散模型计算后获得。一般说来，有毒气体对人生命安全的危害可以用瞬间效应（是否达到瞬间致死浓度）和累积效应（累积暴露剂量是否达到致死剂量，累积暴露剂量即暴露浓度对暴露时间的积分）两个指标来衡量，而对硫化氢而言，其瞬间效应要远大于累积效应。对于疏散时间综合判别法来说，以硫化氢瞬间致死浓度为标准分析硫化氢烟云追赶上正在疏散公众所需要的时间，此时可承受时间 t_{tl} 可取为 0。

2）必需疏散时间

必需疏散时间 t_{ret} 是指将疏散区域内人员撤离到安全地点所需的时间。必需疏散时间由五部分组成，即

$$t_{ret} = t_{op} + t_{de} + t_{wa} + t_{re} + t_{ev} \tag{4.4}$$

其中，t_{op} 表示观测预警时间，秒；t_{de} 表示疏散决策时间，秒；t_{wa} 表示疏散通知时间，秒；t_{re} 表示疏散响应时间，秒；t_{ev} 表示疏散运动时间，秒。

t_{op} 为发现、探测灾害发生征兆到发出预警信息所需时间，一般认为灾害预报能力主要取决于灾害类型与预测、预报预警系统的能力。

t_{de} 是指应急决策人员达成采取疏散措施防止或减少公众人员伤亡决议所需时间，该时间取决于灾害特点、决策者经验与能力和应急单位的反应能力等，决策时间短，疏散人员有较长时间撤离危险区域。

t_{wa} 是指决策者发出疏散通知指令到疏散人员收到该指令所需时间，取决于当地应急准备水平、通信及通知方式、疏散人员对疏散通知的理解与疏散经验。

t_{re} 是指疏散人员收到疏散指令到开始疏散行动所需时间，即疏散人员收到、理解、相信、决策、准备和开始行动所需要的时间。

t_{ev} 是指疏散人员从所在地撤离到安全地点所需时间，一般与危险区域具体路网和环境条件、疏散组织情况，以及疏散人员自身属性与行为特征相关，同时也受疏散时的气象条件、具体时刻、具体日期和季节等因素影响。

5. 含硫气井井喷泄漏事故路径规划

1）疏散区域确定

（1）疏散区域边界。

从我国毒气泄漏事故导致区域人员疏散的案例情况来看，应急决策者在确定

疏散区域时，通常都选择圆形区域。实际上，无论疏散区域是矩形、圆形或匙孔形，均可作为区域疏散分析时确定疏散区域的方法。疏散区域边界确定时，需要知道多大浓度对人生命安全和健康构成危险，在几种确定"临界"浓度的方法中，立即威胁生命及健康浓度，即立即威胁生命和健康浓度较为有效，该浓度主要考虑急性暴露数据，基本不考虑慢性暴露数。疏散区域外边界可以选择立即威胁生命及健康浓度，即 1 倍或 2 倍的立即威胁生命和健康浓度可能扩散的最远距离为半径来确定。

在疏散范围之外有两类人员会撤离，一类是应急准备规划区应急疏散区域，这部分人员往往处于毒气扩散下风向的影响范围内，必须疏散。第二类为应急准备规划区内非应急疏散区的人员，这部分人员为自愿疏散，所在区域称作自愿疏散区。

(2) 区域边界外的疏散。

实际疏散过程中，除应急决策者确定的疏散范围内的人员必须撤离外，另一类是应急准备规划区外自认为所处的地点很危险而选择撤离的人员，这部分人员为影子疏散，所在区域称作影子疏散区 (shadow evacuation region)。自愿疏散区和影子疏散区与应疏散区的关系如图 4.47 所示。自愿疏散人员是否会影响疏散行动，不同学者有不同看法，在有些情况下影子疏散区域的公众疏散人数占该区域公众总数的比例为 12%～49%，平均 26%。

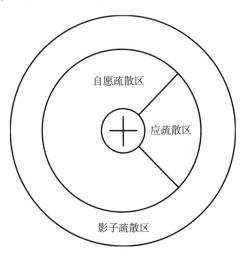

图 4.47　公众对疏散行动的反应

2) 居民疏散应遵循的原则

应急疏散规划应该综合考虑应急准备规划区边界、风向、主要线路、安全地点等，疏散路线、应急疏散区域的确定方法应符合相关规定，见图 4.48 和

图4.49。通过对以往事故案例的分析和事故后果模拟,确定了发生井喷、泄漏事故时,应急准备规划区内居民的疏散应遵循以下原则。

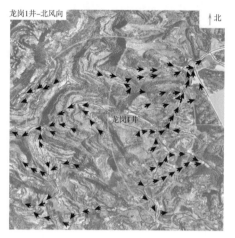

(a)北风向　　　　　　　　　　　(b)西南风向

图4.48　某井场疏散路径图

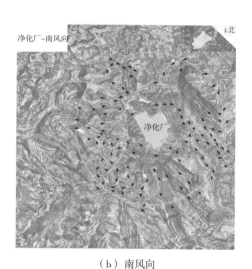

(a)西北风向　　　　　　　　　　(b)南风向

图4.49　某净化厂疏散路径图

(1)居民应尽快由所居住的房屋到达主要道路。

(2)应该向远离事故发生地点的方向疏散。

(3)下风向的居民尽量向两侧撤离。

(4)在满足前三条原则的前提下,选择最短疏散路线疏散至安全地点。

3)居民疏散路线规划方法的实例应用

结合具体的高风险油气田具体实例——龙岗气田,通过分析各井场、净化场、管线周边的道路和居户实际情况，按照泄漏井喷事故应急疏散原则，制定了不同风向下发生井喷、泄漏事故时的应急疏散路线图，目前该疏散路线已经被龙岗气田应用。

4.3.3 基于情景的含硫气井事故区域疏散计算模拟

1. 区域疏散计算模拟概述

1) 区域疏散时间的模拟

区域疏散计算模拟可将所需安全疏散时间定义为三个部分，即报警时间、准备时间和疏散运动时间。报警时间是指从井喷发生到收到疏散警报所用的时间；准备时间是指居民从接到疏散警报到开始疏散行动所用的时间；疏散运动时间则是指从开始疏散行动到全部人员疏散到应急疏散区域之外所用的时间，其中包括纯粹运动时间和期间的拥堵时间。报警时间和准备时间取决于井场的应急响应能力，可根据实际情况并参照以往经验进行估计，而疏散运动时间则要通过疏散模拟方法或软件进行计算。

2) 区域疏散模型的适用性分析

尽管井场周边居民疏散严格地讲应该属于应急交通疏散的范畴，但考虑到我国高含硫气井基本位于偏远山区，步行是周边居民最主要的应急疏散方式，应重点研究区域步行人流疏散。针对2003年重庆开县"12·23"井喷事故开展的回顾性现场调查结果也表明，在该事故疏散过程中，步行是最主要的疏散方式。

井喷泄漏情况下周边居民的疏散不是建筑物内的疏散，而是典型的区域疏散，它关心的是人们如何从工作生活的建筑物内出发，通过所在区域内的现有路网，尽快到达安全区域，严格地讲应该属于应急路网疏散的范畴。当然它也涉及建筑物内疏散的问题，因为人们首先要从建筑物中逃出来，集结到疏散路网周围，然后才是路网疏散的问题。不过，就二者在必需安全疏散时间中所占的比重来看，此时建筑物内所用的疏散时间远小于在疏散路网上的疏散时间，所以此时可以把建筑物内的疏散时间作为路网疏散的准备时间的一部分。

单纯就路网疏散本身而言，绝大多数情况可能会涉及行人与机动车辆混杂的情况，但对中小范围内的区域人员疏散而言，步行人流所占的比重要更大一些，特别在我国目前的情况下，步行是主要的区域疏散方式之一，2004年重庆天原化工厂液氯泄漏爆炸导致15万人疏散的案例便足以说明这一点。特别考虑到高含硫气井都位于一些远郊区或偏远山区，其井喷情况下的居民疏散中，步行无疑是最主要的疏散方式。

所以，可以使用步行人流模拟软件，不过这些软件一般不能充分考虑山区起伏变化的地形对运动速度的影响，这就需要根据现场实测结果进行参数调整。从理论上说，也可以使用交通仿真软件。但目前的交通仿真软件尽管可以比较方便地考虑地形影响，但在步行人流的模拟方面都比较欠缺，对于井喷导致的疏散这样的步行占绝对优势的疏散过程，目前的软件明显不能满足要求。

3) 区域疏散分析计算过程

完整的分析计算过程如图 4.50 所示。首先根据泄漏扩散模拟结果确定最小疏散范围，综合考虑疏散范围、该范围内地形、路网和人口分布情况等方面的因素，选择合适的疏散计算方法和模拟软件。根据需要通过疏散模拟解决的具体问题的特点和疏散模拟软件自身的特点，拟订详细的疏散模拟方案。然后在疏散软件中构建疏散模拟区域、待疏散的人群，根据模拟方案中各疏散场景的要求，在模拟软件中设置具体的疏散场景，逐一进行模拟分析。一般说来，疏散模拟区域的构建是比较复杂的，通常难以直接在模拟软件中直接绘制，往往需要将疏散区域的相关地形和路网信息转换成疏散软件可以接受的格式导入进去。另外，即使对同一疏散场景，往往也需要进行反复尝试调整，才能最终设置合理的参数，得到合理的结果，绝不仅仅是让软件自动执行这么简单。

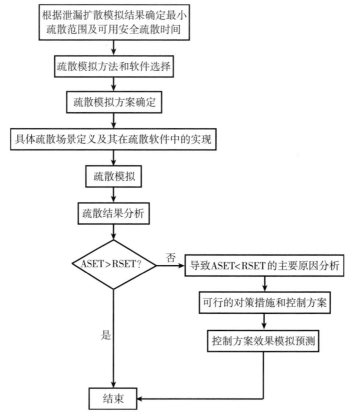

图 4.50 区域疏散分析计算流程

2. 基于精细网格和个体技术的区域疏散模拟

基于精细网格(fine grid)和个体技术(agent based)的疏散动力学模型是一种能够准确描述疏散个体和空间平面的疏散模型，代表者是 BuildingEGodus 模型。精细网格模型把空间平面划分网格，因此比网络模型更能准确地描述道路和建筑平面空间，在疏散模拟过程的任意时刻，模型中的每个人都对应准确的物理位置。个体技术是以每个疏散个体为单位，行人的每一步在行走平面路线上都通过计算机算法计算，即每个行人个体在疏散空间的运动由一系列规则决定，在决策时考虑周围环境(建筑物及障碍物等)和与其他行人相互作用和影响。基于上述假设，在任意时刻，个体 Agent 占据且仅占据一个网格，每一个网格仅是下述三种状态中的一种，即障碍、被占据和空闲。可使用这种基于个体的精细网格动力学模型来模拟大规模区域疏散过程。

1) 模型介绍

基于个体的精细网格疏散模型针对大空间及大规模人群逃生设计，适用于模拟建筑物内和区域性的人流疏散。模型可输入各种人员的行为特征(如逃生人员的生理、心理、行为属性)，以及危险特性(如毒气危害属性)等逃生影响参数进行模拟，以展现更符合实际情况的较佳化人员逃生模拟结果。模型需要输入紧急情况下有关公众行为的各种信息，资料来源包括灾害疏散影像记录、已公布的调查报告和与受伤害者的交谈资料等。模型能模拟灾害中人员的行为，还能评估何种人士最容易丧生。考虑逃生者年龄、性别、生理状况与熟悉度等属性阐述，进而了解每位逃生者开始疏散位置与安全出口的路径、人群拥挤程度及持续时间、逃生者反应时间与到达出口时间、出口使用人数、疏散行动时间与每个出口流量记录等信息。对于其他未考虑的影响参数，以最不利状况进行模拟。

该类模型一般包括六个模块，即空间几何、人员、运动、行为、毒性和灾害模块。模块与模块之间交互作用，如图 4.51 所示。模型采用 0.5 米×0.5 米的正方形网格点，每个网格可与相邻八个网格相连(图 4.52)。可动态显示疏散人员的疏散时间、受毒气等危害影响的人群移动、摩擦冲突情形及逃生人数等信息。

2) 含硫井场周边区域疏散模拟

含硫井场周边公众区域疏散关注的问题主要是在应急准备规划区范围内的居民是否能够安全疏散。将原本位于某处的居民从井喷发生到其疏散到安全边界外所需要的时间(required safe egress time，RSET)与从井喷发生到安全边界的硫化氢浓度达到瞬间致死浓度所经历的时间[在这段时间内居民可以安全疏散，该时间为实际可用的安全疏散时间(available safe egress time，ASET)]比较。若 ASET>RSET，则认为疏散能力能够满足要求；反之，则认为疏散能力不能满足要求，需要采取针对性措施，以延长 ASET 或缩短 RSET。

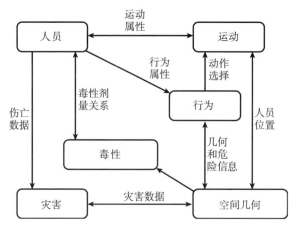

图 4.51　模型子模块及交互关系

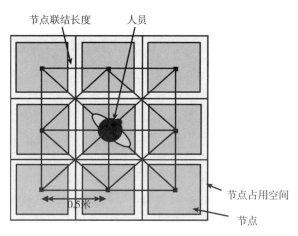

图 4.52　空间网格划分

结合某含硫气井，对周边公众的区域疏散过程进行模拟，主要基于精细网格和个体技术的区域疏散模拟的思路、步骤、建模方法，并分析区域疏散过程应关注的问题。

(1) 基础资料获取。

区域疏散模拟首先要了解待疏散区域的范围、疏散的人员位置、交通路网情况，这些基础资料都需要在模拟前通过现场调查、卫星影像或者勘查得到。计算案例选取的是普光气田 PZ 钻井平台，首先收集了该地区的卫星图片等资料，并现场调查道路分布、地形、不同类型人群的步行速度等相关情况。通过综合分析上述数据资料，得到与疏散安全分析关系最密切的居民和道路分布情况如下。

第一，疏散群众调查。PZ 平台安全应急预案中提供了 500 米范围内较为详细的居民分布情况。该区域内共有居民58户,共计290人。其中距井场100米范围内有6户22人,100~300米有28户151人,300~500米有23户96人。特别是300~500米有两户都是老人。平台周边区域人口分布见图4.53,但各户居民的具体位置尚未准确定位,农村居民房屋大多三五栋聚在一处。井场周边居民分布见表4.11。在500~1000米涵盖了陡梯村全部居民、进化村在后河南岸的一小部分居民以及普光镇西南端的部分居民,居民总数超过3000人。

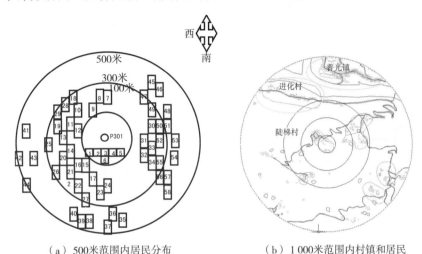

(a) 500米范围内居民分布　　　(b) 1 000米范围内村镇和居民

图4.53　平台周边区域人口分布

(a)中的数字分别代表居民分布数

表4.11　井场周边居民分布

居民情况	到井口的距离		
	500米	500~1 000米	1 000~1 500米
住户统计/人	290	2 962	6 106
建筑统计	256间		
备注	58户,其中老人12名,儿童23名。井口周围100米以内有6户居民	包括两个自然村和一个镇的一部分	

第二,PZ平台周边1 000米范围内的道路调查。其井口周边主要道路分布如图4.54所示,该区域主路最宽为6米左右,村中主要道路宽2米左右。在距井场500米范围内只有两条主路可用,而在1 150米范围内则至少有4条主路。

(2)疏散模拟原则的确定。

疏散模拟按照井场制订的应急预案,设定模拟的原则如下:①公众应尽快由住所到达主要道路;②应该向背离井口的方向疏散;③在满足前两条原则的前提下,选

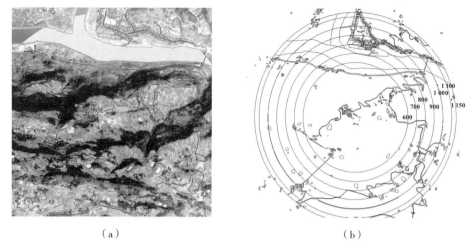

(a)　　　　　　　　　　　　(b)

图 4.54　井口周边主要道路

择最短逃生路线。PZ 平台安全应急预案中设定的疏散线路清楚地表达了第二条原则。根据上述疏散规则，1 000 米范围内可行的总体疏散路线如图 4.55 所示。

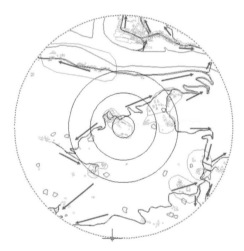

图 4.55　1 000 米范围内可行的总体疏散路线

(3)疏散模拟思路、方法和场景选择。

第一，疏散区域边界的确定。

区域疏散模拟分析的主要目的是分析距井口不同距离处的居民能否在井喷形成的硫化氢烟羽对其造成致命威胁之前逃到安全地带。根据硫化氢的毒理资料和国内外相关标准，主要选取 600ppm 和 1 000ppm 两个浓度的烟羽前锋的扩散速度预测结果进行比对。1 000ppm 为瞬间致死浓度，人们在逃生过程中不能与

1 000ppm 的硫化氢烟羽直接接触，否则立即有生命危险；600ppm 为人吸入最低致死浓度，人在 600ppm 的硫化氢烟羽中停留 30 分钟以上便可致死。

疏散模拟的区域范围应该不小于 1 000ppm 硫化氢烟羽前锋可能到达的范围和 600ppm 硫化氢烟羽能够持续存在 30 分钟的范围中较大的一个，毒气模拟给出的结果为 1 150 米。实际上，为了减少模拟时间成本，分别将疏散区域边界定为三个递进层次，即 500 米、1 000 米和 1 150 米。若根据 500 米范围内的疏散模拟结果能够分析出 500 米搬迁边界之外的居民疏散安全与否，则不必进行 1 000 米范围的疏散模拟；反之，则要进行 1 000 米范围的疏散模拟。这样可以较好地减少模拟时间成本。

第二，疏散模拟方法。

我国的含硫气井大都位于山区，突发情况下居民的疏散方式基本是步行，所以居民疏散模拟采用基于精细网格个体技术的软件 BuildingEGodus。

第三，疏散参数设定。

首先根据调查数据，设定居民的具体位置。不同人群的步行速度范围参照国内外的相关研究结果和现场实测结果确定。路网的设定可确定该区域范围内的两条主要道路的细部特征，而为数众多的居民房屋与主要道路相互连通的山间小道的细部特征无法获取。参照现场调研结果，居民房屋与主要道路相互连通的山间小道的宽度取为 0.5～1.0 米，其走向根据实际情况一般取为民居群落到附近主路最近的方向（大致垂直的方向）。为了充分考察疏散范围内居民的最大可能疏散能力，假设所有居民的疏散反应时间为 0，即所有居民接到警报后立即开始疏散。所模拟的疏散场景的初始人员和道路分布见图 4.56。

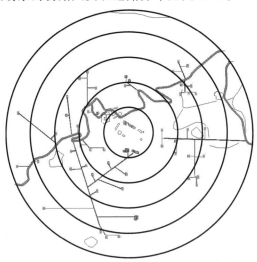

图 4.56　模拟场景中的人员和道路分布

(4)疏散模拟结果及分析。

第一,500米范围内的疏散模拟结果及分析。

500米范围内的主要模拟结果如表4.12所示。可以看出,总疏散时间为1 098秒,总体疏散速率的变化如图4.57所示。

表4.12 500米范围内的主要模拟结果

总疏散时间/秒	总人数/人	累积拥堵时间/秒		个体疏散距离/米		个体疏散时间/秒		疏散准备时间/秒	
		最大	平均	最大	平均	最大	平均	最大	平均
1 098	290	103	18	950	573	1 098	536	0	0

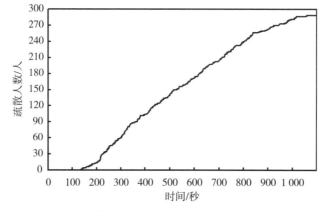

图4.57 疏散出500米边界的疏散人数随时间变化

从表4.12还可进一步看出,在整个疏散过程中,个体平均累积拥堵时间只占个体平均疏散时间的3.4%(18/536),总体上不会发生明显的人员拥堵,疏散时间的长短主要取决于疏散距离,从图4.58中可以更清楚地看出这一点。该结论可作为其他模拟算法的基础,说明在我国山区农村的疏散模拟过程中在一定程度上可以不用考虑道路通行能力对人员的模拟带来的影响,即拥堵时间可不用考虑,该结论可作为基于概率算法和动态链接路网算法的区域模拟过程对疏散单元加载处理的依据之一。

对动态模拟过程的细节进行分析:居民在疏散过程中首先要由居住处通过0.5~1.0米宽的山间小道到达主路,然后由主路逃离危险区域。在居民由居住处通过山间小道到达主路的过程中,可能出现局部拥堵。特别考虑到山间小道很窄,而居民一般是全家甚至几家组成的一个大家族一起疏散,所以当有其他家庭单位汇合进来或应急救援人员沿这些山道逆向进入居民家庭救助行动困难的居民时,这种拥堵实际是不可避免的。而区域内的主路相对较宽,在完全采用步行疏散(没有机动车占用路面)时,在整个疏散过程中主路上不会出现拥堵(图4.59)。

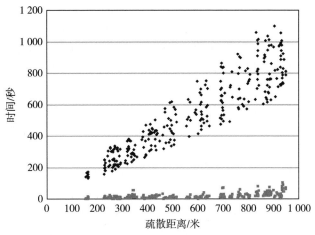

◆ 疏散时间-疏散距离　　■ 拥堵时间-疏散距离

图 4.58　个体疏散距离与疏散时间和拥堵时间的关系

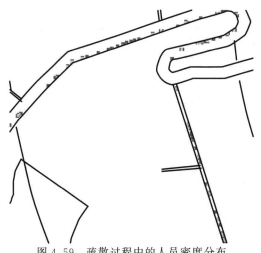

图 4.59　疏散过程中的人员密度分布

整个区域内有两条主路 A 和 B(表 4.13),其中一条(主路 A)贯通南北,负担着整个区域内 85% 左右的居民疏散任务,通过这条主路疏散的居民总体疏散时间较长。所以我们主要通过主路 A 来进行下列分析。

表 4.13　500 米范围内疏散模拟场景中不同主路的疏散情况

疏散路径	疏散人数/人	最大疏散时间/秒	个体平均疏散时间/秒
主路 A	244	1 098	572
主路 B	46	474	340

疏散路径的安全评估：以井口为圆心分别划半径为100米、200米、300米、400米和500米的5个圆，则主路A与上述各圆都有交汇点，如图4.60所示。在各交点上分别放置一个青年男性（速度最小化）和一个老年女性（速度最小化），借助模拟技术可以考察其沿主路A到达500米范围外的时间。这样每个圆圈至少可以得到两个时间指标T_m、T_l，取其中的最大值T_m与井喷情况下硫化氢泄漏扩散速度进行比较分析。疏散模拟结果与井喷情况下硫化氢泄漏扩散速率预测结果对比见表4.14。

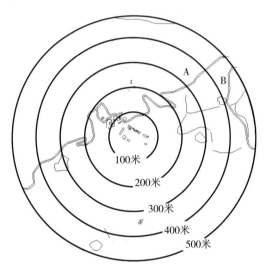

图4.60 对疏散路径A的评估过程

表4.14 500米范围内交汇点个体疏散模拟场景的主要结果

初始位置与井口径向距离/米	疏散出500米范围所需时间 T_M/秒		从井喷发生到当地硫化氢达到特定浓度的时间 T_C/秒		最大可能的应急准备时间 T_{RI}/秒			
					600ppm		1 000ppm	
	青年男性	老年女性	600ppm	1 000ppm	青年男性	老年女性	青年男性	老年女性
100	509	>509	—	—	—	—	—	—
200	445	>445	74	86	—	—	—	—
300	169	315	118	142	58	—	101	—
400	95	177	169	202	132	50	175	93
500	0	0	227	270	227	227	270	270

设交汇点 i 距离井口的径向距离为 $i×100$ 米,从该点沿主路疏散出 500 米范围所需时间为 T_{mi},该点居民的疏散准备时间为 T_{ri},从井喷发生到该点硫化氢浓度达到 1 000ppm 的时间为 T_{ci}。则该点居民要想安全到达 500 米范围外,必须满足以下两个时间判定准则:① $0<T_{ri}<T_{ci}$;② $T_{ri}+T_{mi}<T_{c5}$。

根据时间判定准则,结合人员疏散和井喷情况下硫化氢泄漏扩散的模拟结果,可以推断:在井喷情况下,基于目前的路网分布,处在 300 米节点的运动能力较低的老幼妇孺居民不能完全到达 500 米以外的区域(运动时间 $T_{mi}=315$ 秒,大于可用安全疏散时间 $T_{c5}=270$ 秒);处在 300 米节点的青壮年居民若能在 100 秒内做好集结到主路上(从井喷发生到居民集结到主路的整个疏散准备时间应小于 100 秒),则可以安全疏散到 500 米外,当然 500 米外是否依然安全,需要对 1 000 米的范围,选择典型场景,进行补充模拟。

第二,1 000 米范围内的疏散模拟结果及分析。

这里的模拟场景实际与上述场景极其类似,范围扩大至 1 000 米。具体道路、交汇点和人员布置见图 4.61。

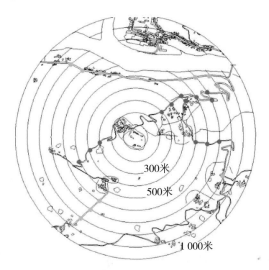

图 4.61 1 000 米范围的疏散路径 A 的评估

通过对疏散路径 A 的扩展评估,可得出以下几点结论。

一是处在 300 米节点的青壮年居民不能安全到达 1 000 米以外,当然就更不能安全到达 1 150 米以外的绝对安全区域;处在 400 米和 500 米节点的居民,无论青壮年还是老幼妇孺,也不能安全疏散至 1 000 米边界。

二是处在井场最北侧的 600 米节点的居民,无论青壮年还是老幼妇孺,都可以安全疏散到 1 000 米以外,而处在其他方向 600 米节点的居民则不能安全疏散到 1 000 米以外。

三是处在 700 米节点的青壮年居民，无论在井场哪个方向，都可以安全疏散到 1 000 米以外；而对于老幼妇孺，则仍然只有处在井场最北侧的 600 米节点时才能安全疏散到 1 000 米以外。

四是处在 800 米节点所有方向的居民，无论青壮年还是老幼妇孺，都可以安全疏散到 1 000 米以外（表 4.15）。

表 4.15 1 000 米范围补充模拟场景的主要结果

初始位置与井口径向距离/米	疏散出 1 000 米范围所需时间 T_M/秒		从井喷发生到当地硫化氢达到特定浓度的时间 T_C/秒		最大可能的应急准备时间 T_{RI}/秒			
					600ppm		1 000ppm	
	青年男性	老年女性	600ppm	1 000ppm	青年男性	老年女性	青年男性	老年女性
300	1 008	>1 008	118	142	—	—	—	—
400	939	>939	169	202	—	—	—	—
500	868	>868	227	270	—	—	—	—
600	312～779（5 交点）	583～1 459（5 交点）	283	331	—	—	—	—
700	240～691（6 交点）	451～1 295（6 交点）	327	396	—	—	33～484	—
800	171～300（6 交点）	320～561（6 交点）	373	463	176～305	—	424～553	163～404
1 000	—	—	476	724				

第三，1 150 米范围内的疏散模拟结果及分析。

由前面模拟结果只能推断，在现有道路分布条件下，若 PZ 井发生井喷，300～800 米的居民至少有一部分无法安全疏散，800 米以外的居民可以安全疏散到 1 000 米以外，但能否疏散到 1 000ppm 硫化氢烟羽到达的范围之外，则无从判断。因此，对 800～1 150 米区域居民的疏散安全水平还需进一步分析。

具体道路、交汇点和人员布置见图 4.62。依据与前面相同的判别方法和条件，可得出以下几点结论。

一是处在 800 米节点的青壮年居民，无论在井场哪个方向，只要疏散及时，都可以躲过 1 000ppm 硫化氢烟羽，安全疏散到 1 150 米以外（表 4.16）。

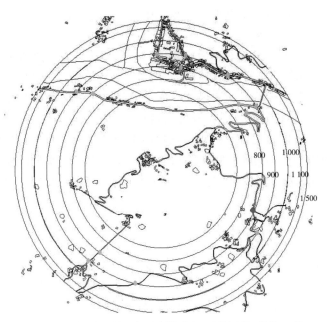

图 4.62　1 150 米范围内的疏散路径 A 的评估（单位：米）

表 4.16　1 150 米范围补充模拟场景的主要结果

初始位置与井口径向距离/米	疏散出 1 150 米范围所需时间 T_M/秒		从井喷发生到当地硫化氢达到特定浓度的时间 T_C/秒		最大可能的应急准备时间 T_{RI}/秒			
					600ppm		1 000ppm	
	青年男性	老年女性	600ppm	1 000ppm	青年男性	老年女性	青年男性	老年女性
800	264~486（6 交点）	493~909（6 交点）	373	463	73~305	—	414~636	—
900	180~362（8 交点）	337~679（8 交点）	423	525	207~389	—	538~720	221~563
1 150	—	—	569	900				

二是对于处在 800 米节点的老幼妇孺，当其最佳疏散路径是通过位于井场东南角的主路进行疏散时，则无法躲过 1 000ppm 硫化氢烟羽，安全疏散到 1 150 米以外。

三是处在 900 米节点所有方向的居民，无论青壮年还是老幼妇孺，都可以安全疏散到 1 150 米以外。

分析 PZ 井影响范围较大的原因主要有两个：一是 PZ 井一旦发生井喷硫化氢释放速率很大，高浓度硫化氢烟羽扩散速度快且扩散范围很大；二是目前井场周围可以用做疏散的主要道路曲折往复,使居民在疏散过程中的实际疏散路程很长,严重影响了疏散效率。

因此建议,从如下方面考虑居民防护问题,以通过最有效的途径最大限度地提高周围居民在井喷情况下的疏散安全水平:① 采用技术或管理手段缩短点火时间,或在井口及井下采取技术措施降低最大井喷流量,以减少事故中硫化氢喷出量;② 在居民区安装高效的应急警报系统,同时加强对井场周边群众的培训教育和疏散演练,以缩短事故过程中居民疏散反应时间;③ 改善井场周边路网分布,就近布置居民临时避难场所,适当扩大搬迁范围,以缩短事故中居民疏散行程;④ 居民配备个体防护器材,如空气呼吸器、防毒面具等,以减少事故过程中的实际暴露剂量。

4.3.4 含硫气井事故就地避难技术

本小节提出含硫气井井喷泄漏事故疏散和就地避难决策策略;提出就地避难场所内有毒浓度与房屋换气率、内外温度、外界风速和外界有毒气体浓度耦合关系,建立房屋住所内有毒浓度理论预测模型;开展现场测试试验,对房屋换气率及室内外浓度开展相关分析,可用于选择公众保护策略。

1. 就地避难策略

涉及含硫气井事故公众安全保障的直接途径实际不外乎以下三种,即疏散、就地避难和个体防护。井喷发生后,周边公众迅速撤离危险区域,即及时疏散,是确保公众安全的最直接最彻底的方法。而由于疏散准备和实施过程长、人力物力耗费大,在实施过程中公众仍然面临暴露于硫化氢烟云的危险,所以在某些情况下,选择在家中或特定避难场所中就地避险可能是有效的。需要特别说明的是,这两种策略并非对立的,而是相互补充的,许多情况下,只有根据实际情况将这两种策略有机结合,才能在总体上达到最佳的公众防护效果。

1)疏散与就地避难的决策

实际上,井喷后高浓度硫化氢烟云只能持续较短时间,在点火成功后,大气中的硫化氢浓度将迅速降低;因为各种原因,井场周边某些区域的部分公众很可能无法安全疏散。在这种情况下,就地避险往往是最佳选择。决定是采用疏散还是就地避险,实质是权衡和回答两个问题:①就地避险能否提供足够的保护,即不疏散行不行?②有没有足够的时间疏散,即能不能安全疏散?

在一次大规模的井喷疏散过程中,就总体而言,疏散和避难的策略总是结合运用的,某些区域的人员必须疏散,而另外一些区域的人员则可能必须就地避险,还有一些区域则可以有两种选择。那么对于一个具体区域采取何种防护策略,从加拿大目前的做法来看,其基本原则是,在能够确保疏散过程中的人员安全时,疏散是最佳选择,当无法确保疏散过程中的人员安全时,就地避险是最佳选择。另外，在应急准备阶段事先建立了应急准备规划区和应急意识区，只是为了事先做好各种应急准备工作。在井喷事故发生后，要针对井喷事故的具体条件和环境（如风向等），确定具体的应急响应区域。对于大多数井喷事故，在井场周边一般存在一个初始隔离区，由于该区域距离井口过近，室内避难可以提供的防护有限，必须在保证安全的情况下疏散该区域内的居民。这个区域的实际大小，可以利用 EUB 提供的专门软件 ERCBH2S 计算出来。

此外，加拿大《石油工业应急准备与响应要求》(Directive 071)中规定，在以下五种情况下，应考虑采用就地避险措施。

第一，没有足够时间安全疏散危险区域内的公众。

第二，待疏散的公众需要外界协助。

第三，井喷量小或持续时间很短。

第四，井喷或泄漏的具体位置尚未确定。

第五，疏散面临的风险比就地避险大。

实际上，对含硫气井井喷泄漏事故来说，需要确定疏散和就地避险这两种公众保护策略的选择原则和程序方法。可将疏散和就地避险两种防护策略的取舍过程分为分析和决策两个阶段。

(1)在分析阶段，要了解和评估以下因素：不同浓度的硫化氢对人体的作用特征、井喷泄漏区域的气象条件、井喷泄漏井周边建筑物的特点（如建筑物的年限、类型、建筑的换气率、风速与室内外温差、机动车辆的透气率、空气置换时间）、可用安全疏散时间、必需安全疏散时间与必需就地避险准备时间之间的比较。

其中，可用安全疏散时间、必需安全疏散时间可用前述章节介绍的相关理论与方法进行评估，而就地避险的决策准备时间目前尚无系统的评估方法。从目前已有的知识看，就地避险决策准备时间至少由三部分组成：①从事故发生到接到警报所需的时间；②从接到警报到做出就地避险决定所需的时间；③从做出就地避险决定到完成所有就地避险准备工作所需要的时间，其中包括进入避险场所、封闭避险场所等。

(2)决策阶段：在分析了以上因素之后，可通过检查表来分析采用不同防护策略的优劣，以定性判断该策略在目前的适用性。表 4.17 给出了一个简单示例。

表 4.17 防护策略选择检查表

影响因素	就地避险适用条件	疏散适用条件	当下的具体情形
建筑透气率	低	高	
烟云持续时间	短	长	

续表

影响因素	就地避险适用条件	疏散适用条件	当下的具体情形
有毒物质含量	低	高	
事故发生时间	夜间	白天	
人口密度	高	低	
道路交通状况	差	好	
人群运动能力	低	高	
人群就地避险意识	高	低	

检查表的优点是简单易用,但单纯使用检查表无法直接做出决策。在实际应用时,可将检查表与决策树等其他方法结合使用。

图4.63给出了一个以减少暴露量为目标的决策树示例。通过决策树分析,可以得到如下三种结论:①选择疏散;②选择就地避险;③需要做进一步的详细分析。当需要做进一步的详细分析时,可以使用一些专门的软件工具,如PADRE。

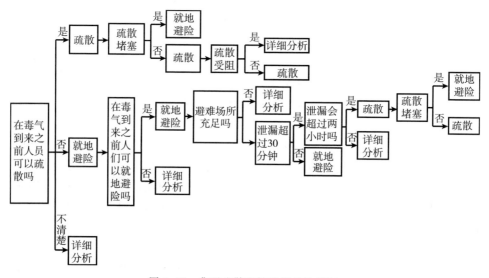

图4.63 典型疏散和就地避难决策树

2)就地避难要点分析

就地避险实际可分成两种情况,一是在普通住宅或办公建筑中的临时就地避险,二是在临近的专门避难场所中的就地避险。二者的不同主要体现在:前者不需要冒险在室外逗留,但因建筑物气密性能较差,其防护效果也较差;后者则恰恰相反。就单体建筑物而言,不管是普通建筑物还是专门的避难场所,其防护效果主要与两方面的因素有关:一方面是建筑物的气密性能,具体表现为单位时间

(如每小时)的换气次数，这主要与建筑物本身特性有关，此外与室内外温差和环境风速等也有一定关系；另一方面是有毒烟云的浓度及其滞留时间。

就气密性能而言，一般将避难场所分为五类，第一类是普通建筑物，第二类是在事故发生后采取临时封堵措施后的普通建筑物，第三类是事故发生前已经采取了改变建筑结构等措施提高气密性的建筑物，第四类是专门的避难场所，第五类是采取了加压措施的专门的避难场所。另外，就普通建筑物而言，选取建筑物内的某个房间作为临时避难场所显然比选择整个建筑物效果更好。就较大区域范围而言，总体防护效果还取决于人口分布及避难场所分布情况。

相对于疏散研究而言，目前就地避险方面已有的研究比较少，而且基本集中在单体建筑物的防护效果方面，其中最典型是美国橡树岭实验室在20世纪80~90年代所开展的研究。就理论研究而言，Chester(1988)曾在假设有毒烟云浓度恒定的前提下，探讨了影响普通建筑物防护效果的主要因素，并且进一步分析了采取不同改造措施对提高建筑物气密性能的成本和效益的关系。1990年Rogers和Sorensen(1990)则系统对比分析了疏散、就地避险和佩戴个体防护器具三种防护方式的适用范围和防护效果。美国劳伦斯伯克利国家实验室和阿尔贡国家实验室在过去二三十年内也都开展过相关研究。在应用研究方面，美国得克萨斯州鹿园市曾在21世纪初聘请专业技术公司对辖区内的典型建筑物进行气密性测试，并基于测试结果总结了一系列就地避险注意事项。

从目前所有相关结果看，在含硫气井周边区域应急准备过程中，若计划使用普通建筑物或特定类型建筑物作为就地避难场所，必须首先对其在不同情况下的气密性进行实测。

保护系数 f_P 是衡量临时避难场所防护性能的基本指标，其定义为

$$f_P = \frac{C_a}{C_{in}} \tag{4.5}$$

其中，C_a 为某一时刻室外大气中的硫化氢气体浓度；C_{in} 为某一时刻室内空气中的硫化氢气体浓度。

随着硫化氢烟云滞留时间增加，室内空气中硫化氢气体浓度会逐渐升高，同一建筑物的保护系数将不断下降。根据美国阿伯丁陆军兵器试验场提供的针对美国本地普通建筑物的研究结果，在10分钟的暴露时间内，普通住宅建筑物的保护系数为15~68，而当暴露时间延长到1小时时，普通住宅建筑物的保护系数降为3~13。对于同类建筑物，当采取临时密闭封堵措施后，暴露10分钟时的保护系数可以提高到39~101，而当暴露时间增加到1小时时，其保护系数为7~17。所以，在应急准备过程中，真正有意义的是特定类型建筑结构在规定时间段内的就地防护效果。而要预测评估这种效果，一般需要借助计算机模拟技术，综合考虑可能发生的井喷事故特点、环境因素及建筑结构本身的特点，最终

得到室内硫化氢气体浓度随时间的变化规律。在此基础上，从理论上确定在典型井喷情形下可以采取就地避难措施的区域、其最长就地避难时间以及建议采取的临时密闭封堵措施。

最后，必须指出，井喷事故发生后，若周边公众选择在其所处的建筑物内就地避险，尽管不像采用疏散策略时需要耗费相当长的时间从危险区域转移到安全区域，但仍需要一定时间完成必要的准备工作。

对于在普通建筑物内临时避难而言，所需进行的主要准备工作如下。

第一，选择合适的房间（无窗最好，房间面积尽可能大一些）作为临时避难空间，对于抵御含硫气井井喷产生的硫化氢而言，在一般情况下，若有可能，选择楼上的房间较好。

第二，准备水、食物、药品、手电、对外通信设备（手机、收音机等）等必要物品。

第三，携带上述必要物品进入避难空间。

第四，关闭建筑物的所有门窗。

第五，关闭所有空调、风扇等通风换气设施。

第六，用塑料纸、密封条、湿毛巾等封堵门窗孔隙和其他通风口。

第七，必要时，在临时避难空间内可再用湿毛巾捂住自己的口鼻。

根据目前有限的结果，完成上述准备工作最短需要几分钟，而最长则可能需要几十分钟。在这些准备工作完成之前，就地避险难以达到预期效果。所以，有关部门在事先制定公众防护策略时，必须考虑上述各种因素的影响，以便将疏散与就地避险有机结合，从总体上实现最佳的公众防护效果。

2. 含硫气井事故房屋住所硫化氢浓度预测理论模型

无论就地避难选择的是普通建筑还是专门的避难场所，防护效果主要取决于两方面的因素：一方面是建筑物的气密性能，另一方面是有毒烟云的浓度及其滞留时间。这里需要研究在特定条件下（建筑物的换气率、风速、室内外温差、外部硫化氢气体浓度）的房屋住所内硫化氢浓度的变化规律，以及如何进行计算预测。

1）房屋场所内硫化氢浓度计算平衡方程

将房屋看做一个控制体，室内的硫化氢质量平衡方程为

$$V \frac{dC_b}{dt} = \dot{V}_{in} C_a - \dot{V}_{out} C_b \tag{4.6}$$

其中，C_a 表示外界硫化氢浓度（微克/立方米）；C_b 表示室内硫化氢浓度（微克/立方米）；V 表示房间体积（立方米）；$\dot{V}_{in}$ 表示房间进气量（立方米/秒）；$\dot{V}_{out}$ 表示房间排气量（立方米/秒）。

简单起见,假设整个房屋内部气体浓度均匀,当然可以将房间的不同部分每个房间作为节点建立各节点污染物质量平衡方程。考虑到气体的不可压性,因此压力往往维持平衡状态,所以有

$$V\frac{dC_b}{dt} = \dot{V}_{in}(C_a - C_b) \quad (4.7)$$

如果假设室外的外界硫化氢浓度保持相对的恒定,同时进气量稳定,则有

$$\frac{\dot{V}_{in}t}{V} = \ln\left(\frac{C_a - C_b}{C_a - C_{b,0}}\right) \quad (4.8)$$

当 $t=1$ 小时时,则有

$$\ln\left(\frac{C_a - C_{b,1h}}{C_a - C_{b,0}}\right) = E \quad (4.9)$$

其中,$C_{b,0}$ 和 $C_{b,1h}$ 为初始浓度和 1 小时后的硫化氢浓度,E 为小时换气率,即

$$E = \frac{V_{in,1h}}{V} \times 100\% \quad (4.10)$$

其中,$V_{in,1h}$ 为 1 小时进入室内的空气量($m^3 h^{-1}$)。可见房屋场所内硫化氢浓度实际上是与房屋的换气率密切相关的。

2)房屋开口边界、外界风速、内外温差对室内硫化氢浓度的耦合影响

(1)自然通风原理。

房屋住所内一般都是自然通风,室内的自然通风形成空气压力差的原因主要来源于以下两个方面。

第一,热压作用。

当假设建筑物室外较冷,室内较热,室内空气的密度比外界小,这便产生了使气体向上运动的浮力。设房屋上下开口中心高度差为 H,内外温度分别为 T_i 和 T_o,ρ_i 和 ρ_o 分别为空气在温度 T_i 和 T_o 时的密度,g 是重力加速度常数,对于一般建筑物的高度而言,可认为重力加速度不变。如果房屋的上部和下部都有开口,就会产生纯向上或者向下流动,且在 $P_0 = P_N$ 的高度形成压力中性平面(neutral plane),简称中性面。在中性面之上任意高度 h 处的内外压差为

$$\Delta P_{io} = (\rho_o - \rho_i)gh \quad (4.11)$$

因此热压的计算公式为

$$\Delta P_h = (\rho_i - \rho_o)gH \quad (4.12)$$

其中,ΔP_h 为热压(帕);H 为进排口中心线垂直距离(米);ρ_o 为室外空气密度(千克/立方米);ρ_i 为室内空气密度(千克/立方米);g 为重力加速度(米/秒²)。

第二,风压作用。

风压的计算公式为

$$P_w = \frac{C_w \rho_o v^2}{2} \quad (4.13)$$

其中，P_w 为风压(帕)；v 为外界风速(米/秒)；ρ_o 为室外空气密度(千克/立方米)；C_w 为无量纲风压系数。

使用空气温度表示上述公式可写为

$$P_w = 0.048 C_w V^2 / T_0 \tag{4.14}$$

其中，T_0 是环境温度(开尔文)。该公式表明，若温度为 293 开尔文的风以 7 米/秒的速度吹到建筑物表面，将产生 30 帕的压力差，显然它要影响建筑物内热压引起的空气对流。

通常风压系数 C_w 的值为 $-0.80\sim0.80$。迎风墙为正，背风墙为负。此系数的大小决定于建筑物的几何形状及当地的挡风状况，并且在墙壁表面的不同部位有不同的值。

可见，一栋建筑物与其他建筑物的毗连状态及该建筑物本身的几何形状对其表面的压力分布有重要影响。现在山区建筑物的下部经常修建双城或者多层建筑物，在这种几何形状特殊的楼房周围，风的流动形式将是相当复杂的。

从上述自然通风原理可以看出：利用热压计算公式和风压计算公式确定室内换气次数还需要确定一些参数，而且有些参数是随机变化的。此外，室内换气次数还将受到建筑物结构的形式、窗户数目、开关的情况、室内外温差、室外风速和风向频率的气象条件影响。因此纯理论的计算容易引起条件参数过多，不具有普遍意义，容易造成可操作性差的问题。如果条件参数太少，虽然解决了理论计算存在的问题，但是计算的准确性往往较差。因此，在现场调查的基础上，根据室外风速、风向频率和室内外温差估算室内综合换气次数的方法可以解决上述问题。

(2)气象参数的影响。

气象条件对换气次数影响很大，气象条件可以从区域的常年室内外温差、室外风速和风向频率等几个方面影响换气率 E。同时还应该考虑不同时段的气象条件对换气率 E 的影响。

第一，风速参数。根据某地区常年的气象气候特征的统计数据，各月平均风速是有变化的，同时地面风速受地形影响较大。

第二，风向频率参数。根据污染气象学和建筑物理学不同风向对建筑物迎风面风速修正的原理，至少需要考虑四个(东、南、西、北)主风风频。如果细分的话，需要分为东主风风频(E、ENE、NE、ESE、SE)、南主风风频(S、SSE、SE、SSW、SW)、西主风风频(W、WSW、SW、WNW、NW)、北主风风频(N、NNE、NE、NNW、NW)。

第三，不同高度平均风速。不同高度的平均风速按幂函数风速廓线模式计算。

第四，室内外平均温差。冬、夏季，同时昼夜和白天，室内室外的温差都不同，室内外平均温度需要气象测量确定。

3. 含硫气井事故房屋避难效果测试

本实验的目的是针对紧急情况下道路比较狭窄、疏散较为困难的地区，测试人员在房屋内躲避的气密性参数，进而分析井喷事故情况下室内避险的安全性，为应急避难评估提供数据和相关建议。

1）房屋气密性实验设计与方法

（1）基本原理。

在待测室内通入适量示踪气体，由于室内外空气交换，示踪气体的浓度随着时间的变化呈指数衰减，根据这一规律，计算空气交换率。

（2）实验仪器与材料。

红外示踪气体选用纯度为99.99%的SF_6气体。SF_6是一种无色、无味、无臭的，具有惰性的非燃烧性气体，相对分子质量为146.07，熔点为$-50.8℃$，升华点为$-63.8℃$。它的物理活性大，在扰动的空气中能够迅速混合而均匀地分布在检测空间中；且不溶于水，无沉降，不凝结，不被展厅内土壤等物质吸附；化学稳定性强，与酸、碱、盐、氨、水等不发生化学反应，因此仪器对其有较好的选择性和极高的灵敏度，是一种理想的示踪气体。其缺点是属于温室气体。

实验使用两种红外SF_6定量检测仪，其量程均为0~2 000ppm，采样方式为泵吸式，其分辨率为1ppm，相应时间为T90＜10S，连续工作时间为10小时以上。

第一种为台式SF_6定量检测仪，传感器寿命为10年。内置电脑，由于其能够多点校准，其精度可以达到1ppm，这种台式传感器，能够自动保存数据，并形成时间序列浓度曲线，可作为另外一种传感器的标定器，这种传感器的缺点是一体式，不能在屋外实时观察浓度。

第二种为在线SF_6定量检测仪，分体式，包括气体变送器和采集卡部分，气体变送器与采集卡通过20米电缆线连接。变送器包括红外传感器和气泵。采集卡可在屋外实时观察内部传感器检测的浓度，并通过电脑保存。

（3）测量房屋的基本情况。

在现场选取6个房屋，每个房屋选取有门和窗户的主卧室作为测量对象，这6种房屋选取当地最有代表性的。房屋选取不同结构、不同房龄，房屋选择年龄分别为3年、9年、13年、18年、20年、30年，每个房屋中午和晚上各测一次，每次测量时间预计1个小时。房屋示例如图4.64所示。

（4）实验过程。

实验分五个步骤，即安置仪器、测背景值、释放气体、混合、采集数据。具体操作如下：

(a) （b）

图 4.64　测试房屋外貌

第一，在房屋内安置好仪器，分别在 A、B、C、D 处放置在线式 SF_6 气体变送器（在线检测仪），在房屋中心点（E 处）放置台式 SF_6 检测仪（图 4.65）。

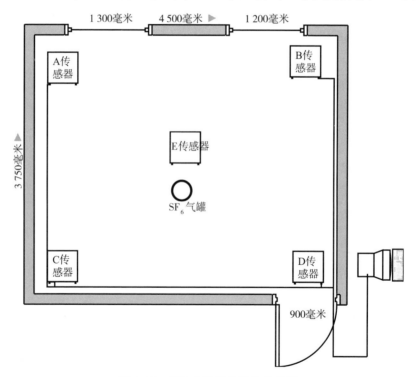

图 4.65　房间内采样位置分布示例

第二，仪器测量背景值 20 分钟，并记录。

第三，根据卧室的体积（按估算值）及仪器的检测范围，用装有减压阀的钢瓶

释放适量的 SF_6 气体，使室内浓度为 2 000ppm 左右。然后，打开风扇吹动空气促进卧室内气体的混合，关闭门，并每隔 1 分钟在 A、B、C、D、E 处自动测量并记录浓度。

第四，各点采集的气体在仪器上检测记录，直到屋内的气体混合均匀（房屋四角浓度偏差小于 10%），并记录时间。

第五，以均匀混合时间为起点，各采集点记录数据，直到记录的浓度值小于 50ppm。

2）实验测试结果

将测量数据用点的形式画在图标上，并对数据采用二元回归法分析，即可获得房屋透气率的数据，如表 4.18 所示。

表 4.18 房屋年龄及透气率一览表

测试序号	房屋年龄	交换率 $b/(\% \cdot min^{-1})$	备注
1	18	3.130	房屋材质：水泥、砖混合 房顶：水泥板 窗户：木质窗户，窗户完整 门：下端有缝隙
2	9	3.255	房屋材质：水泥、砖混合 房顶：水泥板 窗：铝合金窗户，窗户有缺失 门：下端有缝隙
3	13	1.234	房屋材质：水泥、砖混合 房顶：水泥板 窗户：铝合金窗户，窗户完整 门：密封良好，下端缝隙很小
4	3	1.961	房屋材质：水泥、砖混合 房顶：水泥板 窗户：铝合金窗户，窗户完整 门：下端有缝隙
5	30	16.616	房屋材质：砖土 房顶：瓦片 窗户：木质窗户，窗户缺失严重 门：几乎没有密封性
6	20	3.947	房屋材质：水泥、砖混合 房顶：瓦 窗户：木质窗户，窗户完整 门：密封良好
7	20	8.420	房屋材质：水泥、砖混合 房顶：瓦 窗户：木质窗户，窗户不完整 门：密封一般

从图 4.66 可以看到 30 年的房屋透气率最大，房屋完好的话，20 年以内房屋透气率在 4% · min^{-1} 以内，3 年和 13 年的房屋透气率均在 2% · min^{-1} 以内。如果防护得当，完全能够将透气率压缩到 2% · min^{-1} 以内。

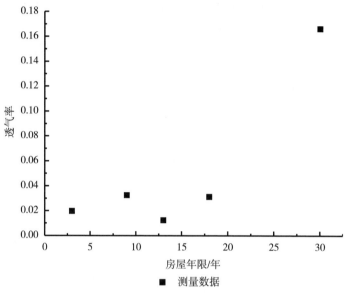

图 4.66　房屋年龄透气率分布图

从测试结果可以得出以下几点结论。

(1) 开窗后，其对房屋气体交换率影响极大，通常使交换率达到 30% · min^{-1} 以上，所以在开窗情况下，房屋基本不能作为避难场所，只有关窗情况下才能作为避难场所。

(2) 砖瓦结构的房屋不适合作为紧急避难场所，其交换率最高，甚至达到 18% · min^{-1}。

(3) 关窗情况下，其透气率跟房屋门窗有极大的关联性，如果门窗玻璃完整或者密封较严，往往交换率比较小。

3) 室内避险气体浓度预测

进行屋内浓度计算首先要对屋外浓度进行计算，采用 3.1 节同样的模型进行数值模拟，通过 8 个风向计算结果分析，西风情况下气体扩散最远，这里以西风扩散距离作为例子。如图 4.67 所示，西风扩散距离最远，分别在西风情况下下风向 300 米、500 米、1 000 米选三个点。

为了说明控制房屋泄漏率在 0.02 以内效果，分析房屋在泄漏率为 0.02 情况下的房屋内气体分布情况。

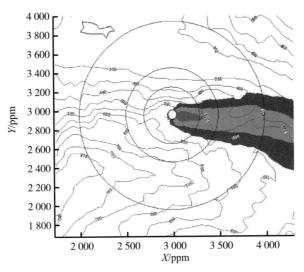

图 4.67　西风情况下泄漏气体浓度分布图

(1) 300 米点分析结果。

由图 4.68 可以看到不同时间屋内屋外浓度变化情况，屋外浓度很快消散的情况下，屋内浓度还是有相当大的残余。

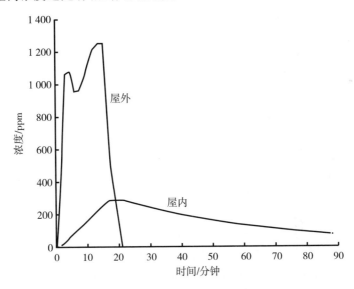

图 4.68　300 米处屋外和屋内气体浓度对比图

对屋内浓度进行浓度时间积分求解毒性负荷，然后根据毒性负荷求出累计的致死概率，见图 4.69。

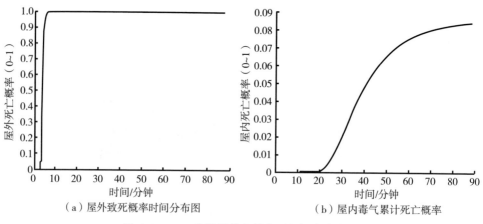

（a）屋外致死概率时间分布图　　　（b）屋内毒气累计死亡概率

图 4.69　300 米处屋外和屋内死亡概率分布图

如图 4.69 所示，图中曲线点代表从泄漏开始截止到当前时刻这段时间总的致死概率，致死概率小于 10^{-5} 为安全，从图中可以看出，待在此房间内，到 40 分钟后致死概率已经超过 8.5%，在 300 米处的房屋发生事故时不适合人员避险。

(2) 500 米点分析结果。

如图 4.70 和图 4.71 所示，待在屋外 6 分钟时，其死亡概率大于 5%，待在此房间内，最大值不超过 $6×10^{-6}$，满足世界通用标准对于个人风险上限的规定。

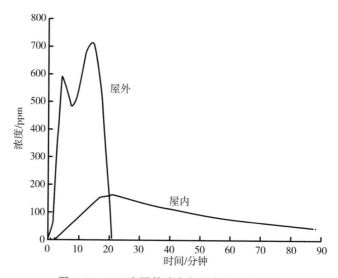

图 4.70　500 米屋外浓度与屋内浓度比较图

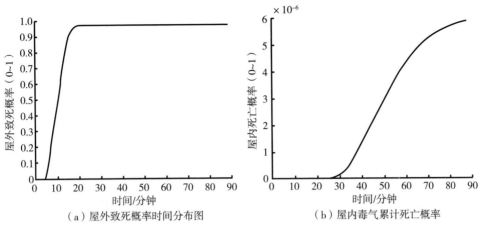

(a) 屋外致死概率时间分布图　　(b) 屋内毒气累计死亡概率

图 4.71　500 米处屋外和屋内死亡概率分布图

(3) 1 000 米点分析结果。

如图 4.72 所示，1 000 米处屋外浓度对于人体危害达到 250ppm，对人体有一定危害，在屋内浓度不超过 50ppm，该浓度对人体基本没有影响。屋外 1 000 米处最高死亡风险达到 8.3×10^{-5}，其死亡概率为 0.008 3%（图 4.73），对健康有影响，所以如果待在屋外的话需要疏散出去。

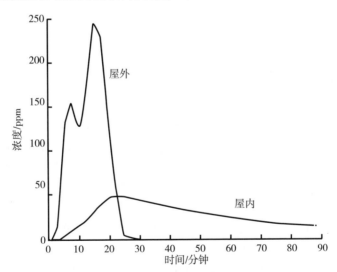

图 4.72　1 000 米处屋外浓度与屋内浓度对比图

由此可以得出以下几点结论。

(1) 在井场周边 300～1 000 米，屋外浓度是危险的，这段区域的人群如果不能在屋内进行躲避，根据远近的不同具有 100%～0.008 3% 的致死率，属于必须

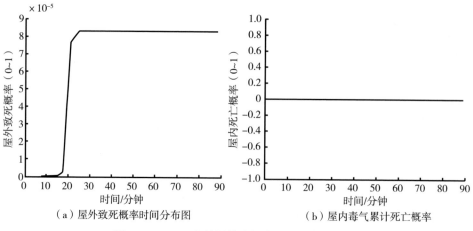

(a) 屋外致死概率时间分布图　　(b) 屋内毒气累计死亡概率

图 4.73　1 000 米处屋外和屋内死亡概率分布图

疏散区域。

(2) 如果控制房屋交换率在 $2\% \cdot min^{-1}$ 以下，以含硫气田的实际情况分析，能够大概得出在 500～1 000 米其人员在房屋内躲避是安全的。

(3) 距离井口越远，房屋避难的效果越好，可以看出随着距离的增加，屋内屋外风险值比由 1/12 变为 1/160 000。

(4) 在井场周边 300～500 米的房屋，即使躲在密闭性较好的房屋，仍然难以保证安全，建议这个区域的人群必须疏散。

4.4　应用前景展望

本书提出的突发事件情景构建理论与方法是当前公共安全领域最前沿的科学问题之一，不仅具有重要的理论价值，更主要的是重大突发事件情景规划对应急准备规划、应急预案管理和应急培训演练等一系列应急管理工作实践具有不可或缺的支撑和指导作用，通过"情景"引领和整合，应急管理中规划、预案和演练三大主体工作在目标和方向上能够保持一致。重大事故情景构建、应急准备、应急预案理论及技术等成果应邀在国家行政学院、浦东干校、北京、上海、重庆等市委党校，清华大学、北京大学和中央有关部委，北京、上海、广东等地方，中国应急管理 50 人论坛等做科技讲座近百次，为国务院办公厅应急管理办公室、北京市委市政府提出了多份政策、建议，得到了政府、企业、学界的认可和好评。未来在突发事件应急管理领域有广阔的应用前景，可为建立"情景-应对"应急预案管理模式提供技术支撑，同时为提出具有针对性和实效性应急培训和应急演练规划提供参考。

本书提出了以事故情景构建为基础，以应急准备规划区为核心载体，以应急预案、监测预警、公众保护为支撑的高风险油气田应急准备理论及技术体系框架，这个创新性的思路不仅可应用于高风险油气田开发过程的事故应急准备实践，而且对建立其他重大工程过程的事故应急准备体系具有理论指导意义，并由此可能形成新的"事故预防与应急准备并重"的重大工程技术灾难应对策略，从而改变以往重点强调事故预防和控制的策略。

本书提出的含硫气井安全规划方法以中石油西南油气田川东北气矿作为试点，探索了适用于含硫气田安全规划方法和实施管理手段。该方法通过应用含硫气井井喷事故硫化氢扩散过程三维数值模拟等技术手段，提出了以含硫气井应急准备规划区划分方法为主要内容的含硫气井安全规划方法及程序。该方法为含硫气田勘探开发的政府安全监管提供科学的决策依据，为石油天然气开发企业的生产提供安全管理依据，为事故现场监测监控与决策提供强有力的技术支撑。

利用含硫气井井喷事故下硫化氢气体泄漏扩散数值模拟方法及大规模人员疏散过程的定量模拟分析方法，成功完成了龙岗气田公共安全分析的技术应用项目。这种高含硫气田开发设施周边居民公共安全分析在国内并不多见，这次成功应用不仅验证了技术方法的可行性，为气田开发过程公众安全提供了技术支撑，也为相关安全生产行业标准的编制和实施提供了参考依据。此外，将泄漏扩散模拟技术与人员疏散模拟技术相结合，开展了重庆天原化工厂"4·16"氯气泄漏爆炸事故和京沪高速公路淮安段"3·29"交通事故导致液氯泄漏特大事故两起重大事故的回顾性技术调查。

本书的重大事故移动监测指挥平台在代替或辅助救援人员执行现场监测任务、快速响应准确获得事故现场信息（图像信息、硫化氢气体浓度）、定点数据采集等方面都可发挥重要的和不可替代的作用，同时研发的监测设备和软件系统也符合救援装备自动化、智能化的未来发展趋势和要求，除了在油气田现场的试点应用取得了比较好的效果之外，经适当扩充功能后也同样适用于大型化工企业和大型化工区、危险化学品运输车辆泄漏事故现场、大型原油进出口港口等其他复杂环境下的现场信息采集和指挥调度的应用，在高风险油气田重大事故现场监测预警领域及其他相关领域具有很好的应用前景。

第 5 章

基于演练的应急准备能力压力测试评估方法
——以×省大面积停电应急演练评估为例

5.1 前言

2014年某月某日，×省人民政府组织了"2014年应对'西电东送'大通道故障应急综合演练"（以下简称综合演练）。参演单位有省应急办、部分重要市区（A、B、C、D、E、F、G、H、I，共9个市）政府及所属经信部门；省委宣传部、省发展和改革委员会、经济及信息化委员会、公安厅、民政厅、住房和城乡建设厅、交通运输厅、安全监管局、省通信管理局以及各市重要电力用户等参加了本次综合演练，参加演练人员总数近1 500人。本次综合演练通过×省应急指挥平台和国务院应急办应急指挥平台实现互联互通与实时应急信息报告，同时，几家临近省份通过应急指挥平台进行观摩。演练取得圆满成功。

本次综合演练之前，×省大面积停电事件应急指挥中心编制了《×省2014年应对"西电东送"大通道故障应急综合演练总体方案》和《×省2014年应对"西电东送"大通道故障应急综合演练工作方案》，依据综合演练方案及其工作方案，参演的九市也分别制订了各自的演练及工作方案，并进行了大量相应的前期准备工作。为了尽可能提高本次演练的成效，通过演练发现存在的问题，×省应急办决定采取专家评估的方式对演练进行评估。

专家评估组为本次评估专门编制了《×省2014年应对"西电东送"大通道故障应急综合演练评估手册》（以下简称《评估手册》）。由于本次综合演练情景设置复杂,涉及×省层面和九个中心城市,参演单位和人数众多,完成评估任务需要评估人员与参演人员全力配合。因此,在正式演练之前,评估专家秘书组对九市的参演人员进行了培训,要求将本次评估使用的《现场观察记录表》、《应急演练评估表》和《应急演练反馈表》,指派专人填写并将其回收到位。

演练结束后,在评估专家、参演人员的共同努力下,共回收《现场观察记录表》57份、《应急演练评估表》66份、《应急演练反馈表》190份,填写基本符合要求,专家秘书组对回收的现场观察记录内容和演练脚本进行对比分析,对《应急演练评估表》和《应急演练反馈表》进行统计分析,对评估专家和参演人员所提意见和建议进行分类汇总,结合这几方面的情况,对本次综合演练的策划与组织实施、应急准备能力及演练过程中涌现出的系统脆弱性进行评估,得出了本次综合演练的评估结论,归纳和提炼了存在的问题,提出应急管理改进建议,进而编写了本次综合演练评估报告。

为了做好本次专家评估工作,专家组成员深入分析本次应急演练综合方案和工作方案,系统梳理了我国突发事件应对和应急管理方面法规标准中关于应急评估的相关规定和要求,借鉴现今应急管理体系较为完善和应急管理理论较为成熟的美国等国家的应急演练评估经验,形成了本次应急演练评估的主要技术方法,从现场观察、参演人员反馈和专家评估三个方面评估本次演练活动。在评估内容上,超越了演练活动本身,除了对本次综合演练策划组织(情景设计、演练脚本编写、演练组织实施、应急联动及演练效果)之外,对×省应对"西电东送"大通道故障的应急准备能力(防范、保护、减灾、响应及恢复)进行评估,并要求参演人员和评估专家着重于对本次综合演练中反映出来的监测预警、指挥控制、通信、物资保障、媒体应对和公众疏导等方面应急准备能力脆弱性进行分析,对今后的应急演练以及应急管理体制、机制等方面提出改进建议。

采用统一的评估指标和方法,组织多人在同一时间段内、在多个场地,对一场大型突发事件的综合应急演练活动进行全面、系统的书面评估在我国还属于新鲜事物。没有成熟方法和经验可以参考和借鉴,在评估指标设置、评估人员选择、评估过程组织等方面难免存在这样和那样的问题,因此,本评估报告中肯定存在一些不足之处,敬请批评指正。

5.2 应急演练评估技术概述

5.2.1 演练背景

2014年×省地区电网将形成"八交八直"的西电东送规模,最大输送电力将占×省电力总负荷的35%。其中,A、B、C任意一条直流线路发生故障,造成双路闭锁后,可能导致本地电网主网的稳定性遭到破坏,甚至主网崩溃,×省被迫切除大量电力负荷和发电机组，造成特大电力安全事故。

5.2.2 情景设计

本次演练以"八交八直"的西电东送为背景，模拟×省境内 A 直流线路♯2600塔因连降暴雨导致塔基不稳、塔身倾斜、导线悬垂，A 直流线路满负荷运行状态下发生双回闭锁、稳控拒动，本地区电网失去稳定，失步解列装置，网内其余各回直流均由于电压波动导致闭锁，×省电网孤网运行。从而×省被迫低频、低压减载装置大量动作，损失负荷超过×省负荷的30%，从而造成×省九市（A、B、C、D、E、F、G、H、I）被迫切除大量电力负荷，构成特大电力安全事故。本次事件中，A 市低频减载共切除 45 条线路，停运 12 台主变；B 市低频减载共切除 90 余条线路；其余七市因低频减载和低压脱扣损失负荷共为 1151 万千瓦，受影响用户共为 260 万户。部分重要用户停电，全省的生产生活秩序受到严重影响。

本地区电网总调指挥各中心调度迅速进行事故处置，恢复主网稳定运行；各级政府综合研判，采取得力措施保持社会稳定；各职能部门按照预案要求，开展应急联动处置工作；各电网企业迅速按预案恢复供电；重要电力用户依据预案保障自身安全。

本次演练策划中省级及各市级演练场景设置各不相同，根据各地区发生大面积停电后实际影响及应急工作需要等情况，梳理演练关注点。省级层面在先期处置和应急处置阶段会关注各地风险特征比较明显的行业或者领域。A 市主要关注党政军重要用户以及铁路和油料保障工作；B 市主要关注地铁、证券、机场和水厂等地点的处置工作；C 市主要关注医疗卫生、通信保障等工作；D 市主要关注工业园区及交通运输保障等工作；E 市主要关注市政排水和生活物资调运等工作；F 市主要关注石油化工和消防等工作；G 市主要关注金融业及民政等工作；H 市主要关注城市轨道交通及燃气供应等工作；I 市主要关注采矿业、加工业及商业等工作。

5.2.3 演练目的和目标

本次演练主要有以下目的。

第一，检验×省处置大面积停电事件的应急能力，重点检验中心城市在大面积停电状态下的应对能力。

第二，检验各级应急预案的科学性。

第三，检验各级应急机构应急联动、应急指挥、应急保障等综合能力。

第四，检验电网企业应对重大级别以上停电事件时的复电能力，特别是主网恢复能力。

第五，检验重要电力用户自身应急保障能力。

第六，检验应急信息的准确、快速、可靠运转机制。

第七，提高应急舆情管控能力及信息发布能力。

本次综合应急演练的目标如下：提高×省应对和处置大面积停电事件的综合应急能力，根据演练过程中出现的不足和缺陷，提供可实施性的建议，为进一步完善演练工作提供有益借鉴，为本省应对其他重大突发事件提供参考和依据，实现整体应急准备能力的推进。

5.2.4　演练基本情况

演练名称：×省2014年应对"西电东送"大通道故障应急综合演练。

演练地点：×省应急指挥中心、×省大面积停电事件应急指挥中心、九市应急指挥中心以及其他参演场地。

演练时间：2014年某月某日下午14：30～17：00。

参演单位：①省委宣传部、省经济和信息化委员会、省公安厅、省民政厅、省商务厅、省环境保护厅、省住房和城乡建设厅、省交通运输厅、省卫生和计划生育委员会、省新闻出版广电局、省安全监管局、省政府应急办、省通信管理局、省气象局；②A市人民政府、B市人民政府、E市人民政府、C市人民政府、F市人民政府、D市人民政府、H市人民政府、G市人民政府、I市人民政府；③省电网公司及A、B、E、C、F、D、H、G、I九市供电局有限公司；④A、B、E、C、F、D、H、G、I九市部分电力用户。

演练类型：主要检验性实战联合演练方式。

本次演练分级主要采用检验性实战联合演练等多种方式开展，现场含各级应急指挥中心、各级电力调度中心以及各应急处置演练现场，通过固定或移动音、视频终端实现互联互通。演练通过线路突发故障，触发发生大面积停电事件，同时发生新闻危机公关等其他事件。按照事件的发展进程，参演部门、单位按照各自演练子方案或应急预案开展并行式应急处置。

省应急指挥中心的演练采用检验性演练方式，主要关注指挥系统的完整性、通信系统的畅通性、应急信息发布能力、各部门各行业的应急联动能力。各市的演练采用实战等演练方式，主要关注在大面积停电背景下，维持社会稳定运转能力、上下级应急指挥中心的沟通和协调能力、应急信息搜集能力、应急联动能力等。电网企业的演练主要是实战型的演练，主要关注电网主网架的恢复能力、重要用户的保障用电能力等。

参加人员数量：根据九市应急演练评估方案，结合评估综合演练方案和九市方案，初步统计本次综合演练中各演练组织机构规模，见表5.1。

表 5.1　各演练组织机构人员数目（单位：人）

地区	演练领导人员人数	参演人员人数	演练评估专家人数	其他人员人数	合计
×省	4	40	10（含秘书组3人）	—	54
A市	13	13	9	—	35
B市	3	3	10	459	475
C市	3	3	4	—	10
D市	18	23	8	23	72
F市	27	30	6	453	516
G市	27	6	10	—	43
E市	4	2	4	—	10
H市	6	12	5	—	23
I市	30	90	6	—	126
合计	135	222	72	935	1 364

5.2.5　演练的组织实施

（1）演练准备（14：25～14：30）。

第一，介绍演练单位。

这次演练由×省人民政府主办，国家能源局监管局承办。参演单位包括省政府应急办、省委宣传部、省经济和信息化委员会、省公安厅、省民政厅、省环境保护厅、省住房城乡建设厅、省交通运输厅、省商务厅、省卫生和计划生育委员会、省新闻出版广电局、省安全监管局、A市人民政府、B市人民政府、E市人民政府、C市人民政府、F市人民政府、D市人民政府、H市人民政府、G市人民政府、I市人民政府、省通信管理局、省气象局、×省电网公司及九市（A、B、E、C、F、D、H、G、I）供电局有限公司。

第二，介绍演练的背景及内容。

本次演练模拟发生大面积停电事件的应急处置，综合运用各级政府应急指挥平台及各行业应急指挥系统进行实时指挥与应急联动。

本次演练按照《×省处置电网大面积停电事件应急预案》等有关预案开展。演练共分四个阶段：第一阶段是先期处置；第二阶段是应急响应；第三阶段是应急处置；第四阶段是应急结束。

第三，宣布演练开始。

省级及各市级演练准备工作已经完成，主持人宣布：×省2014年应对"西电东送"大通道故障应急综合演练现在开始。

(2)第一阶段：先期处置(14：30～15：00)。

收到各有关部门停电事故报告，对停电故障原因、事故影响范围、抢修措施进行研判，各相关电力公司、各级政府机构启动应急预案，指导专业人员赶赴现场组织应急处置工作，进行抢修恢复供电工作，并及时汇总、整理各部门处置工作情况进行上报。

(3)第二阶段：应急响应(15：00～15：05)。

本省能源监管局按照《×省处置电网大面积停电应急预案》规定，向国家大面积停电事件应急领导小组办公室，报请国家启动Ⅰ级响应。通知省大面积停电事件应急处置联席会议人员立即到省应急指挥中心集合，通知停电区域启动面积停电应急处置Ⅰ级响应，请各级政府、各有关单位按照既定程序开展应急处置。

(4)第三阶段：应急处置(15：05～15：50)。

距离停电事件发生已1小时，听取九市政府情况报告，联席会议各成员单位进行会商。×省电网主要采取的措施是，派出发电车保障重要用户供电，尽快送回切除负荷，恢复17%电力。

(5)信息汇总(15：50～16：20)。

距离停电事件发生已4小时，停电事件发生4小时后，省政府领导向各地市政府询问关键领域、行业的应急处置情况。

(6)第四阶段：应急结束(16：20～16：30)。

距离停电事件发生已8小时，电网恢复90%，本阶段主要是有关单位向省领导报告全省的恢复情况，按省领导指令向国务院应急办公室汇报。

(7)现场点评及领导讲话(16：30～17：00)。

评估组组长进行点评，省政府领导进行总结讲话，并对今后的应急综合演练和×省应急管理工作提出了更高的要求。

(8)演练结束。

主持人宣布演练结束。

5.3 演练评估方法与内容

5.3.1 评估的主要内容

(1)对本次综合演练策划组织进行评估，包括情景设计、演练脚本编写、演练组织实施、应急联动及演练效果等方面。

(2)针对广东省"西电东送"大通道故障，从防范、保护、减灾、响应和恢复五个方面对应急准备能力进行评估。

(3)重点对监测预警、指挥控制、通信、物资保障、媒体应对和公众疏导等方面进行应急准备能力脆弱性分析。

（4）从演练策划、演练组织、演练实施、应急管理体制机制等方面提出进一步加强应急管理工作的改进建议。

5.3.2 评估的方法

本次评估采用半定量、模糊的评估方法，以演练目标和演练方案为基础，编制统一的《现场观察记录表》、《应急演练评估表》和《应急演练反馈表》，根据内容填写或打分（德尔菲法为其赋值）。

根据收回的《现场观察记录表》，整理出整个演练过程，将其作为应急演练评估报告中演练概述的一部分内容，并对其进一步分析，找出演练过程中存在的优势和仍需解决的问题。

根据收回的《应急演练评估表》，整理出策划组织、应急准备能力、应急准备脆弱性分析三个一级评估指标下每个二级评估指标的得分，再分别计算出每个一级评估指标的合计得分。分类汇总第四个评估指标（改进建议）的反馈情况。

根据收回的《应急演练反馈表》，整理出策划组织、演练实施、自我评价三个一级评估指标下每个二级评估指标的得分，再分别计算出每个一级评估指标的合计得分。分类汇总第四个评估指标（问题及改进建议）的反馈情况。

分别计算《应急演练评估表》和《应急演练反馈表》中每个二级评估指标的算数平均值和标准差等统计指标，进行统计分析。

依据统计结果，可做出统计图表（直方图、线状图）进行分析。对演练存在的问题和改进建议进行梳理和归纳。

评估的其他内容见附录2。

5.3.3 评估过程

1. 学习培训

在正式演练前一天，省评估秘书组成员组织×省及A、B、C、D、E、F、G、H、I九市相关参演人员与评估人员进行了学习培训，深入讲解了本次评估方法以及本次评估使用的三张表格的填写内容、填写要求，并与本次评估的组织机构进行了深入的交流，共同学习了以下内容。

（1）讲解介绍综合演练的情景设计和工作方案，包括演习的目的和目标等。

（2）评估手册，包括评估的主要内容、方法、填表说明及其评估的组织方式、程序，并进行现场模拟评估。

（3）指派评估人员：明确各自的任务、观察的位置和时间，分配原则应根据评估人员的专业知识，将其分派到不同的演练地点，每个演练地点指派的评估人员数量取决于需要评估的任务量。观察位置应能清楚地观察到演练人员的活动，但对其不能造成干扰；实现演练现场集中精力观察《评估手册》列出的那些可确保演练目标实现的活动和任务；现场记录时，保证清晰和详细，包括事件的时间和顺序；关键时刻要待在指定的位置；避免提示参演人员或回答参演人员的问题。

（4）指导评估人员观察演练的重点，关注什么，记录什么，如指令信息、突发情况、遇到的困难等，以及如何使用《评估手册》。

学习培训后，各市与会人员返回本市演练场地，组织本市相关评估人员和参演人员了解和学习省级培训过程。学习内容需要包括本次演练的目的和目标，熟悉演练情景，明确参演人员、评估人员的角色、职责及指派等。

各演练地点需提供以下资料，确保正式演练之前，评估人员和参演人员熟悉并掌握该演练地点的进程。

（1）演练的详细信息，包括该参演城市的演练方案、演练脚本等。

（2）评估专家组的成员、人员指派和观察位置：评估人员现场观察位置列表、演习场所和评估专家组的组织机构图。

（3）《评估手册》：就评估人员到达演练现场前应该做什么（阅读演练资料），到达观察位置后、演练期间和演练结束后如何开展工作等问题逐项予以介绍。

（4）评估工具：《现场观察记录表》、《应急演练评估表》和《应急演练反馈表》。

2. 现场观察

根据演练事件的不同，将现场评估专家分配到可以收集有用数据的位置，方便跟踪和记录参演人员的活动，为演练结束后的分析过程，提供鉴别哪些活动和任务得到成功执行，哪些能力得到成功展示的依据。本次综合演练对参演的场地进行专人的观察记录，采取一个场地至少一个现场观察人员的办法，并要求执行现场观察记录的评估人员在参演人员到场前，准备好评估所需的所有材料，按时到达演练地点的指定位置。从演练开始，评估人员集中精力观察，按照时间顺序在《现场观察记录表》上如实记录所观察的演练过程中发生的事件，直至演练结束。演练时，许多活动可能同时进行，评估人员需辨别出关键性的活动，有选择地记录这些活动，消除不必要的信息，为演习提供最有用的数据。保证在观察演练过程中，不得干扰参演人员，如果对所观察的情况有疑问，可在演练休息时与参演人员进行简明、必要的交流。综合演练结束后，省评估秘书组共回收 57 份《现场观察记录表》，从反馈的现场观察表来看，大多数评估人员做到了认真观察和记录。

需要评估人员观察和记录的事项包括以下几点。

（1）演练情景事件的开始、展开和结束，包括以下几点：有谁（姓名或职务）执行活动或做出决定；发生了什么（观察到的活动）；行动或做出决定的地点；行动何时完成；活动发生或做出这个决定的原因（诱因）；行动如何执行，决定是如何做出的（过程）等。

(2) 指令信息：演练过程中推动演练朝着完成演练目标方向发展的指令、指示和决定。

(3) 与演练脚本、演练方案不一致的偏差。

(4) 指挥和控制的效果不足之处。

(5) 演练人员创造性解决问题的活动和行为。

(6) 影响参演人员工作的设备问题。

3. 召开现场讲评会

演练结束后，评估人员立即、就地组织本演练地点参演人员召开现场讲评会。讲评可单个进行，也可按级别进行。现场讲评会上，参演人员既可以对自己在演练中的表现进行自我评价，也可对本单位在演练中的表现进行总体评价，并填写评估人员分发的《应急演练反馈表》，以获得参演人员对演练的看法，对本演练单位表现的评价，以及与其他演练单位联动效果的评价。评估人员可以向参演人员询问一些遗漏的信息，对参演人员的建议进行记录总结。现场讲评会结束后，评估人员将《应急演练反馈表》收回、整理，以增加现有信息。

现场讲评应由经验丰富的人员主持，以确保讨论简明扼要，具有建设性，以演练的长处和改进建议为重点。各演练地点参加现场点评会的参演人员应具有代表性（如现场指挥人员），且数量不应少于本演练地点的评估专家人数。

4. 召开评估小组会

现场讲评会后的半个工作日内，评估专家组召开评估小组会。在会上，评估人员对所观察的演练地点需要改进的地方发表建议，对演练情况进行分析点评，填写《应急演练评估表》，讨论演练评估报告的框架和基本内容。评估秘书组成员对会议进行记录，并将《现场观察记录表》、《应急演练反馈表》、现场讲评会的会议记录和《应急演练评估表》收回、整理。保存评估人员的笔记或录音，并将它们作为演练的历史记录，为概括演练过程、总结演练的长处和需要改进之处作参考。

5. 资料收集汇总分析

市评估秘书组将《现场观察记录表》、《应急演练反馈表》及现场讲评会会议记录、《应急演练评估表》和评估小组会的会议记录原件一起上交给省评估秘书组，上交时间在演练结束后的一个工作周内完成。同时，要为本市编写演练评估报告，备份所有资料。

评估小组会后，评估秘书组对所收集整理的《现场观察记录表》、《应急演练评估表》和《应急演练反馈表》按《评估手册》中的评估技术方法进行统计分析、归纳整理。

6. 开展汇报会议

资料收集完全后，省演练评估专家组成员和省评估秘书组成员召开汇报会议，进行初步分析阶段。演练情况汇报会上，省演练评估专家组成员和省评估秘书组成员通过汇总观察结果，回顾演习过程，并初步分析观察结果。汇报会议结束后，省评估秘书组成员应用《评估手册》中的分析表格，评述每项能力和相关活动，对演练人员的表现及需要改进的能力方面进行评述；根据观察评估表格，确定每项能力的长处和需要改进之处。在评述和分析过程中，评估秘书组成员利用全部现有的数据，包括演练过程中填写的《评估手册》所附的表格，演练中的其他记录或录音，演练后的现场讲评记录，以及其他相关资料。

7. 提出演练评估结果

评估秘书组通过整理、分析演练期间收集的数据，综合数据的统计分析结果和各评估专家提出的改进建议，概要介绍演习过程，总结演练的长处和需要改进之处，形成本次应急演练的评估结果。

为使演练评估过程产生的总结报告能够提出对演练单位应急准备能力具有实用性的建议，评估报告撰写人员找出未能如期完成该项任务的原因，并提出改进措施。分析根本原因时，综合各参演单位的应急预案、培训计划，以及其他计划、政策和程序进行检讨和评估，最后针对总结报告中提出的需要改进的方面制订可行的解决方案。

8. 形成综合演练评估报告

在评估专家组组长的组织下，讨论修改和确定评估报告的主要内容。根据评估专家意见，由评估秘书组人员按照《评估手册》第三部分(演练评估报告内容及格式要求)起草演练评估报告。根据演练评估活动中的进度安排，按时提交演练评估报告。

演练评估报告完成后，省评估专家组组长组织评估专家组成员及相关人员召开评估总结会，对评估报告进行讨论和完善，并制订改进计划。总结会上，省评估秘书组向与会人员分发演练评估报告，使与会人员全面阅读评估总结报告，熟悉演练评估报告的格式和主要内容，并发现需要在会上讨论的问题。与会人员包括承担实施整改行动的单位代表。会议期间，省评估秘书组组长介绍评估总结报告的要点，包括演练的目标，演练的预期效果和实际效果之间的差异，观察到的主要问题，以及针对这些问题的改进建议。最后，评估秘书组根据与会人员提出的意见，对报告进行修改，形成演练评估报告最终稿，以评估专家组名义提交×省应急办公室。

5.4 演练评估

5.4.1 评估表格回收和统计分析

1. 现场观察表

综合演练结束后,省评估秘书组回收到×省及九市《现场观察记录表》共57份(按人次计数)。其中,×省3份,A市10份,B市8份,C市3份,D市9份,E市3份,F市4份,G市9份,H市4份,I市4份。

×省及九市基本上按照《评估手册》要求,在各演练场地都安排专人对演练进程进行观察和记录。根据回收到的《现场观察记录表》发现,各地记录情况有详有略,记录重点有粗有细。总体上,各演练场地应对大面积停电事件处置顺序与演练脚本时间发展基本一致,处置过程清晰明确,应急响应及时快速。

对各演练场所演练过程存在的问题,整理汇总如下。

(1)×省:应急指挥中心在应急处置过程中,出现通信不良的情况,通信信号数次中断。

(2)A市:信息汇报内容不完整,如市交通委员会等单位未汇报采取的措施,是否有需要协调的问题等。信息研判工作不足,通信、卫生、交通等部门,应主动关注大停电事件进展,提前采取措施,不能等发电机燃油耗尽后,再提请援助。联动机构不完整,如受影响单位包括学校、社区等,会商部门中没有教育和区政府等机构。重要电力用户自救自保能力不足,如重要电力用户没有相配的发电车接口,也不能满足三小时油料应急储备要求。

(3)B市:市民中心演练现场缺少信息报送,没有启动召集过程,缺少会商。

(4)C市:事件描述过简,无法比较真实地反映演练实际情况。

(5)D市:演练场地较多,各演练地点的脚本编写需要细化,某高铁站向市举报中心汇报内容的顺序有待完善。应急准备不足,应急物资需提前检查,某高速路收费站演练现场应急处置时卫星电话没电,没有对设备电量情况进行检查。

(6)E市:应急指挥中心会商时间过长,先期处置不够及时,I级响应启动时间较慢,应急发电车派出太慢;向省指挥中心信息报送不畅,信息传递不够充分及时,信息发布不到位,发布内容不完整,应预测送电时间,并实时报道检修情况,以及安稳公众。E市供电局未将信息传输到地市供电局,也未介绍上级响应启动情况,现场未见沟通情况,并且与现场语音联系时发生故障,造成处置时间出现偏差;整个应急演练过程中没有新闻宣传环节,无法检验E市的媒体应对能力。

(7)F市：信息汇报内容有漏缺，如报告人未表明自己的身份，以及向谁报告；部分危险化工行业采取的应急措施，以及交通、公共安全、石油炼化情况的现状，各单位没有进行汇报。应急措施出现失误，如演练时某炼化单位只向消防进行了求援，未及时向当地应急办公室报备，进行灭火作业，并且使用水扑救泄漏的汽油、柴油，这种处置方法是错误的；现场消防人员和部分工作人员处置硫化氢与其他化学品时，未配备防毒面具等防护用品。

(8)G市：某些演练场地处置时间与演练脚本有所差异，各演练场地应急准备能力有所缺陷，参演人员演练培训不足。例如，某市中心医院应急物资储备不足，造成演练过程中应急发电机油料不足；某公司参演人员演练培训不足，应急处置程序不熟练，应对措施不完善，演练现场操作人员未佩戴对讲机，事故发生后没有向公司高层汇报事故状况，现场反馈信息内容较少，使决策者不能掌握全面信息，容易延误事件研判；市应急指挥中心演练现场中，市政府演练进程过快，造成供电局还未掌握全面信息，就开始汇报；某支行内参演人员的角色适应力有待提高，需增加现场紧张感；某排涝站用电负责人与供电局工作人员交接时，查看现场顺序不合理，应先看接线图，再看设备现场。同时，该排涝站与供电局的汇报信息环节缺失，没有体现信息汇报过程。

(9)I市：演练方案不够详细，各单位信息反馈内容不全，如桌面演练中缺少卫生和计划生育局和商务局的汇报内容。演练脚本实战性有待提高，如脚本中缺少报告部门的自我介绍；某石化公司运油车六小时到市医院，情节设定缺乏依据。演练现场应急现场管理过于松散，某广场检修油桶放在备用发电机旁边，存在火灾隐患；操作人员在配电室内工作未佩戴安全帽，无看护人员，出现危险时，无人救援；检修的发电机没有挂标识和安全防护栏，存在安全隐患。

2. 专家评估表统计分析

综合演练结束后，省评估秘书组回收到×省及九市《应急演练评估表》66份，有效表格66份。其中，×省5份，A市9份，B市10份，C市4份，D市7份，E市4份，F市6份，G市10份，H市5份，I市6份。对其中个别表中带有小数的指标分数进行了数据处理（四舍五入），使其符合《评估手册》数据处理要求。评估专家打分汇总情况见附录1的附表1.1。

1) 专家评估一级指标平均值柱状图

专家评估一级指标得分情况见图5.1。

2) 专家评估二级指标平均值柱状图

专家评估二级指标得分情况见图5.2。

3) 评估表数据统计结果基本分析

(1)《应急演练评估表》中有3项一级指标和16项二级指标。从附录1的附

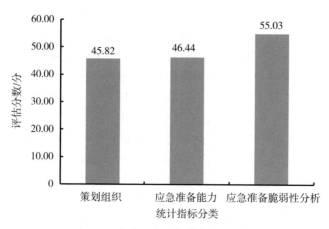

图 5.1　专家评估一级指标得分情况

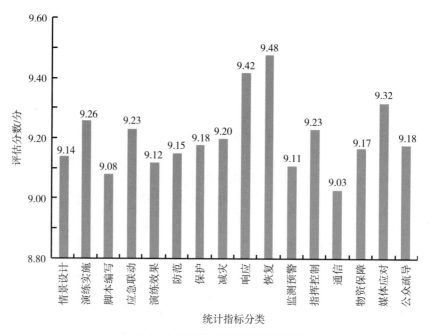

图 5.2　专家评估二级指标得分情况

表1.1和图5.1、图5.2可以看出，各项二级指标的平均值全都在9分以上，16项二级指标全都达到优秀，同样，3项一级指标都达到优秀等级；尽管二级指标的评估统计结果都达到优秀，16个指标之间还是存在一定的差别，根据二级指标的得分情况，得分最高的前三位指标是"恢复""响应""媒体应对"，平均得分在后三位的是"监测预警""脚本编写""通信"；这在一定程度上反映出评估专家使用评估指标对本次演练情况的评判。

(2)从附录1的附表1.1可以看出,16项二级指标中,只有1项二级指标的标准差大于1。可见,66位评估专家对各项指标的评分意见还是比较一致的。尽管专家本次演练在指标上的评估意见比较一致,但是,每个指标之间的标准差还是存在一定的差别,标准差较小的前三位指标是"恢复""媒体应对""演练实施",标准差较大的后三位是"指挥控制""通信""情景设计";这不仅反映出评估专家对本次演练情况的评判情况,同时也可以在一定程度上反映出专家对评估指标的认可度。

(3)此外,得分平均值高且标准差小的评估指标主要有"恢复能力"(平均值9.48,标准差0.61),"媒体应对"(平均值9.32,标准差0.66),"响应"(平均值9.42,标准差0.75);可以看出,本次演练在这三方面体现的较为充分,而且在16个评估指标中,评估专家对这三个指标的认可度较高。

3. 参演人员反馈表统计分析

综合演练结束后,省评估秘书组回收到×省及九市《应急演练反馈表》190份,有效表格190份。其中,×省41份,A市8份,B市5份,C市15份,D市25份,E市8份,F市11份,G市40份,H市10份,I市27份。对其中个别带有小数的指标分数进行了数据处理(四舍五入),使其符合《评估手册》数据处理要求。参演人员反馈表打分汇总情况见附录1的附表1.2。

1)反馈表一级指标平均值的柱状图

参演人员反馈表一级指标得分情况见图5.3。

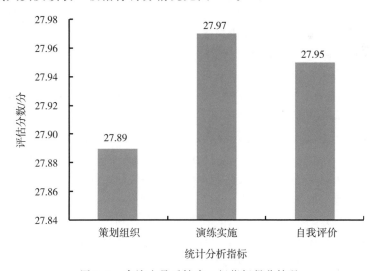

图5.3 参演人员反馈表一级指标得分情况

2)反馈表二级指标平均值的柱状图

参演人员反馈表二级指标得分情况见图5.4。

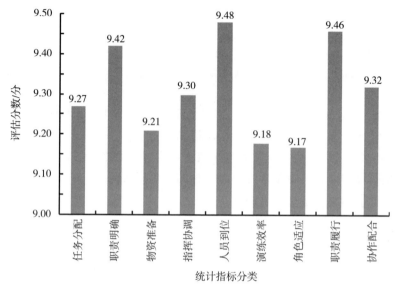

图 5.4　参演人员反馈表二级指标得分情况

3)反馈表数据统计结果基本分析

(1)《应急演练反馈表》中有 3 项一级指标和 9 项二级指标。从附录 1 的附表 1.2 和图 5.3 及图 5.4 可以看出,3 项一级指标和 9 项二级指标的平均值全都在 9 分以上,9 项二级指标全都达到优秀;尽管二级指标的评估统计结果都达到优秀,但 9 个指标之间还是存在一定的差别,根据二级指标的得分情况,得分最高的前三位指标是"人员到位""职责履行""职责明确",平均得分在后三位的是"物资准备""演练效率""角色适应";这些指标的得分情况,基本上可以反映出参演人员对本次演练的评估。

(2)从附录 1 的附表 1.2 可以看出,在 9 项二级指标中,全部二级指标的标准差小于 1。可见,190 位参演人员对各项指标的评分意见基本一致。尽管参演人员对演练活动的反馈评估一致性非常好,但各指标之间还是有一定的差异,按照标准差由大到小的排列顺序为:物资准备、职责明确、指挥协调、角色适应、演练效率、任务分配、协作配合、职责履行、人员到位。说明,演练过程中参演人员对人员到位、职责履行和协作配合的认可度较高且一致性较好,反之,对指挥协调、职责明确和物资准备的认可度相对较低。

(3)此外,综合来看,9 个二级指标中,平均值分数高、标准差相对较小的有"人员到位"平均值最大(9.48)、标准差(0.73)最小;"物资准备"平均值较小(9.21),其标准差最大(0.90);基本反映了 190 位参演人员对本次演练的相关指标认可度程度的细微差别。

4. 主要指标对比分析

从《应急演练评估表》和《应急演练反馈表》二级指标中，选出具有直接相关性的指标，有"物资保障-物资准备"、"指挥控制-指挥协调"、"应急联动-协作配合"及"演练效果-演练效率"，共四对，见图5.5。进行均值比较发现，评估专家各项指标均值得分都小于参演人员各项指标均值得分，其原因主要是评估专家相比演练地点的参演人员，评估范围要广泛，观察内容要更加全面，需要综合考虑演练地点的全部进程，进而发现演练过程中存在的薄弱环节更多，评分相对低一些。其中两项指标均值相差最大为0.9分，最小为0.4分，并且指标均值的高低具有极大的一致性，评估专家打分为演练效果＜物资保障＜指挥控制＝应急联动；参演人员打分为演练效果＜物资准备＜指挥协调＜协作配合＜演练效率，可以看出，参演人员和评估专家对上述主要指标在本次综合演练中取得的效果认可程度基本一致。

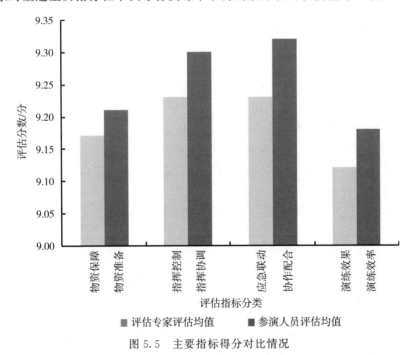

图5.5 主要指标得分对比情况

5.4.2 应急演练专家评估指标统计分析

1. 评估表数据显著性分析

对66组评估专家分值进行F检验，得$F=21.612$，$P=0<0.05$，可知，当评估专家不同时，评估专家分值的均值是有显著差异的，样本数据的独立性较

高，数据真实可信。

2. 评估内容一级指标统计分析

1）一级指标总体显著性分析

《应急演练评估表》共有三项一级指标，分别为"策划组织"、"应急准备能力"与"应急准备脆弱性分析"，分别对这三项一级指标两两进行方差分析，其显著性见表5.2。

表 5.2 《应急演练评估表》一级指标显著性分析表（一）

一级指标	策划组织	应急准备能力	应急准备脆弱性分析
策划组织	—		
应急准备能力	0.334	—	
应急准备脆弱性分析	0	0	—

"应急准备脆弱性分析"指标分值与"策划组织"指标分值两两比较、"应急准备脆弱性分析"指标分值与"应急准备能力"指标分值两两比较，评估专家的得分均值有显著差异（$P=0<0.05$）；"策划组织"指标分值与"应急准备能力"指标分值两两比较时，评估专家的均值是没有显著差异的（$P=0.334>0.05$）。造成差异性不同的原因，主要是"策划组织"与"应急准备能力"指标满分为50分，而"应急准备脆弱性分析"指标满分为60分。在评估指标设计时，专家评估的指标不仅限于本次应急演练本身，还要透过本次演练考虑到整个应急管理的全过程和所反映出来的应急准备方面的不足，专家评估表数据是真实可信的。

2）一级指标得分数据分析

"策划组织"、"应急准备能力"和"应急准备脆弱性分析"3个一级指标的得分直方图及其正态分布曲线图分别见图5.6～图5.8。其中"策划组织"的变异系数为7.84%，"应急准备能力"的变异系数为7.15%，"应急准备脆弱性分析"的变异系数为7.47%。总体来看，这3个一级指标分值分布十分相似，分值集中度较高，离散程度低，分布较均匀。这3个一级指标分值的平均值相差不大（应急准备脆弱性分析包含6个二级指标），离散程度也接近，相对而言，应急准备能力较其他两个指标评估结果更好些（平均值高、标准差小），其他两个相差不大，一级指标的得分离散度以及最高分和最低分的差距大主要是其所包含的部分二级指标的得分离散度大造成的，需要进一步分析其所包含的二级指标的得分情况。

3. 评估内容二级指标统计分析

1）二级指标总体显著性分析

《应急演练评估表》共有16项二级指标，分别为"情景设计"、"演练实施"、"脚本编写"、"应急联动"、"演练效果"、"防范"、"保护"、"减灾"、"响应"、

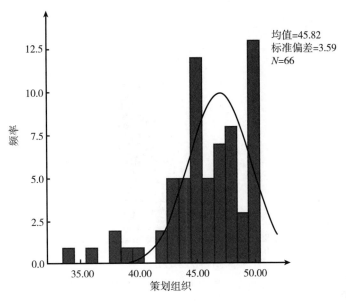

图 5.6 "策划组织"分值直方图及正态分布图(一)

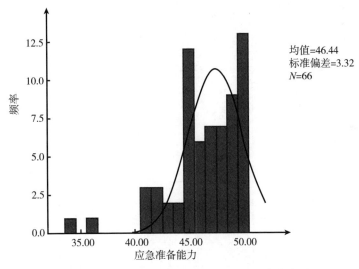

图 5.7 "应急准备能力"分值直方图及正态分布图

"恢复"、"监测预警"、"指挥控制"、"通信"、"物资保障"、"媒体应对"及"公众疏导",分别对这 16 项二级指标两两进行 F 检验,其显著性见表 5.3。

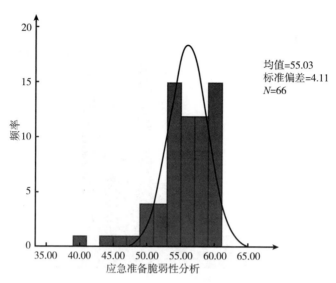

图 5.8 "应急准备脆弱性分析"分值直方图及正态分布图

表 5.3 《应急演练评估表》二级指标显著性分析表(一)

指标分类	情景设计	演练实施	脚本编写	应急联动	演练效果	防范	保护	减灾	响应	恢复	监测预警	指挥控制	通信	物资保障	媒体应对	公众疏导
情景设计	—															
演练实施	0.511	—														
脚本编写	0.581	0.222	—													
应急联动	0.649	0.839	0.308	—												
演练效果	0.803	0.359	0.760	0.476	—											
防范	0.962	0.476	0.611	0.611	0.839	—										
保护	0.878	0.611	0.476	0.760	0.684	0.839	—									
减灾	0.799	0.684	0.415	0.839	0.611	0.760	0.919	—								
响应	0.078	0.263	0.019	0.186	0.042	0.067	0.103	0.127	—							
恢复	0.030	0.127	0.006	0.084	0.015	0.025	0.042	0.053	0.684	—						
监测预警	0.726	0.308	0.839	0.415	0.919	0.760	0.611	0.541	0.033	0.011	—					

续表

指标分类	情景设计	演练实施	脚本编写	应急联动	演练效果	防范	保护	减灾	响应	恢复	监测预警	指挥控制	通信	物资保障	媒体应对	公众疏导
指挥控制	0.649	0.839	0.308	1.000	0.476	0.611	0.760	0.839	0.186	0.084	0.415	—				
通信	0.394	0.127	0.760	0.186	0.541	0.415	0.308	0.263	0.008	0.002	0.611	0.186	—			
物资保障	0.958	0.541	0.541	0.684	0.760	0.919	0.919	0.839	0.084	0.033	0.684	0.684	0.359	—		
媒体应对	0.290	0.684	0.103	0.541	0.186	0.263	0.359	0.415	0.476	0.263	0.154	0.541	0.053	0.308	—	
公众疏导	0.878	0.611	0.476	0.760	0.684	0.839	1.000	0.919	0.103	0.042	0.611	0.760	0.308	0.919	0.359	—

检验分析结论：从表 5.3 发现，"恢复"指标分值与"脚本编写"指标分值比较时，"恢复"指标分值与"演练效果"指标分值比较时，"恢复"指标分值与"防范"指标分值比较时，"恢复"指标分值与"保护"指标分值比较时，"恢复"指标分值与"监测预警"指标分值比较时，"恢复"指标分值与"通信"指标分值比较时，"恢复"指标分值与"物资保障"指标分值比较时，"恢复"指标分值与"公众疏导"指标分值比较时（共 8 组）；"响应"指标分值与"脚本编写"指标分值比较时，"响应"指标分值与"演练效果"指标分值比较时，"响应"指标分值与"监测预警"指标分值比较时，"响应"指标分值与"通信"指标分值比较时（共 4 组），评估专家的均值是有显著差异的（$P<0.05$），其余指标分值两两比较时，评估专家的均值是没有显著差异的（$P>0.05$）。说明："恢复"指标分值和"响应"指标分值对评估专家分值均值的影响重要度在前两位。"恢复"和"响应"指标分值较高，"恢复"和"响应"能力在本次综合演练中取得效果得到评估专家组的一致认可。这与前面数据基础分析结果一致。

2）二级指标得分数据分析

专家评估二级指标的得分情况见图 5.9～图 5.24。

《应急演练评估表》中二级指标分值直方图及正态分布如图 5.9～图 5.24 所示。16 个二级指标的统计结果大致可分为以下三种情况。

一是所有专家评估得分都在 8 分以上，均为"良"和"优"，有两个指标，分别为"恢复"和"媒体应对"，说明专家对该指标体现的演练内容认可度高且一致。

二是所有专家评估得分都在 6 分以上，有 10 个指标，这些评估指标的得分均值为"可"以上。

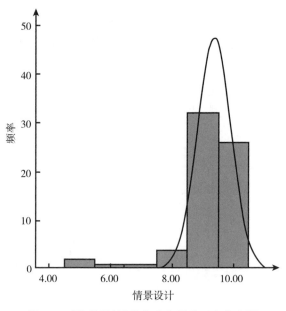

图 5.9 "情景设计"分值直方图及正态分布图

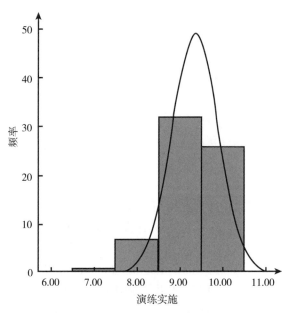

图 5.10 "演练实施"分值直方图及正态分布图(一)

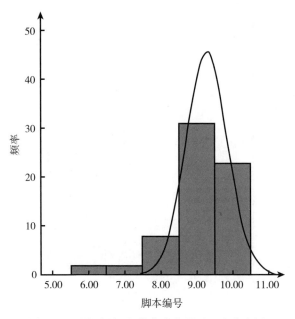

图 5.11 "脚本编写"分值直方图及正态分布图

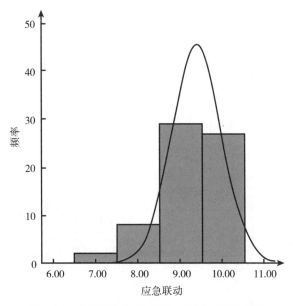

图 5.12 "应急联动"分值直方图及正态分布图

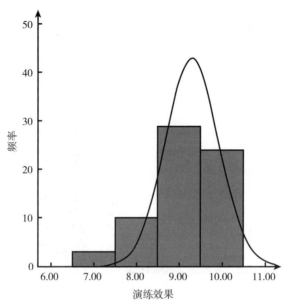

图 5.13 "演练效果"分值直方图及正态分布图

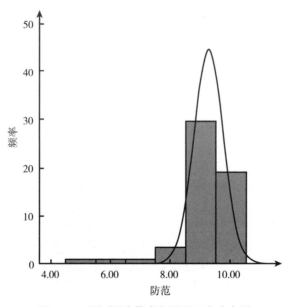

图 5.14 "防范"分值直方图及正态分布图

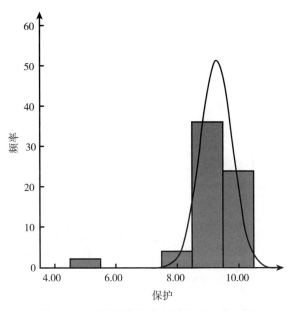

图 5.15 "保护"分值直方图及正态分布图

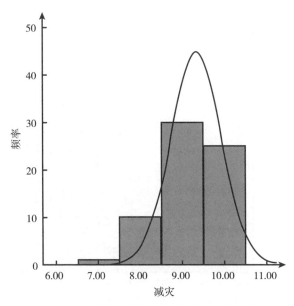

图 5.16 "减灾"分值直方图及正态分布图

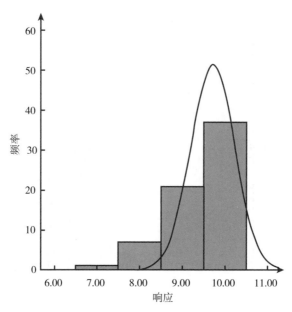

图 5.17 "响应"分值直方图及正态分布图

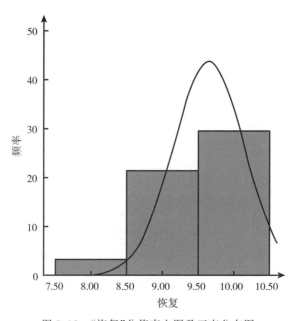

图 5.18 "恢复"分值直方图及正态分布图

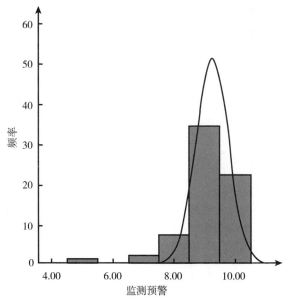

图 5.19 "监测预警"分值直方图及正态分布图

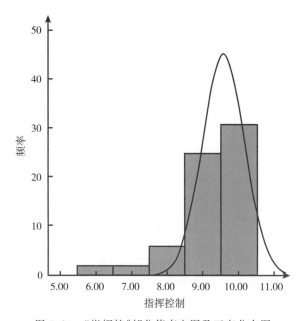

图 5.20 "指挥控制"分值直方图及正态分布图

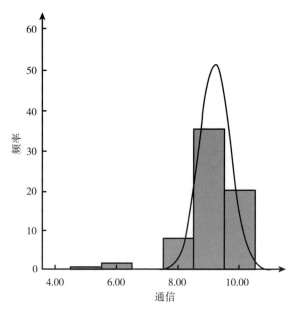

图 5.21 "通信"分值直方图及正态分布图

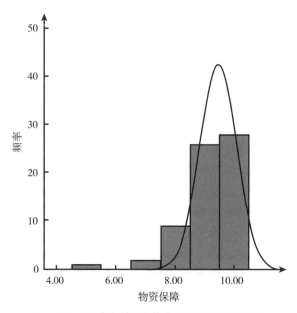

图 5.22 "物资保障"分值直方图及正态分布图

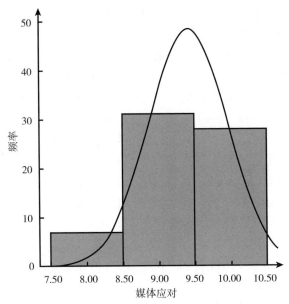

图 5.23 "媒体应对"分值直方图及正态分布图

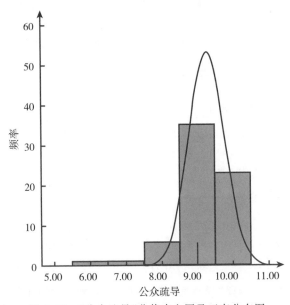

图 5.24 "公众疏导"分值直方图及正态分布图

三是专家评估得分在 6 分以下，有 4 个指标，分别为"情景设计"、"防范"、"通信"与"物资保障"。例如，"情景设计"指标得分跨度大，有两个专家的评分为 5 分，一个 6 分，其中有 5% 的分值在 8 分以下，均值不高，标准偏差相对较大，虽然人数比例不大，但是说明本次演练的情景设计方面，专家的认识程度和认可度还存在一定差异。另两个指标情况也基本类似。

其他指标的得分情况如下。

"演练实施"指标得分有一定的分散度,有1.5%的分值在8分以下。"脚本编写"指标得分差异较大,有5%的分值在8分以下。

"应急联动"指标得分比较均匀,只有2.5%的分值在8分以下。"演练实施"指标得分比较分散,有3.5%的分值在8分以下。

"防范"指标得分比较集中,有3%的分值在8分以下。

"保护"指标得分比较集中,有2%的分值在8分以下。

"减灾"指标得分比较分散,有2%的分值在8分以下。

"响应"指标得分比较分散,有2%的分值在8分以下。

"恢复"指标得分比较集中,分值全在8分以上。

"监测预警"指标得分比较集中,有5%的分值在8分以下。

"指挥控制"指标得分比较集中,有5%的分值在8分以下。

"通信"指标得分比较集中,有3%的分值在8分以下。

"物资保障"指标得分比较集中,有4%的分值在8分以下。

"媒体应对"指标得分比较集中,分值全在8分以上,约66位(100%)专家认为,此指标演练效果良好。

"公众疏导"指标得分比较集中,有2%的分值在8分以下。

5.4.3 应急演练反馈指标统计分析

1. 反馈表数据显著性分析

对190组参演人员的分值进行 F 检验,得 $F=6.562$,$P=0<0.05$,由此可知,当参演人员不同时,参演人员反馈的得分均值是有较大差异的,样本数据的独立性较高,数据真实可信。

2. 反馈内容一级指标统计分析

1)一级指标总体显著性分析

《应急演练反馈表》共有三项一级指标,分别为"策划组织"、"演练实施"及"自我评价",分别对这三项一级指标两两进行 F 检验,其显著性见表5.4。

表5.4 《应急演练反馈表》一级指标显著性分析表(二)

一级指标	策划组织	演练实施	自我评价
策划组织	—		
演练实施	0.744	—	
自我评价	0.798	0.944	—

三项一级指标分值两两比较时,参演人员分值的均值是没有显著差异的($P>0.05$)。这说明"策划组织"、"演练实施"及"自我评价"三个指标的分值分布相似。

2) 一级指标得分数据分析

3个一级指标所包含的二级指标均为3个,因此它们的平均分具有一定的可比性,3个指标均值由高到低的排序为"演练实施"(27.97)、"自我评价"(27.96)、"策划组织"(27.89)。

从图5.25~图5.27可以看到,这3项一级指标分值分布十分相似,分值集中度较高,离散程度低,分布较均匀。其中"策划组织"的变异系数为8.43%,"演练实施"和"自我评价"的变异系数都为7.59%,这3项一级指标分值的离散程度接近,平均值也相差不大。每个二级指标都大于等于8分,为"优"或"良"等级,则一级指标(包括3项二级指标)大于等于24分,为"优"或"良"等级;"策划组织"指标中,有10%的分值在24分以下,约171位(90%)参演人员认为,此指标实施情况处于良好或优秀等级。"演练实施"指标中,有8%的分值在24分以下,约175位(92%)参演人员认为,此指标实施情况处于良好或优秀等级。"自我评价"指标中,有5%的分值在24分以下,约181位(95%)参演人员认为,此指标实施情况处于良好或优秀等级。

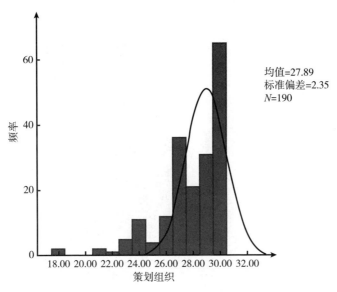

图5.25 "策划组织"分值直方图及正态分布图(二)

其中,有参演人员对"策划组织"和"自我评价"两个指标评估为"可",评估组认为他们的评估结果在某种程度上反映了认真负责的态度和客观科学的精神。

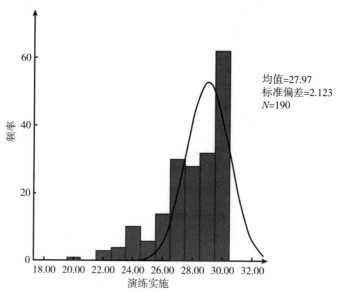

图 5.26 "演练实施"分值直方图及正态分布图(二)

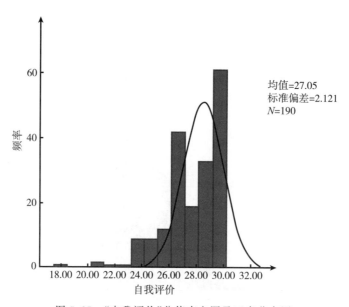

图 5.27 "自我评价"分值直方图及正态分布图

3. 反馈内容二级指标统计分析

1)反馈表二级指标显著性分析

《应急演练反馈表》共有九项二级指标,分别为"任务分配"、"职责明确"、

"物资准备"、"指挥协调"、"人员到位"、"演练效率"、"角色适应"、"职责履行"及"协作配合",分别对这九项二级指标两两进行 F 检验,其显著性见表5.5。

表 5.5 《应急演练反馈表》二级指标显著性分析表(二)

指标分类	任务分配	职责明确	物资准备	指挥协调	人员到位	演练效率	角色适应	职责履行	协作配合
任务分配	—								
职责明确	0.075	—							
物资准备	0.490	0.013	—						
指挥协调	0.711	0.158	0.289	—					
人员到位	0.009	0.414	0.001	0.026	—				
演练效率	0.315	0.005	0.753	0.169	0	—			
角色适应	0.258	0.004	0.660	0.133	0	0.900	—		
职责履行	0.020	0.589	0.003	0.051	0.782	0.001	0.001	—	
协作配合	0.572	0.223	0.209	0.846	0.042	0.116	0.090	0.079	—

从表5.5发现,"人员到位"指标分值与"任务分配"指标分值比较时,"人员到位"指标分值与"物资准备"指标分值比较时,"人员到位"指标分值与"指挥协调"指标分值比较时,"人员到位"指标分值与"演练效率"指标分值比较时,"人员到位"指标分值与"角色适应"指标分值比较时,"人员到位"指标分值与"协作配合"指标分值比较时(共6组);"职责履行"指标分值与"任务分配"指标分值比较时,"职责履行"指标分值与"物资准备"指标分值比较时,"职责履行"指标分值与"演练效率"指标分值比较时,"职责履行"指标分值与"角色适应"指标分值比较时(共4组);"职责明确"指标分值与"物资准备"指标分值比较时,"职责明确"指标分值与"演练效率"指标分值比较时,"职责明确"指标分值与"角色适应"指标分值比较时(共3组),参演人员分值的均值是有显著差异的($P<0.05$),其余指标分值两两比较时,参演人员分值的均值是没有显著差异的($P>0.05$)。这说明"人员到位"指标分值和"职责履行"指标分值对参演人员分值均值的影响排名在前两位。

2) 反馈表二级指标得分分析

图5.28~图5.36为《应急演练反馈表》中二级指标分值直方图及正态分布。

从图5.28~图5.36中可以发现,除了"职责明确"和"职责履行"两项指标有个别"差"评外,其余7项指标得分值均在6分以上,这整体反映了绝大多数参演人员是认真到位的,同时也认为本次演练的组织和实施是成功的。

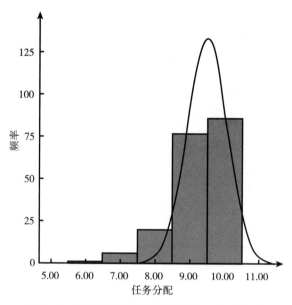

图 5.28 "任务分配"分值直方图及正态分布图

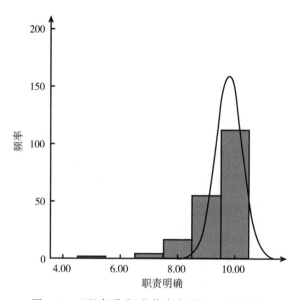

图 5.29 "职责明确"分值直方图及正态分布图

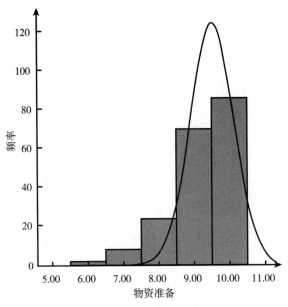

图 5.30 "物资准备"分值直方图及正态分布图

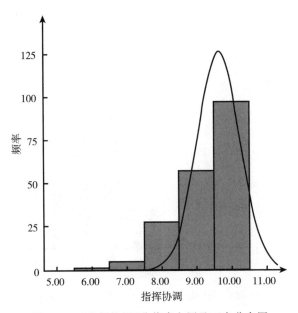

图 5.31 "指挥协调"分值直方图及正态分布图

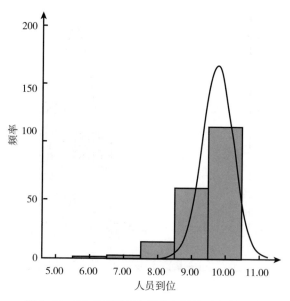

图 5.32 "人员到位"分值直方图及正态分布图

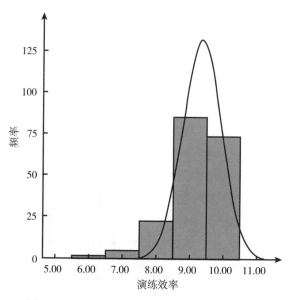

图 5.33 "演练效率"分值直方图及正态分布图

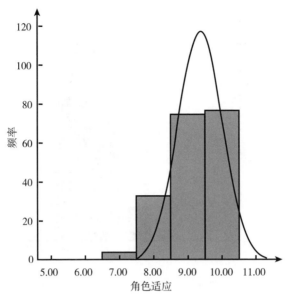

图 5.34 "角色适应"分值直方图及正态分布图

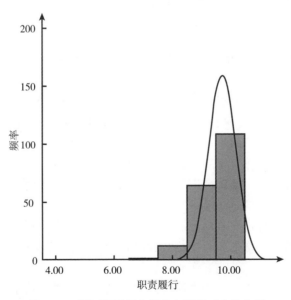

图 5.35 "职责履行"分值直方图及正态分布图

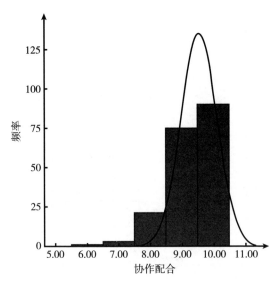

图 5.36 "协作配合"分值直方图及正态分布图

5.4.4 评估专家和参演人员建议汇总分析

1. 评估专家改进建议

省级及其余 9 市级评估专家共提出建议和改进措施 121 条,按照建议数量进行排列,见图 5.37。

评估专家建议主要围绕演练策划、演练组织、演练实施、应急管理体制机制和其他五个方面,评估专家提出的意见和建议事项主要包括以下内容。

(1)演练脚本。演练脚本应更具有真实性,贴切实际,从实战角度出发。

(2)演练方案。演练方案要继续深化,提高可操作性。

(3)情景设计。市级演练范围狭窄,建议多增加一些情景,进一步提高复杂程度。

(4)职责分工。应进一步细化职责分配,加强应急人员现场处置能力。

(5)应急联动。应增强"省、市两级政府和相关企业"应急联动,建立信息共享平台。

(6)信息报送和发布。应加强层级间的信息报送,最新信息要及时发布。

(7)应急信息研判。建议扩大应急组织机构,帮助应急指挥中心做好信息研判工作。

(8)角色适应。应提高现场演练的紧张感。

(9)应急保障。应关注交通、通信中断对应急处置的影响,提高应急保障能力。

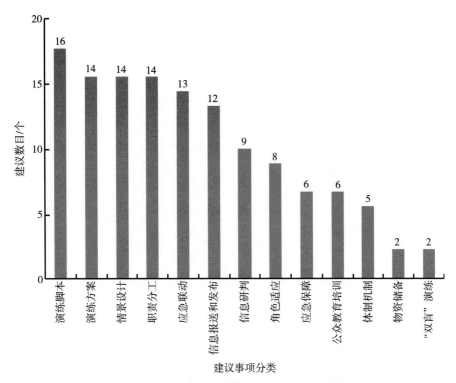

图 5.37 评估专家提出的意见和改进建议情况

(10) 公众教育培训。应继续加强对公众停电应急演练宣传教育、培训。

(11) 体制机制。应完善应急预防、准备、响应、恢复等体制机制。

(12) 物资储备。建立以政府主管部门为主导的应急物资储备机制,加大应急物资资金投入。

(13) 演练方式。应推行"双盲"演练。

专家建议大致可以分为三个层次,主要建议集中在演练脚本、演练方案、情景设计、职责分工、应急联动、信息报送和发布几个方面,约占建议数量的 69%,应急信息研判、角色适应、应急保障和公众教育培训几个指标的建议数量占 24%,应急体制机制、应急物资储备和演练方式等指标只占 7%。

2. 参演人员反馈建议

省级及其余 9 市级参演人员共提出建议和改进措施 115 条,按照建议数量进行排列,见图 5.38。

参演人员主要根据自身在应急演练中的角色及其演练活动情况,对本次演练工作提出反馈意见和建议,参照评估指标的设置,主要有以下内容。

(1) 演练脚本。演练脚本编写需从实战出发,更加务实演练。

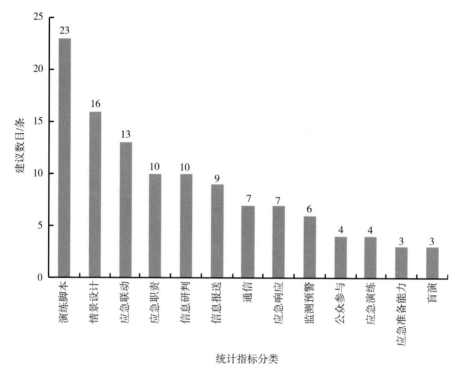

图 5.38 参演人员反馈意见和改进建议情况

(2)情景设计。应急现场略偏少,可进一步丰富,增加真实场景模拟及模拟大面积停电诱发的衍生应急处置情形。

(3)应急联动。跨部门应急联动存在提升空间,做好演练现场协同配合。

(4)应急职责。部分参演角色对应急职责不熟悉,有待加强培训,提高参演效率。

(5)信息研判。对突发事件情况和发展研判重点不突出。

(6)信息报送。报送信息过程相对简洁,有进一步提升空间,加强应急通信系统保障,加强信息互通和资源共享。

(7)通信。通信系统的流畅性和传输质量有待加强,建议进一步强化通信情况联动。

(8)应急响应。应急动作不够迅速,没有紧迫感。建议增加演练突发环节,更好地考验人员应急响应能力。

(9)监测预警。先期处置有待改进,建议增加事故现场预警信息,加强突发事件预警信息发布。

(10)公众参与。建议加大应急知识宣传,扩大社会公众(如学生、家庭、职工)参与度。

(11) 应急演练。基层应急保障处置力量在组织、培训、技术和装备实际与演练要求有差距，建议开展多层次的专项演练，提高应急能力。

(12) 应急准备能力。应加强应急物资储备和队伍建设。

(13) 建议演练采用盲演。

参演人员建议也大致可以分为三个层次，主要建议集中在演练脚本、情景设计、应急联动、应急职责、信息研判几个方面，约占建议数量的 63%；信息报送、通信、应急响应、监测预警几个指标的建议数量占 25%；应急演练、公众参与、应急准备能力、演练方式等指标占 12%。

3. 意见和建议汇总

综合评估专家和参演人员反馈的意见与建议，主要集中在以下几个方面。

(1) 演练脚本编写。建议应从实战角度出发，贴切实际，更具有真实性，脚本内容要继续细化，提高可操作性。

(2) 演练情景设计。本次演练中部分城市应急现场偏少，多为桌面演练，应增加真实场景模拟，完善大面积停电诱发的衍生灾害的应急处置情景。

(3) 应急职责分工。进一步细化参演部门和人员的职责分配，加强应急人员现场处置能力的培训，提高参演效率。

(4) 应急信息报送和发布。本次演练信息报送过程相对简洁，应急处置信息逐级报送时，要做到报送内容全面实时有效，且无遗漏，最新信息要及时发布。

(5) 应急联动。跨部门应急联动存在提升空间，做好演练现场协同配合，省、市两级政府与相关企业之间的联动应增强，建立信息共享平台。

(6) 应急信息研判。建议扩大应急组织机构，突出突发事件情况和发展研判重点，帮助应急指挥中心做好信息研判工作。

(7) 监测预警。先期处置有待改进，建议增加事故现场预警信息，加强突发事件预警信息发布。

(8) 通信。本次演练过程中，应急指挥平台之间通信系统的流畅性和传输质量存在一定的问题与改进空间，一方面，本次演练起到了检验应急指挥平台的作用，另一方面，也显示了应急响应过程中拥有多种有效通信方式的重要性，建议进一步强化通信情况联动。

(9) 应急准备方面。关于提高公众教育培训和参与度，改进应急物资储备机制和改进应急演练方式的建议等。

5.5 评估结果分析

5.5.1 评估整体结论

从专家评估表和参演人员反馈表回收统计结果显示,评估手册设置的所有评估指标(一级和二级)的得分均值都在9以上。因此,无论从演练准备、演练过程、现场观察、参演人员反馈、专家现场点评、参演领导总结、国家层面参与和周边相邻地区观摩反馈等方面来看,本次应急综合演练取得了圆满成功。应急综合演练方案设置的目的和目标基本达到。演练的成功反映了×省省委、省政府对突发事件应对工作的高度重视,反映了×省坚持以人为本、科学发展的应急管理理念,也展现了×省在应急管理工作中系统、坚实的工作基础。

本次×省综合演练体现了习近平总书记倡导的底线思维要求和有备无患的思想,展现了×省应对重大突发事件预防、减灾、响应、保护、恢复的综合准备能力。本次演练对分析、检查应急管理工作中存在的薄弱环节,进一步修改完善预案体系和推动应急体系建设发展,意义重大。通过本次演练活动,及其在演练前、演练后的媒体报道和宣传,可以更好地培训教育公众,引导公众提高危机应对意识。这是演练活动不同于其他活动的方式特点,具有不可替代的作用。

本次演练成功的原因和特点主要包括以下几点。

(1)准备充分。正式演练活动三个月之前,省政府召开2014年×省应对"西电东送"大通道故障应急综合演练启动会议,下发了《×省应对"西电东送"大通道故障应急综合演练总体方案》和《×省应对"西电东送"大通道故障应急综合演练工作方案》。参加演练的九市根据综合演练方案的要求,结合自身实际情况制订各自的演练方案,并多次进行预演、桌面推演和同步预演,对方案进行不断修改和完善。

为了实现预期演练目标,九市的参演方案尽可能力求真实。例如,F市在制订演练方案时就力求做到三个"真",即演练场景要真实、相关人员要真练、应对措施要真正管用;B市建立以副秘书长为组长的应急演练领导小组,在两个月内连续组织召开了六次规模大小不同、专业范围各异的讨论筹备会,与各参演单位广泛沟通和协调,从演练控制、节点衔接、展示方式、技术保障、演练评估等方面进行了策划和组织,对演练效果等方面反复研究并逐个解决完善;I市在演练筹备期间邀请北京的专家教授对参演人员进行强化理论学习和模拟实战演练。

在实现应急指挥平台互联互通方面,做了大量的工作。例如,F市经济和信息化局组织市应急办公室、中国电信F市分公司、华为驻F市有关技术人员对指挥保障平台的搭建进行认真研究,充分利用各种移动终端,做到了市应急指挥中心与F市供电局、市三防指挥部、中国电信F市分公司、中心血站等单位的音视频互通互联；B市利用3G远程电力督查车载设备为B市电力事故应急指挥部提供直观的应急处置过程信息。

（2）策划成功。演练情景选择和设计切合当前×省经济社会的实际情况。策划工作无疑是非常成功的，以大停电事件情景为引导，演练目标设定清晰明确。演练情景构建充分体现了顶级事件的思想，涉及的事件冲击强度大，分布范围广，处置起来十分困难和复杂。×省是我国的经济大省，2013年全省实现地区生产总值6万2千多亿元，其中，A、B、C、D、E、F、G、H、I九市的生产总值就有5万3千多亿元，约占86%。工业化水平和城镇化水平相对较高，资本、人员高度集中，作为生命线工程的电力供应安全一旦发生故障，导致大面积停电，不仅会造成一定的人员伤亡、财产经济损失和次生、衍生灾害，还会给地区的经济秩序、人民生活带来严重影响，处置不当还可能引发更为严重的社会问题。应该说，本次参加演练城市的演练方案都是参演城市根据自身情况进行了设计，相互之间又有所侧重和区别，比较切合实际，此外，选取9个城市进行演练体现了底线思维和顶层设计的思想。

（3）组织有序。本次综合演练涉及省、市两级政府及其多家职能部门，多家电力企业及其专业队伍，参演人员众多，组织和协调难度大。各级领导高度重视、认真对待、各司其职、认真履行在演练中的角色和职责。

整个演练过程顺畅，应急指挥坚决、处置果断，通过应急指挥平台，关注和掌控事态发展的主要节点，进行提前主动干预，从而有效引导演练的进展。另外，演练过程中参演部门的应急响应迅速准确，信息发布及时到位，整个演练过程紧张有序。

（4）联动有力。一般来说，将国家、省、市，一直到基层社区、企业的多层级应急联动组织起来，困难很大。将电力、公安、消防、安监等多部门应急力量协调组织形成统一指挥的应急指挥和应急处置系统具有高度复杂性。本次演练将省、市和企业之间以及部门之间协调联动作为联合应对重大突发大停电事件的重点内容，将检验统一指挥下的多部门协作、多个专业队伍协调应对能力作为演练的主要目的，各参演单位能够做到积极参与、各司其职、通力协作，保证演练的各项工作和任务顺利进行。反映了×省在重大突发事件应对机制上已经形成了可以组织大规模统一指挥、多级响应、联合行动、协同应对的能力。

（5）应急指挥平台有效支撑。本次演练的应急信息报告和现场应急处置视频、图像都是通过应急平台互联互通实时传输的，应急指挥平台的使用为统一指挥决策，联合行动处置提供了支持，提高了应急信息报送和应急指挥决策的效率，对×省和九市基于应急指挥平台开展统一指挥和联合应对起到了有力的技术支撑。此外，参演的九市有的还开通应急广播系统，动员广大群众直接参与危机应对。

(6)促进了×省尤其是九市大停电突发事件联合应对能力的改善和提升。通过本次应急演练,多数参演城市对处置大面积停电的过程和特点有了更深入的了解,电网企业对所承担的社会责任有了进一步的认识,重要用户对加强自备应急电源的规划建设和管理工作的必要性有了更为深刻的理解。通过演练过程中的不断磨合,进一步健全大面积停电突发事件应急管理机制。

本次演练设置的检验应急联动、应急指挥、应急保障、应急恢复、公众保护、舆情控制、信息发布和应急预案衔接可靠性等,通过演练都得到了不同程度的实施,通过演练,提高了认识,建立了共识和联合应对机制,取得了一定的经验,提升了信心。两方面 25 个评估指标的评估结果都达到了"优",其中,"恢复"、"响应"、"媒体应对"、"人员到位"、"职责履行"和"职责明确"等指标的评分分值靠前。

此外,在演练的筹备过程中,有些参演城市通过加大投入和技术改进,增强了应急平台的功能,有关部门特别是经济和信息化局、供电部门进一步落实了应对大停电突发事件所需的应急队伍、物资、装备、技术等资源,应急准备工作得以进一步完善。

5.5.2 存在的问题

根据评估指标的统计分析结果、意见建议汇总分析,本次综合演练及其反映出的问题主要集中在"情景设计"、"脚本编写"、"策划组织"、"演练效率"、"角色适应"、"自我评价"、"通信"、"监测预警"、"防范"和"物资准备"等指标上,结合九市的演练评估报告和专家组成员现场观察评估,本次演练本身及其反映出×省应急管理方面存在的问题主要有以下几个方面。

(1)目标过宽、内容过多、规模过大。根据综合演练方案,本次演练的目标涵盖了检验省、市两级政府应对大面积停电的能力,应急预案的科学性,应急机构的联动、指挥和保障,电力系统的恢复能力,重要用户的保障能力,应急信息的报送能力,应急舆情管控和应急信息发布 8 个方面。通过两个小时的演练要达到这 8 个方面的目的不仅难度非常大,而且演练也很难深入,纵观整个演练过程,除应急机构的联动、指挥外,其他方面的展示往往一闪而过,很难给参演人员和评估人员留下较深的印象。在省总体方案框架下,9 个参演城市分别编写各市演练方案,根据自身实际设置演练情景。因此,本次演练的内容十分丰富,单从停电影响的重要用户来看,就有党政军重要部门、道路和轨道交通、民航、医院、金融和证券交易、核电站、大型石化园区、海关等,停电对这些机构造成的影响及其应对措施也各不相同。根据各参演城市的评估报告统计,本次演练的所有参演人员至少在 1 500 人以上,而且分布在 9 个参演城市的多个场地,每个城市的演练科目也较多,这么丰富的演练内容很难展开,浓缩为信息报送就转变为雷同数字和文字，冲击力度大为减弱，演练给参演人员、评估人员带来的真实感和紧迫感就会大为降低，这也可能是部分城市评估报告中提到的参演人员出现不耐烦情绪的原因之一。

(2) 演练时间过短、情景影响考虑不足，演练的深度不够。总长为两小时的演练，共计约30个城市和部门参加，每个城市和部门的参演时间平均为5分钟左右，加上演练事件背景介绍、视频、图像传输和参演单位的主次之分，参演城市和单位的实际参演时间更短，参与演练的面广，深度就会显得有些不足，显得和实际情况有点远；另外，两小时的演练时间展现8小时的应急处置过程，使事件处置时间严重压缩，弱化了情景影响的灾害破坏力、故障修复难度，使人感觉本次大面积停电事件恢复过于简单，社会影响面考虑不足。例如，大面积停电导致的交通和通信受限的条件下，应急响应部门之间的联系、协同和公众的应急通知中可能遇到的困难未进行进一步考虑。造成多数参演城市认为演练没有或缺少停电带来的紧张气氛，紧张度不够。

(3) 部分参演城市的演练情景设计依据不充分，参演城市的演练方案在接近实战方面有待于进一步提升。基于真实情景的演练有助于发现现有应急体系存在的问题和检验应急队伍的实战能力。若设计的情景真实度不高，会影响到参演人员的态度。例如，G市认为本市演练方案中技师学院因停电引发群体性事件不太可能；D市的演练方案中停电对海关影响只设计了某车检场，实际上除了该车检场，还会影响到其他两个车检场，这在演练过程中没有提及。评估专家和参演人员均认为演练要进一步从实战角度出发，贴切实际，使之更具有真实性。这可能也是部分参演人员反馈意见中表现的无压力感的原因之一。

(4) 演的成分多，练的成分少，缺少导调设计。本次演练中演的成分比练多。演练中参演人员都是按照事先编制的演练脚本的内容进行，演练进程展示的基本是"按部就班"的演练脚本，基于实际行动的检验功能和能力的演练看到的不多，占比例小。脚本中没有设计某一城市或地区突然出现某种次生或衍生灾害发生的情景，来检验部门联合应对的应变能力或应急处置的应变能力。从部分参演城市反馈的情况来看，演练过程中有的参演人员对应急预案或演练方案不熟悉，接到命令赶到现场后，在现场对自己的职责和行动比较茫然。此外，对应急制度建设的检验未体现在本次演练之中。

(5) 应急指挥体系建设不足。本次演练在筹划初期即定下原则，省层面不过多干预九市层面的演练工作，只确定演练原则，其余工作要求各市自行开展。总体看出，省层面比市层面的应急指挥工作踏实，但是在演练过程也暴露出一些问题：省级应急指挥部门与市级应急指挥部门的联动不足，信息收集主动性不够，处于信息被动状态；从另一侧面也反映出应急处置的实体在基层，但基层应急指挥部门对大局的掌握不足，信息研判不全面，在演练中未能及时向上级提出救援要求，如交通、通信、物资、部队的支持，在真实灾害下，可能会造成严重的社会损失。另外，部分参演城市的应急指挥人员职责不明确，各级指挥的决策人员及指挥人员的具体动作没有明确指引，决策与具体指挥不分，有些具体指挥动作反被推给决策层来完成。

(6) 已建立的应急制度未纳入演练检验内容。《×省突发事件现场指挥官制度实施办法（试行）》于2014年实施，6月省政府应急办公室组织九市政府应急办公室主要负责人参加现场指挥官培训班，这些工作在我国应急管理领域实属首创。现场指挥官制度的建立，是强调突发事件的现场指挥遵循分级负责、属地管理，统一指挥、多方联动、协同配合、科学处置的原则，特别是突发事件涉及多个单位，现场指挥官的作用重大，其工作主要如下：指派各个部门的主要工作任务；担负起未被指派的任务；与外界建立良好的关系；维护工作人员的身体与心理健康；建立各项资源运用的优先级；与各个单位互动及接收并传达重要信息；确保各单位之间能够有效沟通；辅导事故行动计划的拟订及完成；正确传达信息给各媒体；决定灾难救援行动的终止；协助灾后的重建与调查。较为遗憾的是，本次综合应急演练中未将建立的现场指挥官制度的检验纳入演练内容，在演练过程中现场指挥官的角色和作用也未明确体现。

(7) 应急指挥系统平台的应急信息研判作用体现不足。突发事件应急信息的收集、汇总分析和风险研判是应急决策指挥的主要依据。本次演练着重于现场处置的视频（图像）传输，演练着重于省应急指挥中心和参演城市应急指挥、电力企业应急指挥的应急报告和互动，省应急指挥中心汇总了各市、各单位报送信息，在大屏幕上展示了此次事件受影响地区的停电情况，未对停电事件造成的生产秩序、社会生活等影响，以及可能带来的次生、衍生灾害信息进行进一步汇总、处理和分析，事件引发的风险研判的作用未得以充分体现，未体现出省应急指挥部总指挥的应急决策提出参考和指挥命令提供支持。

(8) 应急平台的稳定性以及平台之间的互联互通效果有待于进一步改进。应急平台是各级政府及各行业进行应急信息报道、实时指挥和应急联动的基础和媒介。演练中发现部分城市的政府和企业之间的应急平台之间还不能互联互通，有些现场的视频无法实施实时传输给应急指挥平台，部分演练时段的图像、声音传输质量有待于进一步提高。对演练的进程造成了一定的影响。考虑到使用应急平台联合应对实际突发大停电等事件时，这些问题可能会对应急信息汇总分析、应急决策形成和指挥效率造成一定的影响，因此，提高应急指挥平台自身的稳定性及保持互联互通对应急响应至关重要。

(9) 信息报告指令用语需要进一步规范。本次综合演练中发现部分信息报告和指令下达用语没有规范一致，部分城市的演练脚本用语前后不一致，容易给执行命令的人员造成歧义，弱化演练职能。在应急处置中，特别是上报情况、传达警令、指挥调度，制定一套详细、完整、操作性强、实用性好的信息报告指令语言，是应急演练成功的必要条件。

(10)演练方式需要进一步改进。本次演练确实收到了很好的效果。但有几个参演城市的演练评估报告中反映了由于本次演练的预演次数多而引起了部分参演人员的不耐烦情绪，由于本次演练经历多次预演，每次都在半天时间左右，很多参与桌面推演的人员，有不耐烦的情绪。这对于今后制订演练计划、设计和改进应急演练方式方法也是一个促进。

(11)演练的宣传培训做得不够。本次应急综合演练主要侧重于在省政府统一指挥下各部门、地方和企业联合行动、协调应对，侧重于应急平台之间的应急信息报送和互动，侧重于电力行业专业队伍应急处置和重点用电用户的安全保障等，参演人员主要为省、市级应急办公室或相关协作单位成员。由于时间原因，对大停电造成的社会影响未进行全面、深入和具体评估，社会面向公众参与程度较低，仅限在个别演练场景中体现出公众的参与。但大停电后对社会公众行为的判断，并采取适宜的引导、安置方式更需要联合行动和协调应对。而演练当天，社会秩序井然有序，演练地点也没有相关事件的宣传，社会层知情率不高，没有给公众起到警示作用，缺失了一次对公众应急培训的时机。

5.6 评估改进建议

(1)强化情景构建工作。情景不同于传统的"典型案例"，它不是一个具体事件的投影，而是无数同类事件和预期风险的集合。因此，情景具有广泛的代表性和可信的前瞻性。情景可以明确应急准备的主要目标，可以作为应急预案制订、修订的重要基础，可以作为规划应急培训、演练依据。美国的联邦应急管理署（Federal Emergency Management Agency，FEMA）通过三个步骤来主持、维护和管理情景构建工作，一是发现好的情景模式，完成构建分析结果；二是修订情景；三是管理和维护，对情景模拟不断更新，使之与实际更吻合。大停电是一个好的情景，建议×省在此基础上，开展大停电突发事件的情景构建，充分发挥情景构建的引领作用。对大停电事件的诱发条件、事件演化规律、破坏强度、波及范围、复杂程度及严重后果等进行深入系统分析，并依此进行应急任务梳理、应急能力对照评估，不断完善应急预案，指导应急演练，强化应急准备。

制定演练规划，将应急演练的"推演"和"练习"提升为常态化的应急管理，采取多种演练方式，逐步建立积累式应急演练机制，见图 5.39。将应急演练转变为常态化和实战化，使之成为负有应急职能部门的日常工作内容，设计演练的主题，组织相关部门或人员进行推演或练习，将每次推演或练习作为培训的一部分，逐步提升演练效率和演练水平，使演练逐步接近实战。

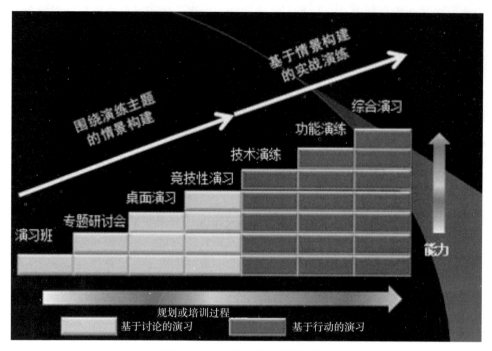

图 5.39 基于能力提升的演练规划

(2)建议将大面积电网停运后的黑启动纳入演练规划。结合×省电网的实际情况,分析大停电后黑启动的必要性和可行性。联合组织大停电后的黑启动演练,做好大停电黑启动应急准备工作。大面积停电后的系统自恢复通俗地称为黑启动。所谓黑启动,是指整个系统因故障停运后,系统全部停电(不排除孤立小电网仍维持运行),处于全"黑"状态,不依赖别的网络帮助,通过系统中具有自启动能力的发电机组启动,带动无自启动能力的发电机组,逐渐扩大系统恢复范围,最终实现整个系统的恢复。建议组织相关电力和应急专家论证×省大停电事件发生后是否存在黑启动的问题。若存在,则有必要设计大停电后黑启动应急演练,通过演练,做好相应的黑启动方案编制、技术装备配置和定期演练等应急准备,确保一旦发生大停电突发事件,×省具备黑启动的各项应急条件和能力。

(3)研究制定不同类型应急演练的考核目标和评估标准。

应急演练是在没有压力的情况下进行的。但是,如果完全没有压力,就不可能形成各项应急准备工作的持续完善和应急能力的累积性增长。因此,各类演练考核目标和评估标准就显得非常必要。建议研究出台×省应急演练的专项规定或制度,明确×省应急管理和应急职能部门想要采取的应急演练类别和形式,基于采取的演练方式,制定应急演练的考核目标和评估标准。

(4)在主要的应急管理职能部门或单位推广业务连续性管理(business continuity management，BCM)体系建设。

任何应对危机或灾难事件的活动包含事前、事中、事后三个基本阶段，BCM 是帮助组织机构应对灾难的有效方法，并对这三个阶段进行了全面的规划，同时开展一系列有计划的行动。

BCM 是一门由业务自身驱动的综合学科，其中设施管理、供应链管理、质量管理、健康和人身安全都是人们比较熟悉的传统企业管理的重要方面，单独来看每一个学科都是独立的，但从全面的、整体的企业业务连续过程来看，它们都是必不可少的元素和组成部分。BCM 所涉及的范围不但包含上述四方面内容，还有风险管理、灾难恢复、紧急事件管理、安全管理、知识管理、危机通信和公共关系共十个学科，其核心是保障企业业务连续运行。因此，任何与此有关的领域都可以成为其组成部分，所以说，BCM 是一个开放的架构。

BCM 是一个能够识别来自威胁潜在影响的管理过程，而不单单是危机管理、风险控制、灾难恢复或者技术恢复。十八届三中全会提出构建公共安全体系，为 BCM 的应用与发展创造了最适宜的空间。

分别同等采用了国际标准 ISO 22301：2012 和 ISO 22313：2012，2013 年我国发布了《公共安全　业务连续性管理体系　要求》(GB/T 30146-2013)国家标准，《公共安全　业务连续性管理体系　指南》国家标准即将发布，旨在推动我国 BCM 体系与国际接轨。BCM 在全球范围内被越来越多的组织付诸实践，已经成为一种必然的管理趋势。

建议×省在应急管理方面引入 BCM 理念与方法，进行学习和培训，选取有代表性和有积极性的部门、重要应急职能机构进行 BCM 建设试点，总结 BCM 建设的经验后，予以推广、降低×省突发事件应对体系存在的脆弱性，提高应急准备能力。

(5)提升应急平台之间的互联互通的可靠性，充分发挥应急平台应急会商和风险研判功能。演练过程中，有的参演城市发现，政府与涉及民生企业之间通过视频会议系统进行口头沟通，双方之间有关信息系统存在信息安全壁垒，在电力应急状态下无法实现信息实时共享，应急指挥缺乏可视化的现场信息支撑。例如，本次演练中 B 市供电局的可视化停复电信息系统未能在市电力应急指挥中心展示，且视频会议系统设备陈旧，无法通过发双流的方式传送信息系统画面或者电子文档；D 市应急指挥中心与 D 市供电局应急指挥中心未实现稳定的互联互通。建议有类似问题和需求的地方由市应急办公室统筹协调全市各应急委员会之间信息平台互联互通工作，提高应急信息共享水平和联合应对能力；本次演练中依托应急平台的应急信息汇总分析、风险研判和专家会商体现的较少，而这些都是应急决策和应急指挥不可或缺的前提，因此，今后通过应急平台的互联互通，依托应急平台，充分发挥应急信息汇总分析、风险研判和专家会商是发挥应急平台的主要任务之一。

(6)应提高公众的应急培训力度和应急演练参与度。应急救助的主体是社会公众，提高社会公众应对重大突发事件的处置能力，是做好整个城市、国家应急体系建设工作的基础。因此，建议选取有代表的区域和领域，采取底线思维方式，深入分析公众在大停电事件中的行为规律，研究确定公众参与应急响应的措施和制度，加强对公众进行培训和演练的力度，提高公众突发事件应急演练参与度。建议×省制定演练宣传周，鼓励社会公众参与应急演练，对社会公众进行停电应急培训，为社会公众更进一步参演提供条件。

(7)明确新闻发言制度。应急演练新闻发布会现场须注意以下原则：①新闻发布会现场位置应远离事故现场，以免受到事故衍生的影响，确保发布会顺利进行。②发布会现场政府官员应只担任主持人，保障发布会流程顺利，相关具体问题应由事故现场指挥人员、处置人员等一线人员回答。③新闻媒体要统一口径，避免信息混乱，不能将有分歧或未经证实的信息散布或传播出去。④主持人和回答人员应提供真实的信息，不修饰、不夸张、不美化、不评论，提高事件处置的透明度，最大限度地避免或减少公众猜测和新闻媒体的不准确报道。⑤力争在第一时间发布权威、准确的信息，掌握重大突发事件舆论引导的主动权和话语权。因此，建议×省及九市应急指挥中心明确新闻发言制度，做好现场新闻发布工作，掌握信息传播的规律。以公布事件真相、解答公众疑问、回应社会关切为首要任务，加强信息管理和共享，保持信息发布的一致性、准确性和及时性。

(8)完善应急指挥体系建设。建议市级应急响应单位之间、九市应急办公室之间、×省与邻省应急办公室之间，签订突发事件应急协助协定，并明确相互协助的必要事项，促使在救灾中能够共同相互支持，并将各应急响应单位的相互支持体制明确化。协定内容主要包括以下内容：首先，互相提供灾害信息，开展日常协作演练。除了交换有关大规模突发事件的信息、关于救援活动情况外，也包括各种有助于完成任务的情报。其次，协调灾害地点和灾害救援现场的工作。例如，为了使灾害地点的救援活动取得更好的效果，灾害地点附近的公安局和消防局应调整现场的机构和组织、设置专门的联络人员、及时协调和补充担负的职责与新任务。最后，提供运送救援力量方面的帮助。例如，在灾害发生初期，以救助人员为优先，在交通环境紧张的情况下，交通部门开辟紧急交通路线，排除障碍车辆，协助救援成功。

附录 1 《应急演练评估表》和《应急演练反馈表》数据统计

附表 1.1 《应急演练评估表》数据统计

指标编号	1. 策划组织					2. 应急准备能力					3. 应急准备脆弱性分析					
	1.1 情景设计	1.2 演练实施	1.3 脚本编写	1.4 应急联动	1.5 演练效果	2.1 防范	2.2 保护	2.3 减灾	2.4 响应	2.5 恢复	3.1 监测预警	3.2 指挥控制	3.3 通信	3.4 物资保障	3.5 媒体应对	3.6 公众疏导
1	8	9	7	8	7	7	8	9	8	9	8	7	6	8	9	7
2	9	10	9	10	9	9	10	10	10	10	10	9	9	10	9	8
3	9	9	9	9	9	9	9	9	9	10	8	9	8	9	9	10
4	9	8	8	9	9	8	9	8	8	9	8	9	6	8	9	6
5	9	7	6	7	7	6	5	7	8	8	5	8	6	7	8	10
6	10	10	10	9	10	9	10	9	10	10	9	10	10	10	10	10
7	10	10	10	10	10	10	9	9	10	10	10	9	9	9	10	10
8	10	10	9	10	10	9	9	9	10	10	9	10	9	10	9	9
9	9	9	9	9	9	10	10	10	10	10	10	10	10	10	10	10
10	10	8	8	8	8	9	8	8	7	9	7	7	8	9	9	9
11	8	9	9	9	9	10	9	9	9	8	9	9	8	8	9	9
12	10	9	9	9	9	9	10	10	10	10	9	10	10	10	9	10
13	10	9	10	9	10	9	9	9	10	10	10	9	10	10	10	10

续表

指标编号	1. 策划组织					2. 应急准备能力					3. 应急准备脆弱性分析					
	1.1 情景设计	1.2 演练实施	1.3 脚本编写	1.4 应急联动	1.5 演练效果	2.1 防范	2.2 保护	2.3 减灾	2.4 响应	2.5 恢复	3.1 监测预警	3.2 指挥控制	3.3 通信	3.4 物资保障	3.5 媒体应对	3.6 公众疏导
14	10	10	10	10	10	10	10	10	10	10	10	10	10	10	10	9
15	10	9	9	10	9	10	10	9	10	10	10	10	8	9	10	9
16	9	9	10	10	10	10	10	10	10	10	10	9	9	10	10	10
17	10	10	10	10	10	10	10	10	10	10	9	10	9	10	10	10
18	10	10	10	9	10	9	9	9	10	9	9	10	9	10	10	9
19	9	10	10	10	10	10	10	9	9	10	8	9	9	10	9	9
20	9	9	10	9	10	10	10	10	10	10	9	10	9	9	10	10
21	9	9	10	9	10	9	9	8	10	9	10	9	9	9	9	9
22	8	9	10	8	9	9	9	9	10	9	9	10	9	9	9	9
23	5	9	8	8	8	9	9	9	8	9	9	9	9	7	9	9
24	9	9	9	8	8	9	9	9	9	9	9	8	8	8	8	8
25	9	9	9	9	8	9	9	8	9	8	9	6	5	8	9	9
26	6	8	6	7	7	5	5	8	10	9	9	10	10	5	10	8
27	5	9	7	9	8	9	9	8	10	10	10	10	9	9	9	9
28	10	9	10	10	9	10	10	10	10	9	9	10	10	9	9	9
29	10	10	9	9	9	10	9	9	9	10	10	9	9	9	9	9
30	9	10	9	8	8	10	9	9	9	10	8	9	10	9	9	9

续表

指标编号	1. 策划组织					2. 应急准备能力					3. 应急准备脆弱性分析					
	1.1 情景设计	1.2 演练实施	1.3 脚本编写	1.4 应急联动	1.5 演练效果	2.1 防范	2.2 保护	2.3 减灾	2.4 响应	2.5 恢复	3.1 监测预警	3.2 指挥控制	3.3 通信	3.4 物资保障	3.5 媒体应对	3.6 公众疏导
31	9	9	9	9	9	9	9	9	9	9	9	9	9	9	9	9
32	9	9	9	9	9	9	9	10	10	10	9	9	9	9	9	9
33	9	9	8	9	8	8	9	8	8	9	9	8	9	8	9	8
34	9	9	8	8	8	9	8	8	9	9	8	8	9	8	8	8
35	9	9	9	9	9	9	9	10	10	10	9	9	9	9	8	9
36	9	9	9	9	9	9	9	9	9	9	9	10	10	9	9	9
37	9	9	9	9	10	9	9	10	9	9	9	9	9	10	9	9
38	9	10	9	9	9	10	9	8	9	9	9	9	10	10	8	9
39	9	9	8	9	9	9	9	9	9	9	9	10	9	10	9	9
40	10	9	10	10	10	9	10	10	10	10	10	10	10	9	9	10
41	9	9	9	9	9	9	10	10	10	10	10	10	9	10	10	10
42	10	10	10	10	10	10	10	10	10	10	10	10	10	10	10	10
43	10	10	10	10	9	10	10	10	10	10	10	10	9	10	10	10
44	10	10	10	10	10	10	10	10	10	10	10	10	10	10	10	10
45	10	10	10	10	9	9	9	8	8	8	7	8	8	8	8	9
46	10	8	8	8	9	9	9	8	8	8	9	8	8	8	8	9
47	10	10	10	10	10	9	10	10	10	10	9	10	9	10	10	9

续表

指标编号	1. 策划组织					2. 应急准备能力					3. 应急准备脆弱性分析					
	1.1情景设计	1.2演练实施	1.3脚本编写	1.4应急联动	1.5演练效果	2.1防范	2.2保护	2.3减灾	2.4响应	2.5恢复	3.1监测预警	3.2指挥控制	3.3通信	3.4物资保障	3.5媒体应对	3.6公众疏导
48	9	10	10	10	10	10	10	10	10	10	10	10	9	10	10	10
49	9	9	9	10	9	9	10	9	10	10	10	9	9	9	9	9
50	9	8	9	9	8	8	9	9	9	9	9	9	10	10	10	9
51	10	9	9	10	10	10	9	10	9	10	9	10	10	10	9	9
52	7	8	9	10	8	8	8	8	8	9	8	6	10	8	10	8
53	10	9	9	10	9	10	9	10	9	9	10	9	10	9	10	10
54	9	9	9	9	9	9	9	9	9	9	9	9	9	9	9	9
55	9	9	9	9	9	9	9	9	9	9	9	9	8	9	9	9
56	8	10	9	9	9	9	9	9	10	10	9	10	8	10	10	9
57	9	8	9	10	9	9	9	10	10	9	9	8	8	10	9	8
58	9	9	9	10	9	9	9	9	10	9	9	9	10	9	10	9
59	10	10	10	10	10	10	10	10	10	10	10	10	10	10	10	10
60	9	10	9	9	9	9	10	9	9	10	10	9	10	10	9	10
61	10	10	10	10	10	10	10	10	10	10	10	10	10	9	10	10
62	9	10	9	10	10	9	10	10	10	10	9	10	10	10	9	10
63	10	10	10	10	10	10	10	10	10	10	10	10	10	10	10	10
64	10	10	10	10	10	10	10	10	10	10	10	10	10	10	10	10

续表

指标编号	1. 策划组织					2. 应急准备能力					3. 应急准备脆弱性分析					
	1.1 情景设计	1.2 演练实施	1.3 脚本编写	1.4 应急联动	1.5 演练效果	2.1 防范	2.2 保护	2.3 减灾	2.4 响应	2.5 恢复	3.1 监测预警	3.2 指挥控制	3.3 通信	3.4 物资保障	3.5 媒体应对	3.6 公众疏导
65	10	10	10	10	10	10	10	10	10	10	10	10	10	10	10	10
66	9	10	9	9	9	9	9	9	9	10	9	9	9	9	9	9
平均值	9.14	9.26	9.08	9.23	9.12	9.15	9.18	9.20	9.42	9.48	9.11	9.23	9.03	9.17	9.32	9.18
标准差	1.07	0.71	0.93	0.78	0.83	0.92	0.94	0.75	0.75	0.61	0.90	0.96	0.98	0.95	0.66	0.78

附表 1.2 《应急演练反馈表》数据统计

指标编号	1. 策划组织			2. 演练实施			3. 自我评价		
	1.1 任务分配	1.2 职责明确	1.3 物资准备	2.1 指挥协调	2.2 人员到位	2.3 演练效率	3.1 角色适应	3.2 职责履行	3.3 协作配合
1	8	8	8	8	7	7	6	9	8
2	10	10	9	10	10	10	9	10	9
3	9	9	7	8	10	8	9	10	10
4	9	9	8	9	9	9	9	10	9
5	7	8	7	8	6	6	9	9	8
6	9	9	9	10	10	9	9	8	9
7	9	9	8	7	8	7	9	9	9
8	8	8	8	9	9	9	8	8	9
9	10	10	10	10	10	10	10	10	10

续表

指标编号	1. 策划组织			2. 演练实施			3. 自我评价		
	1.1 任务分配	1.2 职责明确	1.3 物资准备	2.1 指挥协调	2.2 人员到位	2.3 演练效率	3.1 角色适应	3.2 职责履行	3.3 协作配合
10	9	9	9	9	9	9	9	9	9
11	6	5	7	8	9	6	7	5	6
12	10	10	10	10	10	10	10	10	10
13	7	7	7	8	8	8	7	7	7
14	7	7	7	8	8	8	7	7	7
15	9	9	9	9	9	9	9	9	9
16	10	10	10	10	10	10	10	10	10
17	9	9	9	9	9	9	9	9	9
18	10	10	10	10	10	10	10	10	10
19	7	5	6	6	9	8	8	9	9
20	9	9	9	9	9	9	9	9	9
21	10	10	10	10	10	10	10	10	10
22	10	10	10	10	10	10	10	10	10
23	9	9	9	10	10	10	10	10	9
24	10	10	10	10	10	10	10	10	10
25	10	10	9	10	10	9	9	9	9
26	7	8	8	7	9	10	9	9	9
27	8	9	8	7	8	8	8	8	8

附录1 《应急演练评估表》和《应急演练反馈表》数据统计

续表

指标编号	1. 策划组织			2. 演练实施			3. 自我评价		
	1.1 任务分配	1.2 职责明确	1.3 物资准备	2.1 指挥协调	2.2 人员到位	2.3 演练效率	3.1 角色适应	3.2 职责履行	3.3 协作配合
28	9	9	8	9	9	10	9	9	10
29	9	9	10	10	10	9	9	10	10
30	9	10	10	9	9	9	10	9	9
31	10	10	10	10	10	10	10	10	10
32	10	10	10	10	10	10	10	10	10
33	10	10	10	10	10	10	10	9	10
34	10	10	10	10	10	9	9	10	9
35	10	10	10	10	10	10	10	10	10
36	10	10	10	10	10	9	10	10	10
37	10	10	10	10	10	10	10	10	10
38	10	10	10	9	10	10	10	10	9
39	10	10	10	10	10	10	10	10	10
40	10	10	10	10	10	10	8	8	9
41	10	10	9	10	8	9	8	8	9
42	8	7	9	8	9	9	9	9	10
43	9	8	9	10	10	9	9	10	9
44	10	10	9	10	10	10	9	10	10
45	9	9	10	10	10	10	9	10	9

续表

指标编号	1. 策划组织			2. 演练实施			3. 自我评价		
	1.1 任务分配	1.2 职责明确	1.3 物资准备	2.1 指挥协调	2.2 人员到位	2.3 演练效率	3.1 角色适应	3.2 职责履行	3.3 协作配合
46	9	9	10	10	10	10	10	10	10
47	9	10	10	10	9	9	9	10	10
48	10	10	9	8	10	9	10	10	10
49	9	9	8	8	9	10	9	9	9
50	10	10	10	10	10	10	10	10	10
51	10	10	9	10	9	9	10	10	10
52	10	10	10	10	10	10	8	10	10
53	10	10	8	9	7	8	10	10	8
54	8	7	9	10	10	9	8	8	8
55	8	10	10	8	10	9	8	9	9
56	10	10	8	10	8	9	10	10	9
57	7	8	10	10	10	9	9	9	10
58	10	10	9	9	10	10	10	10	9
59	9	10	10	10	10	9	10	10	10
60	10	10	10	10	9	10	10	10	10
61	9	9	9	9	10	9	9	9	9
62	9	10	10	9	9	9	9	10	9
63	9	9	9	9	10	9	8	9	9

续表

指标编号	1. 策划组织			2. 演练实施			3. 自我评价		
	1.1 任务分配	1.2 职责明确	1.3 物资准备	2.1 指挥协调	2.2 人员到位	2.3 演练效率	3.1 角色适应	3.2 职责履行	3.3 协作配合
64	10	10	10	10	10	9	9	10	10
65	8	8	8	9	9	8	7	8	7
66	10	10	10	10	10	10	10	10	10
67	9	10	9	9	10	9	10	10	10
68	9	10	9	9	10	10	10	10	10
69	10	10	10	10	10	10	10	10	10
70	10	10	10	10	10	10	10	10	10
71	10	10	10	10	10	10	10	10	10
72	10	10	10	10	10	10	10	10	10
73	10	10	10	10	10	10	10	10	10
74	10	10	10	10	10	10	10	10	10
75	10	10	10	10	10	10	10	10	10
76	10	10	10	10	10	10	10	10	10
77	9	9	9	8	9	8	9	9	9
78	10	10	10	10	10	10	10	10	10
79	10	10	10	10	10	10	10	10	10
80	10	10	10	10	10	10	10	10	9
81	9	9	8	8	8	8	8	9	8

续表

指标编号	1. 策划组织			2. 演练实施			3. 自我评价		
	1.1 任务分配	1.2 职责明确	1.3 物资准备	2.1 指挥协调	2.2 人员到位	2.3 演练效率	3.1 角色适应	3.2 职责履行	3.3 协作配合
82	10	10	10	10	10	10	10	10	10
83	10	10	9	10	10	9	8	9	8
84	9	9	9	8	9	9	9	10	10
85	10	10	10	10	10	10	10	10	10
86	8	10	9	8	8	7	8	9	9
87	8	8	8	8	8	8	8	8	8
88	8	8	8	8	8	8	8	8	8
89	8	8	8	8	8	8	8	8	8
90	8	8	8	8	8	8	8	8	8
91	10	10	10	10	10	10	9	10	10
92	8	9	9	8	9	9	8	8	8
93	10	10	10	10	10	10	9	10	10
94	9	9	9	9	9	9	9	9	9
95	9	9	9	9	10	9	9	9	9
96	9	9	9	10	10	10	10	10	10
97	10	10	9	9	9	9	10	10	9
98	9	9	9	9	10	8	9	9	9
99	9	9	9	8	9	9	9	9	9

续表

指标编号	1. 策划组织			2. 演练实施			3. 自我评价		
	1.1 任务分配	1.2 职责明确	1.3 物资准备	2.1 指挥协调	2.2 人员到位	2.3 演练效率	3.1 角色适应	3.2 职责履行	3.3 协作配合
100	9	10	10	9	10	9	9	10	10
101	10	10	10	10	10	9	10	10	10
102	10	10	10	10	10	9	9	10	8
103	10	10	9	10	10	9	9	10	9
104	10	10	10	9	10	9	10	10	10
105	10	9	9	9	10	9	9	10	10
106	10	10	10	10	10	10	10	10	10
107	10	10	10	10	10	10	10	10	9
108	9	9	6	9	9	8	9	9	9
109	8	9	7	8	9	7	9	9	9
110	9	9	9	9	9	9	9	9	9
111	9	10	10	10	9	9	8	9	9
112	9	9	10	10	9	10	9	9	9
113	10	10	9	9	10	9	10	10	9
114	9	9	9	9	9	9	9	9	9
115	9	9	8	8	9	8	9	9	9
116	9	9	9	9	9	9	9	10	10
117	9	9	9	9	10	9	9	9	9

续表

指标编号	1. 策划组织			2. 演练实施			3. 自我评价		
	1.1 任务分配	1.2 职责明确	1.3 物资准备	2.1 指挥协调	2.2 人员到位	2.3 演练效率	3.1 角色适应	3.2 职责履行	3.3 协作配合
118	9	10	9	9	10	10	9	9	9
119	10	10	10	10	10	9	9	10	10
120	9	10	10	10	10	10	8	9	9
121	10	10	10	10	10	10	9	10	10
122	10	10	9	9	9	8	10	9	9
123	9	9	7	7	8	9	8	9	8
124	8	8	9	8	10	8	8	9	8
125	8	8	9	9	9	9	10	10	10
126	9	9	10	10	10	10	10	10	10
127	10	10	10	10	10	10	10	10	10
128	10	10	9	9	9	9	9	9	9
129	9	9	9	9	10	9	10	10	10
130	10	10	10	9	10	10	9	10	9
131	10	9	9	10	10	9	10	10	10
132	10	10	10	9	10	9	10	10	9
133	10	10	10	10	10	10	10	10	10
134	10	10	10	9	10	9	9	9	9
135	9	10	9	10	10	10	9	10	9

附录1 《应急演练评估表》和《应急演练反馈表》数据统计

续表

指标编号	1. 策划组织			2. 演练实施			3. 自我评价		
	1.1 任务分配	1.2 职责明确	1.3 物资准备	2.1 指挥协调	2.2 人员到位	2.3 演练效率	3.1 角色适应	3.2 职责履行	3.3 协作配合
136	9	10	8	8	9	9	8	10	10
137	9	10	8	8	10	9	9	9	10
138	9	8	9	10	9	9	8	9	8
139	8	8	7	7	8	7	8	8	8
140	8	10	8	9	9	10	9	10	9
141	10	9	9	10	9	9	10	9	8
142	9	10	9	9	9	8	9	10	9
143	9	9	8	9	9	9	8	9	9
144	9	10	9	10	9	9	9	9	9
145	9	9	9	9	9	9	8	9	9
146	9	9	9	10	9	9	9	9	9
147	9	9	9	9	9	9	9	9	9
148	9	9	8	9	9	9	8	9	9
149	9	9	9	9	9	9	9	9	9
150	10	9	9	9	9	9	9	9	9
151	9	9	9	9	9	9	9	9	9
152	9	10	9	9	9	9	9	9	10
153	10	10	10	10	9	9	9	10	10

续表

指标编号	1. 策划组织			2. 演练实施			3. 自我评价		
	1.1 任务分配	1.2 职责明确	1.3 物资准备	2.1 指挥协调	2.2 人员到位	2.3 演练效率	3.1 角色适应	3.2 职责履行	3.3 协作配合
154	10	10	9	10	10	10	10	10	10
155	9	10	10	9	10	10	10	10	10
156	9	10	10	9	10	10	10	10	10
157	9	9	10	10	10	9	10	10	9
158	10	10	9	9	9	10	10	10	10
159	10	10	8	8	10	9	8	10	10
160	8	8	9	9	9	8	10	9	9
161	9	10	10	9	10	9	10	10	10
162	10	10	10	10	10	10	10	10	10
163	9	10	10	9	10	9	9	10	10
164	9	10	10	10	10	10	10	10	10
165	9	10	9	10	10	9	10	10	10
166	10	10	10	10	10	9	9	9	10
167	10	10	9	10	10	9	10	10	10
168	9	10	9	10	10	9	9	10	10
169	9	10	9	10	9	9	10	10	10
170	10	10	10	10	9	9	9	10	10
171	9	9	9	8	9	8	8	9	8

续表

指标编号	1. 策划组织			2. 演练实施				3. 自我评价		
	1.1 任务分配	1.2 职责明确	1.3 物资准备	2.1 指挥协调	2.2 人员到位	2.3 演练效率		3.1 角色适应	3.2 职责履行	3.3 协作配合
172	9	9	9	8	9	8		8	9	9
173	9	9	9	9	9	8		9	9	9
174	9	9	9	9	10	9		9	9	9
175	8	8	8	9	9	9		8	8	8
176	10	10	10	10	10	10		10	10	10
177	10	10	10	10	10	10		10	10	10
178	9	9	9	9	9	9		9	9	9
179	9	9	9	9	9	10		9	9	10
180	10	10	10	10	10	10		10	10	10
181	10	10	10	10	10	10		10	10	10
182	10	10	9	9	10	9		9	9	9
183	9	10	9	10	10	9		9	10	8
184	10	10	10	10	10	10		10	10	9
185	9	10	10	10	10	9		9	10	9
186	10	10	10	10	10	10		10	10	10
187	9	10	10	9	10	10		9	10	10
188	10	10	10	10	10	10		10	10	10
189	10	10	10	10	10	9		8	10	10

续表

指标编号	1. 策划组织			2. 演练实施			3. 自我评价		
	1.1 任务分配	1.2 职责明确	1.3 物资准备	2.1 指挥协调	2.2 人员到位	2.3 演练效率	3.1 角色适应	3.2 职责履行	3.3 协作配合
190	10	10	10	10	10	10	9	10	10
平均值	9.27	9.42	9.21	9.30	9.48	9.18	9.17	9.46	9.32
标准差	0.81	0.87	0.90	0.85	0.73	0.82	0.83	0.75	0.77

附录 2　×省 2014 年应对"西电东送"
大通道故障应急综合演练

评 估 手 册

目 录

1 应急演练评估实施方案 …………………………………………………… 300
　1.1 评估依据 ……………………………………………………………… 300
　1.2 评估主要内容 ………………………………………………………… 300
　1.3 评估技术方法 ………………………………………………………… 300
　1.4 评估组织 ……………………………………………………………… 301
　1.5 评估程序 ……………………………………………………………… 302
2 现场观察记录表、评估表、反馈表及填表说明 ………………………… 305
　2.1 现场观察记录表及填表说明 ………………………………………… 305
　2.2 应急演练评估表及填表说明 ………………………………………… 306
　2.3 应急演练反馈表及填表说明 ………………………………………… 310
3 演练评估报告的内容及格式要求 ………………………………………… 312
　3.1 报告内容要求 ………………………………………………………… 312
　3.2 报告格式要求 ………………………………………………………… 312

前　　言

为推进×省举办的 2014 年应对"西电东送"大通道故障应急综合演练(以下简称综合演练)的各项工作,×省大面积停电事件应急指挥中心(以下简称应急中心)编制了《×省 2014 年应对"西电东送"大通道故障应急综合演练总体方案》和《×省 2014 年应对"西电东送"大通道故障应急综合演练工作方案》(以下简称演练方案)。根据演练目标和演练方案的相关要求,应急中心决定对此次综合演练进行专家评估。邀请专家对综合演练的策划与组织实施、应急准备能力以及演练过程中涌现出的系统脆弱性进行评估,并提出应急管理改进建议,进而编制演练评估报告。

由于本次综合演练情景设置复杂,涉及×省层面和九个中心城市,参演单位和人数众多,而本次评估任务需要评估人员与参演人员全力配合才能完成。因此,为确保评估人员能够有效地履行所承担的评估任务,使评估结论尽可能客观、全面、科学、公正,评估秘书组编制了《×省 2014 年应对"西电东送"大通道故障应急综合演练评估手册》,供评估人员在演练评估中使用。

1 应急演练评估实施方案

1.1 评估依据

(1)《中华人民共和国突发事件应对法》、《中华人民共和国电力法》及《电网调度管理条例》等国家和地方法规及国家有关电力行业相关标准规范。

(2)×省和参演城市突发公共事件总体应急预案、有关大面积停电事件应急预案等。

(3)×省2014年应对"西电东送"大通道故障应急综合演练总体方案和工作方案及A市、B市、C市、D市、F市、G市、H市、E市和I市应对"西电东送"大通道故障应急综合演练总体方案或工作方案。

(4)借鉴《美国国土安全演习与评价计划》等国内外应急演练评估方法。

1.2 评估主要内容

(1)对本次综合演练策划组织进行评估,包括情景设计、演练脚本编写、演练组织实施、应急联动及演练效果等方面。

(2)针对×省"西电东送"大通道故障,从防范、保护、减灾、响应和恢复五个方面对应急准备能力进行评估。

(3)重点对监测预警、指挥控制、通信、物资保障、媒体应对和公众疏导等方面进行应急准备能力脆弱性分析。

(4)从演练策划、演练组织、演练实施、应急管理体制机制等方面提出进一步加强应急管理工作的改进建议。

1.3 评估技术方法

本次评估采用半定量、模糊的评估方法,以演练目标和演练方案为基础,编制统一的《现场观察记录表》、《应急演练评估表》和《应急演练反馈表》,根据内容填写或打分(德尔菲法为其赋值)。

(1)根据收回的《现场观察记录表》,整理出整个演练过程,将其作为应急演练评估报告中演练概述的一部分内容,并对其进一步分析,找出演练过程中存在的优势和仍需解决的问题。

(2)根据收回的《应急演练评估表》,整理出策划组织、应急准备能力、应急准备脆弱性分析三个评估指标下每个分解条目的得分,再分别计算出每个评估指标的合计得分。

分类汇总第四个评估指标(改进建议)的反馈情况。

(3)根据收回的《应急演练反馈表》,整理出策划组织、演练实施、自我评价三个评估指标下每个分解条目的得分,再分别计算出每个评估指标的合计得分。

分类汇总第四个评估指标(问题及改进建议)的反馈情况。

(4)分别计算《应急演练评估表》和《应急演练反馈表》中每个评估指标下分解条目的算数平均值和标准差等统计指标,进行统计分析。

(5)依据统计结果,可做出统计图表(直方图、线状图、圆饼图或玫瑰图)进行分析。

(6)对演练存在的问题和改进建议进行梳理和归纳。

1.4 评估组织

本次综合演练评估采用专家评估和参演人员自我评估相结合的方法。

评估组分两级,包括省评估专家组和市评估专家组。省评估专家组负责综合演练总体评估,市评估专家组主要负责本市演练评估工作。省评估专家组由8人组成,市评估专家组建议由来自不同专业领域(如综合领域、电力领域和与演练项目相关领域等)的5~9人组成,并应具备与观察演练内容相关的工作经验和专业知识。各级评估专家组都应设立评估秘书组,负责评估专家组的组织工作和评估资料发放、回收与统计工作,评估秘书组成员应具有参与突发事件处置评估相关经验。

三份评估表能否顺利发放、填写和回收到位,是本次专家评估成败的关键。因此,各级评估人员到位情况及其是否能发挥应有的作用就显得至关重要。为确保评估组织能够覆盖整个综合演练的重要参演机构、单位和场所,省评估秘书组根据综合演练方案和各参演城市演练方案,拟定了《各城市演练地点评估人员分配表》,建议×省应急指挥中心布置1~2名省评估人员,其他参演城市应当在应急指挥中心、主要参演单位、重点保护或主要影响用户、专业应急队伍等部门和地点分配1名或1名以上的评估人员。具体评估人员的实际分配情况,各参演城市应根据各自演练实际进行调整和安排,并将评估人员的实际分配情况(包括具体演练地点分配的具体人员)上报省评估秘书组备案,确保评估人员做到"四到位"(人员到位、观察到位、记录到位、填表组织到位)。

省、市参演城市评估专家组和评估秘书组名单格式见附表2.1和附表2.2。

附表 2.1 评估专家组名单

组内职务	姓名	单位、职务和职称
组长		
副组长		
成员		

附表 2.2 评估秘书组名单

组内职务	姓名	单位	联系方式	邮箱
组长				
成员				

1.5 评估程序

1. 学习培训

演练之前应组织所有参与评估人员进行一天的学习培训，主要内容如下。

(1)讲解介绍综合演练的情景设计和工作方案，包括演习的目的和目标等。

(2)评估手册，包括评估的主要内容、方法、填表说明及其评估的组织方式、程序，并进行现场模拟评估。

(3)明确每个评估人员的任务、观察位置和时间，应根据评估人员的专业知识，将其分派到不同的演练地点，每个演练地点指派的评估人员数量取决于需要评估的任务量。观察位置应能清楚地观察到演练人员的活动，但对其不能造成干扰。

(4)评估人员观察记录的重点，如指令信息、突发情况、遇到的困难等。

2. 现场观察

参演人员到场前，评估人员带着所有评估所需材料，到达演练地点的指定位置。从演练开始，评估人员集中精力观察，按照时间顺序在《现场观察记录表》上如实记录所观察的演练过程中发生的事件。例如，接到报警通知、采取的应急行动和措施，以及发生与情景设置、演练方案不一致的问题等，直至演练结束。在观察演练过程中，不得干扰参演人员，如果对所观察的情况有疑问，可在演练休息时与参演人员进行简明、必要的交流。

3. 召开现场讲评会

演练结束后，评估人员立即、就地组织本演练地点参演人员召开现场讲评会。在会上，参演人员可以对自己在演练中的表现进行自我评价，也可对本单位在演练中的表现进行总体评价，并填写评估人员分发的《应急演练反馈表》。评估人员可以向参演人员询问一些遗漏的信息，对参演人员的建议进行记录总结。在会议结束时，评估人员将应急演练反馈表收回、整理。

现场讲评应由经验丰富的人员主持，以确保讨论简明扼要、具有建设性，以演练的改进建议为重点。本演练地点参加会议的参演人员应具有代表性（如现场指挥人员），且数量不应少于评估专家人数。

4. 召开评估小组会

现场讲评会后的半个工作日内，评估专家组召开评估小组会。在会上，评估人员对所观察的演练地点需要改进的地方发表建议，对演练情况进行分析点评，填写《应急演练评估表》，讨论演练评估报告的框架和基本内容。评估秘书组成员对会议进行记录，并将《现场观察记录表》、《应急演练反馈表》、现场讲评会的会议记录和《应急演练评估表》收回、整理。

5. 资料收集汇总分析

市评估秘书组将《现场观察记录表》、《应急演练反馈表》以及现场讲评会会议记录、《应急演练评估表》和评估小组会会议记录原件一起上交给省评估秘书组，上交时间最迟不能超过演练结束后的一个工作日。同时，要为本市编写演练评估报告，备份所有资料。

评估小组会后，评估秘书组对所收集整理的《现场观察记录表》、《应急演练评估表》和《应急演练反馈表》按本手册中的评估技术方法进行统计分析、归纳整理。

6. 提出演练评估结果

根据数据的统计分析结果和各评估专家提出的改进建议的归纳整理，形成本次应急演练的评估结果。

7. 形成综合演练评估报告

在评估专家组组长的组织下，讨论修改和确定评估报告的主要内容。根据评估专家意见，由评估秘书组人员按照本评估手册第三部分（演练评估报告内容及格式要求）的要求起草演练评估报告。根据演练评估活动中的进度安排，按时提交演练评估报告。

演练评估报告完成后，省评估专家组组长组织评估专家组成员及相关人员召开评估总结会。会上，评估秘书组向评估专家组提交演练评估报告，并汇报演练评估报告主要内容。评估秘书组根据评估专家组提出的意见，对报告进行修改，形成演练评估报告最终稿，以评估专家组名义提交应急中心。

2 现场观察记录表、评估表、反馈表及填表说明

2.1 现场观察记录表及填表说明

2.1.1 现场观察记录表

现场观察记录表,见附表2.3。

附表 2.3 现场观察记录表

参演城市:　　　　　　演练部门:　　　　　　演练地点:

时间	事件	存在问题

续表

时间	事件	存在问题

记录人员签字：

2.1.2 《现场观察记录表》填表说明

时间：演练正式开始后，应急事件发生的时间。

事件：演练方案实施过程中，主要发生的事情，包括人员接到的指令和发出的命令、采取的行动和措施、取得的处置结果等。

存在问题：包括真实演练中与演练方案及预期效果不一致的地方。

记录人员：参与现场观察的评估专家或由评估专家指导的秘书组成员。

2.2 应急演练评估表及填表说明

2.2.1 应急演练评估表

应急演练评估表，见附表2.4。

附表 2.4　应急演练评估表
（由省、市级评估专家填写）

评估专家姓名：　　　　　参演城市：　　　　　　　填表时间：

评估内容		分值范围	得分	合计
1. 策划组织	1.1 情景设计	0　　　　　5　　　　　10		
	1.2 演练实施			
	1.3 脚本编写			
	1.4 应急联动			
	1.5 演练效果			
2. 应急准备能力	2.1 防范			
	2.2 保护			
	2.3 减灾			
	2.4 响应			
	2.5 恢复			
3. 应急准备脆弱性分析	3.1 监测预警			
	3.2 指挥控制			
	3.3 通信			
	3.4 物资保障			
	3.5 媒体应对			
	3.6 公众疏导			
4. 改进建议	4.1 演练策划			
	4.2 演练组织			
	4.3 演练实施			

续表

评估内容		分值范围	得分	合计
4. 改进建议	4.4 应急管理体制机制			
	4.5 其他			

2.2.2 《应急演练评估表》填表说明

本表仅省、市两级评估专家使用，并由本人如实独立填写。

本表根据评估内容，分为四项评估指标。

评估指标(1~3)采取他评方式，对每个分解条目(1.1~3.6)参照评分标准逐一打分。评分标准设置 0~10 分值，两端分别为"0"分端和"10"分端，0 分表示该条目演练情况极差，10 分代表该条目演练情况最优，分数越高，演练效果越好。

专家打分：评估专家应根据分解条目实施演练情况在选定的分值上画○，如⑦。分值选择可参考[0，6)分为"差"；[6，8)分为"可"，[8，9)分为"良"，[9，10]分为"优"。

评估指标 4 由评估专家根据演练实际情况填写。

评估指标 1~4 的评估依据可以参考以下几方面的内容。

评估指标 1 为策划组织，包括五条分解条目，分别是情景设计、演练实施、脚本编写、应急联动和演练效果。

1.1 情景设计：演练设计情景是否与本地区本系统的电力实际风险相匹配，是否能够有效达到演练目的。

1.2 演练实施：演练过程中的指挥组织、物资保障、协同配合等方面是否顺畅。

1.3 脚本编写：内容是否清晰、语言是否简洁、结构是否完整。

1.4 应急联动：包括政府之间、政府部门之间、政府与企业和社会之间的联动机制是否能够有效建立。

1.5 演练效果：包括是否实现演练目的，完成演练目标，对演练效果的满意程度如何。

评估指标 2 为应急准备能力，包括五条分解条目，分别是防范、保护、减灾、响应和恢复。

2.1 防范：包括应急预案的编写、培训演练的改进、装备物资的配备及应急技术的支持等方面。

2.2 保护：包括关键设施、重要资源、生命线工程（供水、供电、供热、供气）及公众等方面。

2.3 减灾：包括突发事件的管理、开展搜寻及救援、发布公共信息等方面。

2.4 响应：包括事态评估、事态控制、公众防护等方面。

2.5 恢复：包括公众援助、环境恢复、基础设施恢复等方面。

评估指标 3 为应急准备脆弱性分析，包括六条分解条目，分别是监测预警、指挥控制、通信、物资保障、媒体应对和公众疏导。

3.1 监测预警：分析监测预警程序是否及时、信息收集是否全面、信息分析是否准确等方面。

3.2 指挥控制：从消除危险、启动应急程序、应急联动等方面进行分析。

3.3 通信：包括通信设备设置、通信技术支持、应急响应通信系统运行等方面。

3.4 物资保障：包括物资管理规划、管理流程、非政府组织资源协调等方面。

3.5 媒体应对：包括信息发布、舆论引导、与政府配合程度等。

3.6 公众疏导：包括提供紧急医疗服务、组织疏散、管理社会生活和物资供应等方面。

评估指标 4 为改进建议，包括五条分解条目，分别是演练策划、演练组织、演练实施、应急管理体制机制和其他。

4.1 演练策划：可从职责分配、资源分配、演练方案等方面进行建议。

4.2 演练组织：可从组织机构、通报方法与程序、处置程序等方面进行建议。

4.3 演练实施：可从指挥、物资保障、协同配合等方面进行建议。

4.4 应急管理体制机制：可从应急机构设置、技术支撑、预案体系、运行程序、协同联动和资金保障等方面进行建议。

4.5 其他：除上述四个分解条目外的其他建议。

2.3 应急演练反馈表及填表说明

2.3.1 应急演练反馈表

应急演练反馈表见附表2.5。

附表2.5 应急演练反馈表
（由参演人员填写）

参演城市： 参演部门： 演练角色：

反馈内容		分值	得分	合计
1. 策划组织	1.1 任务分配	0 ———— 5 ———— 10		
	1.2 职责明确			
	1.3 物资准备			
2. 演练实施	2.1 指挥协调			
	2.2 人员到位			
	2.3 演练效率			
3. 自我评价	3.1 角色适应			
	3.2 职责履行			
	3.3 协作配合			
4. 问题及改进建议		（本项不能空白，必须提出一个及一个以上的问题或改进建议）		

2.3.2 《应急演练反馈表》填表说明

《应急演练反馈表》表由各市应急演练主要参演人员使用，该参演人员必须承担本部门重要职能，演练结束后由本人如实独立填写。

《应急演练反馈表》根据反馈内容，分为四项评估指标，评估指标(1~3)采取自评方式，对每个分解条目(1.1~3.3)参照评分标准逐一打分。评分标准设置为0~10分，两端分别为"0"分端和"10"分端，0分表示该分解条目演练情况极差，10分代表该分解条目演练情况最优，分数越高，演练效果越好。

参演人员填表：各主要参演人员应根据各分解条目实施演练情况在选定的分值上画○，如⑦；分值选择可参考[0, 6)分为"差"；[6, 8)分为"可"，[8, 9)分为"良",[9,10]分为"优"。

评估指标 4 由主要参演人员根据演练实际情况填写。

评估指标 1~4 的评估依据可参考以下几方面内容。

评估指标 1 为策划组织,包括三条分解条目,分别是任务分配、职责明确和物资准备。

1.1 任务分配:演练的任务分配是否合理。

1.2 职责明确:参演部门的职责是否明确。

1.3 物资准备:参演部门的岗位保障是否完备。

评估指标 2 为演练实施,包括三条分解条目,分别是指挥协调、人员到位和演练效率。

2.1 指挥协调:演练中指挥工作是否准确,协调工作是否高效。

2.2 人员到位:参演人员是否能准确、及时到达岗位。

2.3 演练效率:认为演练任务执行效率如何。

评估指标 3 为自我评价,包括三条分解条目,分别是角色适应、职责履行和协作配合。

3.1 角色适应:本人对演练角色的适应程度。

3.2 职责履行:本人履行职责时的到位程度。

3.3 协作配合:本人与本单位人员及外单位人员间的协作配合程度。

评估指标 4 为问题及改进建议。

描述应急演练过程中发现的不足和问题,并提出具有针对性的改进建议。

3 演练评估报告的内容及格式要求

为规范本次综合演练评估总结工作，对演练评估报告的内容和格式有一致性的要求。

3.1 报告内容要求

演练评估报告的主要内容包括下列部分：①目录；②前言；③演练概述；④评估方法和过程；⑤评估结果；⑥改进建议；⑦评估结论。

3.2 报告格式要求

1. 目录

目录必须包括报告的第一级和第二级标题及页码，有三级标题的也可以添加到目录中。

2. 前言

简要介绍演练评估报告的主要内容，包括演练目的、目标、演练实施、评估方法及结果等，内容简洁，篇幅不宜过长。

3. 演练概述

本小节分两部分，第一部分是关于演练的基本信息，应主要包括演练基本信息[包括演练名称、演练类型、时间（始、末）、地点、参演单位]和参加人员数量（可按演练领导人员、演练策划人员、演练评估人员、演练技术保障人员等分类统计）。第二部分是关于演练设计与组织实施，主要包括：①演练的目的。介绍为什么要进行这次演练，并简要回顾演练是如何组织设计的，以及这个过程中遇到的问题。②演练的目标。根据演练方案列举出演练的所有目标。③情景设计概要。对演练情景的设计进行描述。④组织实施过程。对应急演练的组织实施过程进行描述。

4. 评估方法和过程

介绍评估采用的方法和评估实施过程。

5. 评估结果

根据《现场观察记录表》、《应急演练评估表》与《应急演练反馈表》，对评估指标的评估情况进行统计分析和整理汇总，结合现场讲评会与评估小组会的会议记录,提出综合演练过程中存在的问题,形成评估结果。

6. 改进建议

根据评估专家和参演人员提出的问题与改进建议进行整理、汇总及分析,结合评估指标的统计分析结果,形成最终的改进建议。

7. 评估结论

综合定量评估结果和改进建议,结合专家组内部评审意见,由评估秘书组形成本次综合演练的专家评估结论。

附录3 国外应急演练理论与实践介绍

摘要：应急演练，对于提升各国政府的应急决策指挥能力、专业救援队伍的快速反应能力和群众的自救互救能力，以及促使国家整体应急管理工作达到一个新水平都发挥着积极作用。本文对国外应急演练的相关概念、目的、作用、运作流程与实践现状进行了简要介绍，并总结出各国应急演练体系的特点，供以后学习和借鉴。

引言

应急演练是各类事故及灾害应急准备过程中的一项重要工作，已逐渐成为国内外各级政府应急管理工作中的一项常规工作，并制定相关法律、法规及规章制度落实应急演练。近几年，随着世界范围内突发事件的发生呈增多趋势，并且向巨灾发生的趋势也越来越多，如2004年印度洋海啸、2005年美国卡特里娜飓风、2008年中国汶川地震、2010年海地地震、2011年日本地震等。其灾害程度已严重影响到整个国家，甚至是相邻国家。各个国家开始关注大区域及国家层面的应急演练制度，如德国联邦政府定期举办国家战略演练(也称跨州演练)，日本每年开展内阁府防灾演练，美国定期举办所有联邦政府部门参加的联邦应急演练。这些国家通过建立应急演练制度，明确了应急演练领导和组织机构的职责，建立了应急演练的工作规程或指南，形成了以应急演练为载体的国家应急准备体系。

1. 美国应急演练理论与实践

1) 美国应急管理机制及相关法律法规

1979年，美国成立联邦应急管理署，2003年并入国土安全部(Department of Homeland Security，DHS)，其中心任务是保护国家免受各种灾害，减少人员生命财产损失。2011年，为落实2002年颁布的《国土安全法案》，联邦应急管理署发布国家应急演练项目(National Exercise Program，NEP)基本计划。该计划指出，国家应急演练项目是国家级应急准备的重要组成部分。它能够检验应急预案、检测操作能力、保证领导效率，是保护、响应、恢复、缓解自然灾害和恐怖行为的举措。该计划是各级政府、各类组织制订应急演练计划、实施演练、进行评估的标尺性文件。

美国重视通过立法来界定政府机构在紧急情况下的职责和权限，先后制定了上百部专门针对自然灾害和其他紧急事件的法律法规，建立了以《国家安全法》、《全国紧急状态法》、《灾难和紧急事件援助法案》和新的《国家应急反应计划》为核心的危机应对法律体系。而后陆续发布的美国国土安全演练与评估项目（Homeland Security Exercise and Evaluation Program，HSEEP）、国家应急演练项目等，在全国范围为各种应急演练及其评价计划提供了策略性指导以及技术支持。

国土安全部的演练设计都是基于"恐怖情景"，即利用夸张化的情节，结合当地可能发生的突发事件和应急装备实况，设计出一个基于演练对象风险分析和演练目标的脚本，并且各种"危机"都应反映出该设施的优、劣势，以科学的评估演练效果。特别是自美国在2001年遭受"9·11"恐怖袭击事件之后，为加强全国应急准备，美国安全委员会和国土安全部于2003年联合成立了跨机构的情景工作小组，该小组最终提出了15种应急规划情景，具体包括爆炸攻击（核爆炸、简易爆炸装置）、生物学攻击（空气传播炭疽热、肺鼠疫、流感大流行、食品污染、外源性动物疫情）、化学袭击（糜烂腐蚀剂、有毒工业化学品、神经毒气、氯气储罐爆炸）、自然灾害（特大地震、特大飓风）、放射物释放装置及计算机网络攻击，用来评估和指导美国联邦巨灾情境下的预防、保护、响应和恢复等领域的应急准备工作。

2）美国应急演练的内涵与意义

美国的应急演练是在无风险的环境下，用以训练、评估和改进应急预防、准备、响应和恢复能力的核心手段与应急准备的重要内容。应急演练针对的对象是突发事件，对于突发事件，美国定义如下：由美国总统宣布的，在任何场合、任何情景下，在美国的任何地方发生的需联邦政府介入，提供补充性援助，以协助州和地方政府挽救生命、确保公共卫生、安全及财产或减轻、转移灾难所带来威胁的重大事件。

对于应急演练，美国国家应急演练项目提出如下四个目标：①共享智慧、信息、数据和知识，在突发事件威胁国家安全之前，及时制定政策。②让公众了解威胁和灾难，共享最新、最准确、最具操作性的信息。其包括在威胁国家安全的事件中，应当采取什么样的措施、可以获得哪些援助等。③构建并完善统一协同的操作结构和流程。④制订并完善应急预案，明确主体、责任和协作能力，以便为当地社区的恢复提供支撑。

而应急演练的意义，其认为主要体现在以下三个方面：一是提高各类机构和人员面对突发事件的应对能力；二是检验应急预案的科学性和可操作性，检验培训和教育的效果；三是提高部门间在应对突发事件时的协作与配合能力。

3)应急演练的主要类型

美国的应急演练依据实施方式可分为两类,即讨论型演练和实操型演练(附表3.1)。讨论型演练侧重令参与者熟悉预案内容、流程,属于策略导向演练。主持人会在讨论中引导参与者,最终达成演练目标。这类演练形式主要有小型研讨会、专题讨论会、桌面演练和情景模拟游戏等。以桌面演练为代表,即针对突发事件的情景、彼此的角色、应当采取的措施进行口头演练,一般在非正式的教室、会议室等地举行,成本较低。实操型演练侧重于检验预案、政策、协议及应急响应流程,明确各方责任和义务,检验应急资源,侧重在演练场景中进行实际操作以完善应急响应战术。这种演练形式主要有操练、功能演练和全面演练等形式。以全面演练为例,这是与真实情景最为接近的演练,定位于尽最大可能测试真实情况中可能用到的设备及可能涉及的人员,通常由公共机构实施,当地的企业和各类组织参与。从研讨会、桌面演练、情景游戏至功能演练、全面演练,对于演练成本的多少、复杂程度的高低、参与人员的多寡、能力考验的难易程度来讲,要求是逐级上升的。

附表3.1 应急演练分类

讨论型演练(discussion based exercise)	小型研讨会(seminar)
	专题讨论会(workshop)
	桌面演练(tabletop exercise)
	情景模拟游戏(game)
实操型演练(operations based exercise)	操练(drill)
	功能演练(functional exercise)
	全面演练(full-scale exercise)

资料来源:U. S. Department of Homeland Security. Homeland security eGercise and evaluation program. Overview and Doctrine,2005,(Ⅰ):19-28

4)美国应急演练的一般流程

美国国土安全演练与评估项目中完整的应急演练有四大过程(附图3.1)。

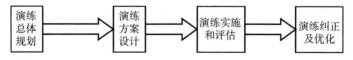

附图3.1 美国应急演练的一般流程

(1)演练总体规划。由演练规划团队组织制定演练对象应急能力评估、演练战略规划、重点能力排序、年度培训与演练计划。演练对象应急能力评估是总体规划的统领,具体过程如下:首先是核心演练能力的重要性排序。通过实地考察演练和结合历史演练报告，评估分析出演练对象的应急能力水平，再利用参演对象能力评估表筛选出演练需要体现的应急能力要素并按重要性排序。其次是发展出国土安全演练战略。根据相关文件结合第一步得出的结论开发该次演练的元政策，为演练实施提供制度保障。最后是将演练战略"翻译"并转化为具体目标注入年度培训与演练计划。

（2）演练方案设计。涉及具体目标设定、演练脚本设计、应急演练评估指南的选择和演练前培训，主要包括以下几个方面：确定参演团体的类型、职能范围并从对象能力评估表格中选出预期检验的应急能力；跟进所选应急能力并确定后续演练行动及演练评估项目；确定演练任务目标、危机情景，设计演练脚本；编写演练相关文档：说明、手册和情景介绍；整合物资；编写演练实施流程；选用演练评估和优化方案。

（3）演练实施和评估。包括演练脚本注入、对象能力评估表格表现评估和演练总结报告编写。其中，演练评估方法流程（附图3.2）主要有以下四个环节。

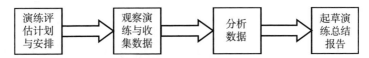

附图 3.2　国土安全演练与评估项目演练评估方法流程

第一，演练评估计划与安排。评估计划必须考虑演练具体信息、演练方案、政策和过程、评估者任务指南和评估工具。通常应急演练评估指南与对象能力评估表格结合使用，从对象能力评估表格中选出演练针对的应急能力后，再从应急演练评估指南体系中选择对应的应急演练评估指南表格。参演对象能力评估表（target capabilities list，TCL）是国土安全演练与评估项目进行应急能力分析的重要工具。对象能力评估表格列举了37种应急能力，包括一般应急能力、应急预防监测能力、应急保护能力、应急响应能力和应急恢复能力，见附表3.2。

附表 3.2　参演对象能力评估表

能力种类	具体内容
一般应急能力	沟通
	社区团体的应急准备和参与
	应急预防规划
	危机管理能力
	情报信息共享和传播

续表

能力种类	具体内容
应急预防监测能力	核生化与高爆武器检测
	信息收集和预警预报信号识别
	情报分析
	反恐调查和执法
应急保护能力	基础设施防护
	流行病学检测和调研
	食品安全防护
	实验室测试
	现场事故管理
应急响应能力	动物卫生应急保健
	居民疏散和庇护安置能力
	重要物资管理和分配
	突发事件操作中心管理水平
	危机信息传播和预报预警
	环境卫生水平
	处置炸弹危机的能力
	恶性事故应急管理
	火灾应急支援能力
	检疫及隔离
	群体关怀（收容、食品供给及相关服务）
	群体疫情预防
	医疗物资供应管理和分配急救
	突发公共安全事件响应能力
	应急响应者卫生安全保障
	院前急诊治疗能力
	搜索和营救
	志愿者和捐资管理
	危险物资应急处置和清除
应急恢复能力	生产和生活恢复
	生命线重建
	结构性毁坏情况估计

资料来源：US/DHS. National Preparedness Guidelines. Washington DC

第二，观察演练与收集数据。讨论型演练中，评估者着重按时间顺序记录讨论内容；实战型演练中则记录行为内容。除记录数据外，评估者要在演练后及时小结记录参演者反馈意见，并写入总结报告。

第三，分析数据。包括演练事件重组和数据分析。在演练事件重组中，评估者汇总数据，缩小数据差异，根据数据识别现实事件和期望事件，分析出应急能力的不足，整理出事件时间轴。数据分析首先根据演练事件重组结果确定演练存在的问题，找出根本原因，提出改进建议。分析方法包括任务层分析、能力层分析和活动层分析(关注细节，分析演练表现的应急能力精通程度)。

第四，起草演练总结报告。由演练规划团队和评估队长起草，内容包括演练总结、表现分析、优势与不足分析和基于数据分析的改进建议。

(4)演练纠正及优化。涉及演练总结、明确改定任务、跟踪任务执行情况等内容，具体流程见附图 3.3。

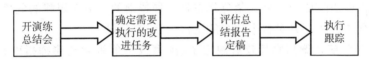

附图 3.3 国土安全演练与评估项目演练纠正及优化流程

演练总结会议要完善演练总结报告并确定改进任务、分配优化任务。之后，编写演练提高方案，描述不足和改进做法，并利用模块化方法开发演练优化活动时间表。会后，演练规划小组汇总和定稿演练总结报告与演练提高方案，更新演练评估方案、演练战略和年度演练培训计划表。管理者可利用演练纠正项目网上系统随时跟踪与报告优化进度。

2. 德国应急演练理论与实践

1)德国应急管理机构及相关法律法规

在德国，由于每个联邦州都有相对独立的"主权"，在一些大的跨地区灾难发生时，很难形成统一领导力。因此从 2003 年开始，德国联邦政府开展名为跨州演练的国家战略危机管理演练，该演练每两年举行一次，目前已举办六次，2015 年的演练正在筹备中(其中，2004 年是全国大停电；2005 年是足球世界杯；2007 年是流行病暴发；2010 年是恐怖袭击；2011 年是国家 IT 网络崩溃；2013 年是遭受生物威胁；2015 年是暴雨造成洪水)。

德国联邦中，专职负责应急管理与救援的是联邦内政部直属的两家机构，分别是联邦公民保护与灾难救助局和联邦技术救援署。前者成立于 2004 年 5 月，负责处理联邦政府有关民事保护的任务，包括突发事件预防、关键基础设施、公民医疗保护、民事保护研究、应急管理培训、技术装备补充及公民自我防护等事务，为民事保护提供信息、知识与服务平台。后者成立于1950年9月，是负责提供技术性较强的现场救援的战术指挥组织，不仅代表联邦政府开展国际人道救援，还根据消防、急救、警察等部门请求实施灾害救助。除此之外，参与应急救援的机构还包括其他联邦部门、联邦军队、联邦警察和联邦刑事调查局等。

德国法律制度逐步完善，出台了多部有关应急救援的法律法规。根据德国基本法的规定，联邦政府负责在战争状态下保护公民人身和财产安全，州政府负责在和平时期向公民提供灾难救助。联邦政府出台的《民事保护法》及州政府出台的《灾难保护法》、《救援法》和《公民保护法》等多部法律，进一步明确划分了各级政府参与公民保护的职责。德国颁布的各种法律表明德国实行属地管理，以州为主体的应急管理体制。联邦州的职责主要是推动议会立法、建设消防与救援力量、集中应急培训、统一救援行动、指挥与协调灾难救援等。联邦政府只有在灾害超出州政府能力范围，州政府请求支援的情况下才会提供应急协调和灾难救助。

2) 德国应急演练的内涵与意义

欧洲人权法院认为：公共紧急状态是一种特别的、迫在眉睫的危机或危险局势，影响全体公民，并对整个社会的正常生活构成威胁。

2009年年底，德国联邦政府制定了《国家战略危机管理演练指南》。该指南将战略危机管理演练定义为由德国联邦政府与州政府危机管理机构和危机管理人员实施，以联邦政府和联邦各州危机管理所面临的极端场景（危机形势）为假想，以提高整个社会的危机响应能力为目的的演练。具体来说，演练的目标是加强联邦各部门间和各州之间应对大规模灾害时的相互协调；促进军队、警务部门、救援部门和社会团体之间的合作与支持；整合来自企业和其他组织机构的广泛社会资源；查找危机管理中的薄弱环节；评估和改进危机管理实效。

由于国家战略危机演练层级高，目标设定针对性强，演练过程组织周密，演练场景逼真，注重演练过程中的应急能力培养，所以对提高德国国家危机管理部门的应急处置能力发挥了重要作用，受到其他欧盟国家的高度重视。

3) 德国应急演练的组织流程

德国国家战略危机管理演练是联邦范围内最高层级的危机演练，由联邦政府总负责，联邦政府、州政府、企业、全社会共同参与。该演练由联邦政府内政部具体负责组织实施，演练主题由联邦和参演各州共同确定，在联邦内政部公民保护局内专设"演练办公室"，该办公室在演练主题等重大问题上，直接对联邦内政部长负责，演练办公室通常由12名成员组成，除专职人员外，还包括警察、救援等部门的主要领导人。在演练中还会设立中央控制小组监督和管理演练，控制小组下设多个部门，其成员包括联邦危机管理部门的负责人、演练专家、跨州演练办公室成员等；参加演练的各州也必须设立相应的演练管理组织架构。

德国的"跨州演练"主要分为演练规划、演练准备、演练实施、演练评估四个阶段(附图 3.4)。其中，规划阶段的工作主要包括场景开发、确定演练参与方、同演练的核心参与方交换演练的原则性意见、起草演练协议等。准备阶段的工作重点是准备好所有重要的演练材料，如初始灾情、演练脚本和信息条及通信计划等，还要对参演者提供指导，准备阶段通常持续 12 个月。演练实施即正式演练，通常持续 2~3 天。2005 年，所有联邦州都参加了以"化学物质威胁引起的严重交通事故"为主题的演练，几十个指挥部大约 3 000 人连续不间断演练了 36 个小时。演练评估是演练结束后根据本次演练获得的新认识撰写的报告，需提供给所有参与演练的单位。

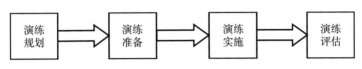

附图 3.4　德国"跨州演练"的主要运作流程

3. 日本应急演练理论与实践

1) 日本防灾应急组织机制

日本的防灾应急指挥体系主要由内阁总理大臣(首相)领导的中央防灾会议和指定的行政机关构成。中央防灾会议的主席是首相，委员由国家公安委员会委员长、有关大臣和专家组成，负责制订防灾基本计划，决定防灾基本方针。指定的行政机关包括指定的公共机关以及都、道、府、县知事和市、町、村长领导的地方防灾会议。各都、道、府、县分别设有地方防灾会议，由知事任主席，负责制订地方防灾计划，此外，还有市、町、村防灾会议，负责实施中央和地方政府的防灾计划。

中央防灾会议的主要作用如下：推进防灾基本计划及防灾计划的制订和实施；推进在发生非常灾害时的紧急措施的制定和实施；接受内阁总理大臣和防灾担当大臣的咨询，审议有关防灾的重要事项。

2) 日本防灾应急法律法规

日本应对灾害的法律法规，可以追溯到明治十三年(1880 年)制定的法律。1880 年，日本明治政府颁布了救助受灾贫民的《备荒储蓄法》。到 20 世纪中后期，日本先后制定了《灾害对策基本法》(1961 年)、《应对激甚(非常剧烈)灾害特别财政援助法》(1962 年)和《防灾基本计划》(1963 年)，以及针对地震、火山、石油、原子能、土砂等灾害的专项法律。到目前为止，日本以《灾害对策基本法》为骨干，共制定有关防灾应急方面的法律约 53 部，其中包括与《灾害对策基本法》相关的法律 5 部；有关灾害预防的法律 16 部；关于灾后重建以及财政金融措施的法律 24 部和防灾应急组织方面的法律 5 部。总之，经过 120 多年的不懈努力，日本已基本形成了一整套完善的法律法规制度体系，为防灾救灾应急工作的高效实施提供了重要保障。

3) 日本应急演练现状

发生在 1923 年 9 月 1 日的关东大地震夺去了 10 余万日本人的生命，也让近 30 万座建筑化为瓦砾。昔日的惨痛教训让日本高度重视防灾工作，将每年 9 月 1 日定为国家"防灾日"。每年的这一天，都要举行有首相和各有关大臣参加的全民性"综合防灾训练"，通过防灾演练让每位大臣、各级政府以及团体和民众熟悉防灾业务，提高应对灾害的能力。演练开始前的准备工作比较细致，首先在大街小巷、道路旁边贴上地图，图上用十分醒目的颜色或标志注明避难的地点和前往这些避难点的路线；挨家挨户地传阅演练时间、内容、程序和相关要求；各町会召集辖区民众进行防灾演练动员并转达国家下发的指令等。2003 年在首相官邸举行所有内阁大臣参加的巨灾应急指挥演练，假定的场景是日本海域地震同时发生，造成 25 000 人死亡（其中海啸死亡 9 100 人），毁坏建筑 55 万栋；2008 年日本政府举行了主题为应对"东南海地震"和"南海地震"的综合防灾演练，演练当天首相官邸设置了"紧急对策本部"，并召集了临时内阁会议，政府各部门迅速投入"救灾"行动中，身着防灾服的日本首相在"地震"发生不久后举行记者会，表示政府已向全国各"灾区"派遣了自卫队、警察、消防人员全力救灾；2009 年 10 月地震海啸演习中，模拟歌山县南部近海发生 8.6 级地震，海啸到达海岸宫崎县场景，包括中央政府、地方政府、公共机构、公众都参与演习，由副首相担任总指挥，参演人数达 300 万。

近年来，日本一种类似角色训练的仿真演练方法被推广应用，对检验和提高决策人员的应变能力有很大的帮助。在这种演练中，参加人员事先不会得到任何关于演练突发事件的信息，而必须根据演练过程中随时获取的信息做出判断和决策，几乎可以以假乱真。

此外，日本十分重视应急科普宣教工作，通过各种形式向公众宣传防灾避灾知识，增强公众的危机意识，提高自护能力，减少灾害带来的生命财产损失。通过灾害分析、实地调查、意见收集、编写样本、集体讨论、印刷发放等环节，居民了解本地区可能发生的灾害类型，灾害的危害性，避难场所的位置、正确的撤离路线，真正做到灾害来临时沉着有效应对。在日本的县市，都建立了市民防灾体验中心，由政府出资建设，免费向公众开放，公众通过体验，感受不同程度的灾害，增强防灾意识；通过实践，掌握基本的自救、互救技能。

4. 国外应急演练体制的特点

通过对美国、德国、日本等国家突发事件应急管理体系和应急演练体制的研究，可以看到当今许多国家的应急管理体系呈现出如下特点和新的发展趋势，值得认真学习。

(1) 应急法律规范的专门化、体系化。多数国家都有比较统一的紧急状态（或应急管理）法律，通常规定宣布紧急状态权力的行使主体、程序、对公民权利的限制以及权利救济等内容。它是应急法制的"基本法",能够保证在复杂原因引起的紧急状态中有统一高效的指挥体系,并在实现紧急权力的同时尽可能尊重公民的宪法权利和原有的宪政秩序。除了统一的紧急状态法以外,许多国家还针对各种具体的紧急情况制定了各类单行法,或由行政机关制定紧急状态基本法的实施细则。例如,美国除了《国家安全法》以外,最重要的就是《全国紧急状态法》和《反恐怖主义法》。美国各州都有州紧急状态法,州长和市长有权根据法律宣布该州或市进入紧急状态。

(2) 应急机构人员的专门化、专业化。设置专门的应急管理体制和机构主要有如下几种模式:一是美国的联邦紧急事务管理局模式;二是德国的联邦公民保护与灾难救助局和联邦技术救援署模式;三是日本在国内设立中央防灾会议模式。但是,不管采用哪一种模式,这些国家大都有一个专门从事应急管理的政府机构作为核心。此外,其他国家也是如此。例如,在加拿大从联邦到地方都设立了专门的机构进行紧急事态的处理工作,其核心机构就是关键基础设施保护与危机准备局;俄罗斯国内设有紧急情况部;新加坡在国内事务部下设立民防部队;瑞士国家应急中心是联邦应对各种类型突发事件的专门技术中心等。

(3) 应急管理体系出现多元化、立体化、网络化的发展趋势。许多突发事件不是一个部门或机构(如警察、消防或医疗机构)可以单独应对的,它们需要来自不同部门和机构的联合与协调,故须以多元化、立体化、网络化的管理体系来应对危机。以日本"中央防灾委员会"为例:该委员会的运作往往不是独立进行的,而是通过直接的沟通渠道与国家的一些部门、机构(如红十字会、NTT[①]电信公司、电台、广播电台和研究行业的有关学者等)合作。

(4) 民间力量的广泛参与。在应急管理领域,政府在掌控资源、专业人才、组织体系等方面虽有优势,但不可避免地存在局限性,因此不管是在应急预警、应急准备阶段,还是在灾难救助阶段,都应积极吸纳和发挥民间力量的作用,提高危机处理效率。例如,在日本,民防志愿者的参与受到高度重视,5万多名民防志愿者接受过基本的民防技术培训,根据所在地区编成若干小组,一旦国家发生灾难或战争,即可转为全职的民防职员和国家公务员。在美国,更是将政府与红十字会等非政府组织以及其他私人组织的合作直接纳入联邦应急计划成为重要内容。总之,突发事件应急管理过程中的公众参与已成为世界性潮流和应急法制现状。

(5) 演习走向经常化、制度化、法定化。从国外情况来看,日常的情景训练和危机应对演习,对于提高危机管理效率、保持社会心理健康、减少危机带来的损失、提高政府的威信等都具有不可估量的作用。这种演习不应当是偶然的,而应当经常化、制度化,并由危机管理立法加以规范。当然,为此需要在危机预防

---

① NTT:Nippon Telegraph and Telephone,日本电信公司。

准备阶段就依法进行必要的人力、财力、物力投入,这也需要应急法制的保障。

(6)专业的培训和救援机制。美国政府非常重视消防教育训练,全国各大中小城市均设有消防训练中心,内部设备完善,有高楼救生训练场所、烟雾试验室、水中救溺训练池等模拟救灾实际情景的训练场所,不仅对消防队员进行训练,还向学校和市民开放。救援队伍分工明确,专业性较强。联邦应急管理署机构现有全职工作人员2600名,这些人员分布在华盛顿的总部以及区域和地方的分部、山地气候应急中心和马里兰的联邦应急管理署机构培训中心。另外,联邦应急管理署还有4000名左右灾害援助后备人员,他们在灾害发生之后可以随时提供援助。

(7)广泛的教育和社会宣传。日本各都道府县教育委员会基本上都编写有《危机管理和应对手册》或者《应急教育指导资料》等教材,指导各类中小学开展灾害预防和应对教育,以及通过广播、杂志、互联网等媒体为公众提供各种应急教育。另外,日本开展"灾害管理日""危险品安全周"等宣传活动,宣传效果十分理想。

(8)应急演练工作的动态管理。应急演练的评估是演练工作中至关重要的一个环节,并非演练一次即大功告成。演练结束后,必须及时对问题进行梳理,总结经验教训,客观真实地将演练过程中发现的问题记录下来,将评估细化至每个细节。一方面,验证当初制订应急预案时设计的响应措施是否具备可操作性,是否达到预期的效果等。另一方面,组织有关部门,联合专家,包括参与演习的各类人员,对演练结果进行评估,听取各方意见和建议,并及时对应急预案进行修订,为今后的预案编制提供实践指导。

5. 总结

从这些国家开展应急演练的实践看,演练主题、内容和方式紧扣实战,演练过程组织周密,并且重视在演练中"查漏补缺"和总结改进,有效提高了联邦(或中央)政府部门、军队、公众之间的沟通和协作能力,大幅提升了国家应急管理水平。例如,2003年以来日本中央政府每年在首相官邸举行所有内阁大臣参加的巨灾应急预案测试演练,假定的场景是日本海域三场地震同时发生,造成25000人死亡(其中海啸死亡9100人),毁坏建筑55万栋,从而为2011年东日本大地震的应对工作打下了坚实基础。2012年10月,"桑迪"飓风横扫美国东海岸人口最密集、经济最繁荣和政治最敏感的地区,造成了100余人死亡,经济损失500亿美元以上,但是远低于2005年"卡特里娜"飓风造成的1000多人死亡,经济损失1000亿美元的规模,这是美国联邦政府持续开展巨灾应急演练和全面加强应急准备制度的重要成果。因此,为确保重大事故发生时各级政府能迅速、有序、有效地开展应急行动,预先制订相关的应急计划或预案,并进行应急演练具有十分重要的意义。

参考文献

曹学艳，刘娟娟.2010.基于情景演变的非常规突发事件态势评估研究[C].第五届全国"应急管理——理论与实践"研讨会，济南

常宏岗，熊钢.2012.大型高含硫气田安全开采及硫磺回收技术[J].天然气工业，12：85-91，133-134

陈建国，潘思铭，刘奕，等.2007.复杂地形下有害气体泄漏的模拟预测与输运规律[J].清华大学学报，47(3)：381-384

陈胜，江田汉，邓云峰，等.2010a.基于H_2S毒性负荷的山区含硫气井应急计划区的划分方法[J].石油学报，4：668-671，675

陈胜，江田汉，邓云峰，等.2010b.复杂地形对含硫气井应急计划区划分的影响[J].中国安全生产科学技术，(4)：5-8

戴金星，胡见义，贾承造，等.2004.科学安全勘探开发高硫化氢天然气田的建议[J].石油勘探与开发，31(2)：1-4

邓云峰.2005.城市重大事故应急演习方法研究——演习目标及其评价准则[J].中国安全生产科学技术，(2)：16-20

邓云峰.2008.毒气泄漏事故人员疏散模型及应用研究[D].北京科技大学博士学位论文

邓云峰，姜传胜.2009.重庆天原化工总厂"4·16"事故人员疏散调查研究[J].中国安全生产科学技术，(3)：30-35

邓云峰，郑双忠.2006.城市突发公共事件应急能力评估——以南方某市为例[J].中国安全生产科学技术，(2)：9-13

邓云峰，李竞，盖文妹.2013.基于个体脆弱性区域疏散最佳路径[J].中国安全生产科学技术，11：53-58

邓云峰，郑双忠，刘功智，等.2005a.城市应急能力评估体系研究[J].中国安全生产科学技术，(6)：33-36

邓云峰，郑双忠，刘铁民.2005b.突发灾害应急能力评估及应急特点[J].中国安全生产科学技术，(5)：58-60

董光喜，孙科元，陈辉璧，等.2000.石油天然气工程总图设计规范(SY/T 0048-2000)[S].北京：石油工业出版社

杜志敏.2006.国外高含硫化氢气藏开发经验与启示[J].天然气工业，26(12)：35-37

范维澄.2005.突发公共事件应急信息系统总体方案构思[J].信息化建设，(9)：11-14

范维澄.2007.国家突发公共事件应急管理中科学问题的思考和建议[J].中国科学基金，(2)：71-76

范维澄，刘奕.2008.城市公共安全与应急管理的思考[J].城市管理与科技，(5)：32-34

范维澄，袁宏永．2006．我国应急平台建设现状分析及对策[J]．信息化建设，(9)：14-17
范维澄，翁文国，张志．2008．国家公共安全和应急管理科技支撑体系建设的思考和建议[J]．中国应急管理，(4)：22-25
高碧桦，李强，张斌．2005．钻井井控技术规程（SY/T 6426-2005）[S]．北京：石油工业出版社
盖文妹，邓云峰，李竞，等．2014．高含硫井场应急广播系统通知效能评估方法[J]．安全与环境学报，(3)：126-131
耿立新，田刚，高井友，等．2004．钻前工程及井场布置技术要求（SY/T 5466-2004）[S]．北京：石油工业出版社
顾祥柏．2001．石油化工安全分析方法及应用[M]．北京：化学工业出版社
管志川，韩志勇，陈庭根，等．2006．钻井工程术语（SY/T 5313-2006）[S]．北京：石油工业出版社
郭艳敏．2012．基于知识元的非常规突发事件情景模型及生成[D]．大连理工大学硕士学位论文
国家安监总局．2005．安全评价（上册）[M]．第三版．北京：煤炭工业出版社
国家安监总局．2006．关于加强高压油气田井控管理和防硫化氢中毒工作的意见[J]．劳动保护，(8)：10-12
国家自然科学基金委员会．2009-02-20．重大研究计划"非常规突发事件应急管理研究"2009年度项目指南[EB/OL]．http://www.nsfc.gov.cn/publish/portal0/zdyjjh/016/info24438.htm
何川，刘功智，任智刚，等．2010．国外灾害风险评估模型对比分析[J]．中国安全生产科学技术，(5)：148-153
何生厚．2007．复杂气藏勘探开发技术难题及对策思考[J]．天然气工业，(1)：85-87，156
何生厚．2008．高含硫化氢和二氧化碳天然气田开发工程技术[M]．北京：中国石化出版社
洪凯，陈绮桦．2011．美国应急演练体系的发展与启示[J]．中国应急管理，(9)：54-59
胡世明，张政，魏利军，等．2000．危险物质意外泄漏的重气扩散数学模拟（1，2）[J]．劳动保护科学技术，20(2)：30-38
黄崇福．2005．自然灾害风险评价——理论与实践[M]．北京：科学出版社
计雷，池宏，陈安，等．2006．突发事件应急管理[M]．北京：高等教育出版社
贾承造，赵政璋，杜金虎，等．2008．中国石油重点勘探领域——地质认识、核心技术、勘探成效及勘探方向[J]．石油勘探与开发，35(4)：385-396
贾忠建．2004．硫化氢中毒事故的处置及应对措施[J]．中国医学理论与实践，14(4)：520-521
江田汉，邓云峰，李湖生，等．2011．基于风险的突发事件应急准备能力评估方法[J]．中国安全生产科学技术，(7)：35-41
姜传胜．2005．人员疏散计算机模拟技术的研究现状和发展趋势[C]．中国职业安全健康协会2005年学术年会论文集，湖北
姜传胜，邓云峰，贾海江，等．2011．突发事件应急演练的理论思辨与实践探索[J]．中国安全科学学报，(6)：153-159
姜传胜，邓云峰，席学军．2007．高含硫化井周边居民疏散安全分析方法[J]．中国安全科学学

报，(9)：9-13，177
姜卉，黄钧.2009.罕见重大突发事件应急实时决策中的情景演变[J].华中科技大学学报(社会科学版)，(1)：104-108
姜秀慧.2011.公众应急准备素质与能力教育体系研究[J].中国安全生产科学技术，(12)：145-151
李红臣，邓云峰.2006.美国应急信息交互协议与规范[J].中国安全生产科学技术，(1)：55-61
李湖生.2008.我国应急体系建设与规划思路[J].劳动保护，(10)：20-22
李湖生.2010.应急管理阶段理论新模型研究[J].中国安全生产科学技术，(5)：18-22
李湖生.2011.国内外应急准备规划体系比较研究[J].中国安全生产科学技术，(10)：5-10
李湖生.2014.美国企业应急预案及其对我国的启示[J].中国安全生产科学技术，(11)：65-70
李湖生，刘铁民.2009.突发事件应急准备体系研究进展及关键科学问题[J].中国安全生产科学技术，(6)：5-10
李湖生，刘铁民.2010.从"3·28"王家岭煤矿透水事故抢险救援反思中国事故灾难应急准备体系[J].中国安全生产科学技术，(3)：5-12
李湖生，姜传胜，刘铁民.2008.重大危机事件应急关键科学问题及其研究进展[J].中国安全生产科学技术，(5)：13-18
李建伟.2012.基于知识元的突发事件情景研究[D].大连理工大学硕士学位论文
李杰训，娄玉华，杨春明，等.2005.油气集输设计规范(GB 50350-2005)[S].北京：中国计划出版社
李俊荣，杜民，黄刚，等.2007.石油天然气安全规程(AQ 2012-2007)[S].北京：中国计划出版社
李克荣.2005.我国应急体系建设中的问题探讨与对策[J].中国安全生产科学技术，(5)：54-57
李求进，张瑄，刘骥，等.2008.基于事故情景分析的液氯泄漏定量风险评价[J].中国安全生产科学技术，(2)：18-21
李时杰，范承武，聂仕荣.2010.普光气田集输系统安全设计理念与认识[J].中国工程科学，(10)：65-69
李仕明，刘娟娟，王博，等.2010.基于情景的非常规突发事件应急管理研究——"2009突发事件应急管理论坛"综述[J].电子科技大学学报(社科版)，12(1)：1-3，14
李仕明，刘樑，王博，等.2009.突发事件应急管理中的情景研究[C].第四届国际应急管理论坛暨中国(双法)应急管理专业委员会第五届年会，北京
李振林，姚孝庭，张永学，等.2008.基于FLUENT的高含硫天然气管道泄漏扩散模拟[J].油气储运，(5)：38-41，65，70-71
林德格伦M，班德霍尔德H.情景规划：未来与战略之间的整合[M].郭子英，郭金林译.北京：北京经济管理出版社
刘建，郑双忠，邓云峰，等.2006.基于G1法的应急能力评估指标权重的确定[J].中国安全

科学学报，(1)：30-33

刘樑，刘力玮，姜科.2010.基于情景表现的非常规突发事件处置全过程研究[C].第五届全国"应急管理——理论与实践"研讨会，济南

刘盛兵，向启贵，李竞，等.2011.现场监测预警平台在高含硫气田应急救援中的应用[J].石油与天然气化工，(5)：432，527-530

刘铁民.2005.突发事件应急指挥系统与联合指挥[J].中国公共安全(学术版)，Z1：31-35

刘铁民.2006.重大事故动力学演化[J].中国安全生产科学技术，2(6)：3-6

刘铁民.2007a.重大事故性质与规律认识[J].中国应急管理，(9)：18-21

刘铁民.2007b.重大事故应急处置基本原则与程序[J].中国安全生产科学技术，(3)：3-6

刘铁民.2007c.重大事故应急指挥系统(ICS)框架与功能[J].中国安全生产科学技术，(2)：3-7

刘铁民.2010a.危机型突发事件应对与挑战[J].中国安全生产科学技术，(1)：8-12

刘铁民.2010b.玉树地震灾害再次凸显应急准备重要性[J].中国安全生产科学技术，(2)：5-7

刘铁民.2011.火灾频发暴露我国城市公共安全系统脆弱性[J].中国安全生产科学技术，(3)：5-9

刘铁民.2012a.应急预案重大突发事件情景构建——基于"情景-任务-能力"应急预案编制技术研究之一[J].中国安全生产科学技术，(4)：5-12

刘铁民.2012b.重大突发事件情景规划与构建研究[J].中国应急管理，(4)：18-23

刘铁民，姜传胜.2013.重特大安全事故防范遏制对策分析[J].中国应急管理，(6)：7-11

刘铁民，王永明.2012.飓风"桑迪"应对的经验教训与启示[J].中国应急管理，(12)：11-14

刘铁民，张兴凯，吴庆善，等.2009.含硫化氢天然气井公众安全防护距离(AQ 2018-2008)[S].北京：煤炭工业出版社

罗艾民，魏利军.2005.有毒重气泄漏安全距离数值方法[J].中国安全科学学报，15(8)：17-21

罗桦槟.1999.工业系统定量风险评估理论与应用研究[D].天津大学博士学位论文

罗音宇，江田汉，邓云峰，等.2008.含硫化氢气井硫化氢扩散危险水平分级方法[J].石油学报，29(3)：447-450

罗云，樊运晓，马晓春.2004.风险分析与安全评价[M].北京：化学工业出版社

马骁霏，仲秋雁，曲毅，等.2013.基于情景的突发事件链构建方法[J].情报杂志，(8)：155-158，149

马兴峙，等.1990.井控问题100例[M].北京：石油工业出版社

佩里R，林德尔M，李湖生.应急响应准备：应急规划过程的指导原则[J].中国应急管理，2011，10：19-25

齐郾新.2003.化学品瞬时泄漏大气影响预测及定量风险分析[D].东华大学硕士学位论文

闪淳昌.2008.危机管理与应急管理研究(三篇)[J].甘肃社会科学，(5)：40

闪淳昌.2012.居安思危 常备不懈——四川省"5·12"防灾减灾综合实战演练观感[J].中国应急管理，(6)：10-11

闪淳昌.2015.应急管理的发展态势与思考[J].安全，(1)：1-2

闪淳昌，周玲，方曼.2010.美国应急管理机制建设的发展过程及对我国的启示[J].中国行政管理，(8)：100-105

盛勇，孙庆云，王永明.2015.突发事件情景演化及关键要素提取方法[J].中国安全生产科学技术，(1)：17-21

施仲齐.1995.核电厂应急计划中若干问题和概念的讨论[J].辐射防护，15(1)：17-24

施仲齐，杨玲.1992.我国在建核电厂烟羽应急计划区大小的研究和建议[J].核科学与工程，12(4)：289-302

宋劲松，邓云峰.2011a.我国大地震等巨灾应急组织指挥体系建设研究[J].宏观经济研究，(5)：818

宋劲松，邓云峰.2011b.中美德突发事件应急指挥组织结构初探[J].中国行政管理，(1)：74-77

孙斌.2009.基于情景分析的战略风险管理研究[D].上海交通大学硕士学位论文

中国石油天然气集团公司工程技术与市场部，石油工程技术承包商协会.2006.中国石油天然气集团公司井喷事故案例汇编[M].北京：石油工业出版社

唐玉杰，侯莹，席学军，等.2009.高含硫气井分户报警技术研究[J].中国安全科学学报，(6)：1，172-176

田信义，孙志道.1995.气藏分类(SY/T 6168-1995)[S].北京：石油工业出版社

王宝军，曲静原.1999.核电站食入应急计划区的划分研究[J].核动力工程，20(5)：462-475

王建光，邓云峰.2009.含硫气井应急管理模式初探[J].中国安全生产科学技术，(5)：59-62

王凌志，郭德勇，李红臣，等.2012.城市综合应急管理若干模式分析研究[J].城市发展研究，(9)：68-73

王善文.2011a.国内外含硫气田应急预案编制对比分析研究[J].中国安全生产科学技术，(10)：46-50

王善文.2011b.含硫气田井喷事故行动计划(IAP)编制研究[J].中国安全生产科学技术，(12)：136-139

王寿平，龚金海，刘德绪，等.2011.普光气田集输系统安全控制与应急管理[J].天然气工业，(9)：116-119，144-145

王文俊，熊康昊.2015.基于"情景-任务-能力"的民航应急管理体系建设[J].交通企业管理，(1)：59-61

王旭坪，李小龙.2010.基于情景分析的应急路径选择研究[C].第五届全国"应急管理——理论与实践"研讨会，济南

王旭坪，杨相英，樊双蛟，等.2013.非常规突发事件情景构建与推演方法体系研究[J].电子科技大学学报(社科版)，(1)：22-27

王永明，刘铁民.2010.应急管理学理论的发展现状与展望[J].中国应急管理，(6)：24-30

王作甫.2003.工程项目风险——理论、方法与应用[M].北京：中国水利水电出版社

吴宗之.2000.二十一世纪安全科学与技术的发展趋势[M].北京：科学出版社

吴宗之，多英全，魏利军，等.2006.区域定量风险评价方法及其在城市重大危险源安全规划中的应用[J].中国工程科学，8(4)：46-49

伍彬彬.2009.高含硫油气矿安全管理与应急系统研究[J].安全与环境学报,(3):117-121

席学军.2005.关于井喷H_2S扩散数值模拟初步研究[J].中国安全生产科学技术,1(1).21-25

席学军.2008.Analysis of the influence of ignition factor on serious accident of blowout[C].国际安全科学与技术学术研讨会论文集

席学军,邓云峰.2007.井喷硫化氢扩散分析[J].中国安全生产科学技术,(4):20-24

席学军,邓云峰.2008.含硫气井的公众防护距离的判定法则研究[J].中国安全生产科学技术,(3):59-62

肖磊,李仕明,李晓林.2009.非常规突发事件管理中的"情景学习"初探[C].第四届国际应急管理论坛暨中国(双法)应急管理专业委员会第五届年会,北京

邢娟娟.2010.应急准备文化体系结构与核心要素研究[J].中国安全生产科学技术,(5):82-86

邢娟娟.2011.应急准备文化的推进与实践[J].中国安全生产科学技术,(9):115-120

邢娟娟.2012.应急准备文化现状调研与分析研究[J].中国安全生产科学技术,(6):79-85

薛澜.2002.应尽快建立现代危机管理体系[J].领导决策信息,(1):27

薛澜.2010.中国应急管理系统的演变[J].行政管理改革,(8):22-24

薛澜,刘冰.2013.应急管理体系新挑战及其顶层设计[J].国家行政学院学报,(1):10-14,129

薛澜,沈华.2011.日本核危机事故应对过程及其启示[J].行政管理改革,(5):28-32

薛澜,陶鹏.2013.从自发无序到协调规制:应急管理体系中的社会动员问题——芦山抗震救灾案例研究[J].行政管理改革,(6):30-34

薛澜,周海雷,陶鹏.2014.我国公众应急能力影响因素及培育路径研究[J].中国应急管理,(5):9-15

薛澜,周玲,朱琴.2008.风险治理:完善与提升国家公共安全管理的基石[J].江苏社会科学,(6):7-11

杨保华.2011.基于随机网络的非常规突发事件情景推演模型及其应用研究[D].南京航空航天大学博士学位论文

杨玲,禚凤高,陈竹舟.1999.核电厂应急计划与准备准则应急计划区的划分(GB/T 17680.1-1999)[S].北京:中国标准出版社

杨文国,贾屹峰,黄钧.2009.非常规突发事件应急决策中的情景分析方法和决策准则研究[C].第四届国际应急管理论坛暨中国(双法)应急管理专业委员会第五届年会,北京

叶奇蓁,李晓明,俞忠德,等.2009.中国电气工程大典(第6卷)核能发电工程[M].北京:中国电力出版社

易高翔,王如君,朱天玲,等.2013.基于三维GIS的油罐区应急管理平台研究与实现[J].中国安全生产科学技术,(11):109-113

殷志明,张红生,周建良,等.2015.深水钻井井喷事故情景构建及应急能力评估[J].石油钻采工艺,(1):166-171

于久如.1999.投资项目风险分析[M].北京:机械工业出版社

袁士义,胡永乐,罗凯.2005.天然气开发技术现状、挑战及对策[J].石油勘探与开发,(6):1-6

袁晓芳.2011.基于情景分析与CBR的非常规突发事件应急决策关键技术研究[D].西安科技大学博士学位论文

岳茂兴,徐冰心,李轶,等.2005.硫化氢吸入中毒损伤特点和紧急救治[J].中华急诊医学杂志,14(2):175-176

云成生,韩景宽,章申远,等.2004.石油天然气工程设计防火规范(GB 50183-2004)[S].北京:中国计划出版社

曾明荣,魏利军,高建明,等.2008.化学工业园区事故应急救援体系构建[J].中国安全生产科学技术,(5):58-61

曾明荣,吴宗之,魏利军,等.2009.化工园区应急管理模式研究[J].中国安全科学学报,(2):172-176

张承伟,李建伟,陈雪龙.2012.基于知识元的突发事件情景建模[J].情报杂志,(7):11-15,43

张建文,安宇,魏利军.2007.化学危险品事故应急响应大气扩散模型评述[J].中国安全科学学报,17(6):12-16

张明.2015.美国应急预案体系建设经验借鉴研究[J].中国安全生产科学技术,(5):154-158

张数球.罗家寨.2009.气田和普光气田开发设计优化方案[J].中外能源,14(7):34-37

张兴凯.2011.社会管理不可或缺的一部分:事故应急管理[J].中国人大,(16):12-13

张兴凯,邓云峰.2009.含硫化氢天然气井失控井口点火时间规定(AQ 2016-2008)[S].北京:煤炭工业出版社

张永领,陈璐.2014.非常规突发事件应急资源需求情景构建[J].软科学,(6):50-55

章博.2010.高含硫天然气集输管道腐蚀与泄漏定量风险研究[D].中国石油大学博士学位论文

赵俊平.2007.油气钻井工程项目风险分析与管理研究[D].大庆石油学院博士学位论文

赵文智,胡素云,董大忠,等.2007."十五"期间中国油气勘探进展及未来重点勘探领域[J].石油勘探与开发,34(5):513-520

甄守元,张云连,冯希忠.2004.天然气井工程安全技术规范第1部分:钻井与井下作业(Q/SHS 0003.1 2004)[S].北京:中国石油化工集团公司

郑双忠,邓云峰.2006.城市突发公共事件应急能力评估体系及其应用[J].辽宁工程技术大学学报,(6):943-946

郑双忠,邓云峰,江田汉.2006a.城市应急能力评估体系Kappa分析[J].中国安全科学学报,(2):69-72

郑双忠,邓云峰,江田汉.2006b.城市应急能力评估指标体系核心项处理方法研究[J].中国安全生产科学技术,(5):20-23

郑维田,高碧华.2005.含硫化氢油气井安全钻井推荐作法(SY/T 5087-2005)[S].北京:石油工业出版社

《中国能源发展报告》编辑委员会.2007.2007中国能源发展报告[M].北京:社会科学文献出版社

周进军,李洪泉,邓云峰,等.2009.地震灾害综合应急能力评估研究[J].中国安全生产科学

技术, (3): 56-60

周开吉, 王波. 2004. 井喷失控喷流运动学特征参数确定方法[J]. 天然气工业, 24(3): 78-80

朱光有, 戴金星, 张水昌, 等. 2004a. 中国含硫化氢天然气的研究及勘探前景[J]. 天然气工业, (9): 1-5

朱光有, 张水昌, 李剑, 等. 2004b. 中国高含硫化氢天然气的形成及其分布[J]. 石油勘探与开发, 31(3): 18-21

朱伟, 郑建春. 2014. 面向智慧城市的城市地下管网信息管理体系构建探讨[J]. 办公自动化, (S1): 67-69

朱渊. 2010. 高含硫气田集输系统泄漏控制与应急方法研究[D]. 中国石油大学博士学位论文

宗蓓华. 1994. 战略预测中的情景分析法[J]. 预测, (2): 50-55

Bennett G F. 1997. 道化学公司火灾、爆炸危险指数评价方法[M]. 中国化工安全卫生技术协会译. 第七版. 北京: 中国化工出版社

AGensten P. 2009-11-15. Modeling and visualizing short term impact of a nuclear accident on transportation flows[EB/OL]. http://www.f.kth.se/~f95-paG/Gjobb/AGensten_Peder.pdf

Andersen L B. 1998. Stochastic modeling for the analysis of blowout risk in eGploration drilling [J]. Journal of Reliability Engineering and System safety, (61): 53-63

Baker E J. 1991. Hurricane evacuation behavior[J]. International Journal of Mass Emergencies and Disasters, 9(2): 287-310

Blackmore D R, Herman M N, Woodward J L. 1982. Heavy gas dispersion models[J]. Journal of Hazardous Materials, 6: 107-128

Bottelberghs P H. 2000. Risk analysis and safety policy developments in the netherlands[J]. Journal of Hazardous Materials, 71: 59-84

CA/AER. 2009-11-24. Directive 071: emergency preparedness and response requirements for the petroleum industry [EB/OL]. http://www.aer.ca/documents/directives/Directive071-with-2009-errata.pdf

Canada Alberta Energy and Utilities Board. 2001. ID 81-3, minimum distance requirements separating new sour gas facilities from residental and other developments[EB/OL]. http://www.ercb.ca/docs/ils/ids/pdf/id81-03.pdf

Canada Alberta Energy and Utilities Board. 2003a. ID 97-06, sour well licensing and drilling requirements[EB/OL]. http://www.ercb.ca/docs/ils/ids/pdf/id97-06.pdf

Canada Alberta Energy and Utilities Board. 2003b. Directive 071: emergency preparedness and response requirements for the upstream petroleum industry (formerly Guide 71)[EB/OL]. http://www.ercb.ca/docs/documents/directives/Directive071_2005.pdf

Canada Alberta Energy and Utilities Board. 2008. Directive 071: emergency preparedness and response requirements for the petroleum industry[EB/OL]. http://www.ercb.ca/docs/documents/directives/Directive071.pdf

Canada Alberta Energy and Utilities Board. 2010a. ERCBH$_2$S a model for calculating emergency response and planning zones for sour gas facilities volume 1: technical reference document [EB/OL]. http://www.ercb.ca/docs/public/sourgas/eubmodelsdraft/Volume1_ERCBTechnicalReference_200807.pdf

Canada Alberta Energy and Utilities Board. 2010b. EUBH$_2$S a model for calculating emergency response and planning zones for sour gas facilities, Vol. 2: emergency response planning endpoints[EB/OL]. http://www.ercb.ca/docs/public/sourgas/eubmodelsdraft/Volume2_ERPEndPoints.pdf

Canada Alberta Energy and Utilities Board. 2010c. EUBH$_2$S a model for calculating emergency response and planning zones for sour gas facilities, Vol. 3: user guide[EB/OL]. http://www.ercb.ca/docs/public/sourgas/eubmodelsdraft/Volume3_ERCBUserGuide_200807.pdf

Canada Alberta Energy and Utilities Board. 2014. Directive 056: energy development applications and schedules[EB/OL]. http://www.ercb.ca/docs/documents/directives/directive056_April2014.pdf

Chan W R, Price P N, Gadgil A J, et al. 2003. Modelling shelter-in-place including sorption on indoor surfaces[C]. Lawrence Berkeley National Laboratory

Chang M, Tseng Y, Chen J. 2007. A scenario planning approach for the flood emergency logistics preparation problem under uncertainty[J]. Transportation Research Part E, 43: 737-754

Chester C V. 1988. Technical options for protecting civilians from to Gic vapors and gases[R]. Dak Ridge National Lab, TN(USA)

Drabek T E. 1986. Human System Responses to Disaster[M]. New York: Springer-Verlag Inc.

Drabek T E. 2012. Human System Responses to Disaster: An Inventory of Sociological Findings [M]. Berlin: Springer Science & Business Media

Durran D R. 1978. A study of long range air pollution problems related to coal development in the Northern Great Plain[J]. Atmospheric Environment, 13(7): 1021-1038

EN, BS. 1999. 50126, Railway applications-the specification and demonstration of reliability, availability, maintainability, and safety (RAMS)[C]. British Standard.

Farmer F R. 1967. Siting criteria-a new approach[C]. Proceedings of the IAEA Symposium on Nuclear Siting

Fischer Ⅲ H W, Stine G F, Stoker B L, et al. 1995. Evacuation behaviour: why do some evacuate, while others do not? A case study of the Ephrata, Pennsylvania (USA) evacuation [J]. Disaster Prevention and Management, 4(4): 30-36

Galea E R, Gwynne S, Lawrence P J, et al. 2003. Building EGODOUS V4.0: user guide and technical manual[C]. University of Greenwich, UK

Georgoff D M, Murdick R G. 1986. Manager's guide to forecasting[J]. Harvard Business Review, 1(2): 110-120

Gershuny J. 1976. The choice of scenarios[J]. Futures, 8: 496-508

Gwynne S, Galea E R, Owen M, et al. 2002. An investigation of the aspects of occupant behavior required for evacuation modeling[J]. Evacuation From Fires, 2: 31-72

Han L D. 2005. Evacuation modeling and operations using dynamic traffic assignment and most assignment and most desirable destination approaches [J]. Transportation Research Board, 2401(5): 78-83

Hobeika A G, Kim C. 1998. Comparison of traffic assignments in evacuation modeling[J]. IEEE Transactions on Engineering Management, 45(2): 192-198

Huss W R, Honton E J. 1987. Scenario planning: what style should you use? [J]. Long Range Planning, 20 (4): 21-29

Iordanov D L. 1966. On diffusion from a point source in the atmospheric surface layer[J]. Atmosphere Oceanic Physics, 2: 576-584

Jiang H, Sui J, Huang J. 2009. A comparative study on the application of scenario analysis to different response stages of emergency management[C]. Beijing, International Symposium On Emergency Management

Kahn H, Wiener A. 1967. The Year 2000: A Framework for Speculation on the NeGt Thirty Three Years[M]. New York: MacMillan

Kirchsteiger C. 2006. Current practices for risk zoning around nuclear power plants in comparison to other industry sectors [J]. Journal of Hazardous Materials, A136: 392-397

Kuligowski E D. 2009-11-05. Review of 28 egress models, national institute of standards and technology[EB/OL]. http://www.fire.nist.gov/bfrlpubs/fire05/PDF/f05008.pdf

Kumamoto H, Henley E J. 1996. Probabilistic Risk Assessment and Management for Engineers and Scientists(2nd ed.)[M]. New York: The Institute of Electrical an Electronics Engineers, Inc.

Leigton P A. 1961. Photo Chemistry of Air Pollution[M]. New York: Academic Press

Lindell M K. 2008. EMBLEM2 an empirically based large-scale evacuation time estimate model [J]. Transpartation Research Part A: Policy and Practice, 42(1): 140-154

Local Emergency Planning Committee of City of Deer Park. 2010-08-16. Shelter in place study [EB/OL]. http://www.deerparklepc.org/aboutus/SIPstudy.html

Matthias C S. 1992. Dispersion of a dense cylindrical cloud in a turbulent atmosphere [J]. Journal of Hazardous Materials, 30(2) : 117-150

Michigan Department of Environmental Quality. 2006. Michigan's oil and gas regulations[EB/OL]. http://www.michigan.gov/deq/0, 1607, 7-135-3311 _ 4111 _ 4231—S, 00.html

Mohan M, Panwar T S, Singh M P. 1995 . Development of dense gas dispersion model for e-mergency preparedness [J]. Atmospheric Environment, 29(16): 2076-2087

Mukerjee D. 2008. Sheltering in place[C]. Presentation at NASTTPO/EPA Conference, Las Vegas

Nilsen E F. 1992. Analysis of Blowout risk on offshore installations[D]. Phd Thesis, University of Trondheim, (NTH), Trondheim, Norway

Paul N F. 1998. Steps towards Scenario Planning[J]. Engineering Management Journal, 8(5): 243-246

Porter M E. 1982. Competitive Advantage[M]. New York: Free Press

Railroad Commission of TeGas. 2013-08-23. CHAPTER 3 oil and gas division[EB/OL]. http://info. sos. state. tG. us/pls/pub/readtac $ eGt. ViewTAC? tac _ view =4&ti = 16&pt = 1&ch=3&rl=Y

Rezaei C, Al Mehairy M M K, Al Marzooqi A. 2001. Health, safety and environment impact assessment for onshore sour gas wells[J]. SPE 71439

Rogers G O, Sorensen J H. 1988. Diffusion of emergency warning[J]. The Environmental Professional, 10: 281-294

Rogers G O, Sorensen J H. 1990. Diffusion of emergency warning[J]. The Environmental Professional, 10: 281-294.

Rogers G O, Sorensen J H. 1991. Diffusion of Emergency Warning: Comparing Empirical and Simulation Results[M]. New York: Plenum Press

Rogers G O, Watson A P, Sorenson J H. 1990. Evaluating Protective Actions for Chemical Agent Emergencies[M]. Federal Emergency Management Agency

Scargiali F, di Rienzo E, Ciofalo M, et al. 2005. Heavy gas dispersion modeling over a topographically compleG mesoscale: a CFD based approach[J]. Process Safety and Environmental Protection, 83(3): 242-256

Schnaars S P. 1987. How to develop and use scenarios[J]. Long Range Planning, 20 (1): 105-114

Schoemaker P J H. 1991. When and how to use scenario: a heuristic approach with illustration [J]. Journal of Forecasting, 10(6): 549-564

Sorensen J, Mileti D. 1989. Warning and evacuation: answering some basic questions[J]. Industrial Crisis Quarterly, 2: 195-210.

Sorensen J H, Shumpert B L, Vogt B M. 2004. Planning for protective actiondecision making: evacuate or shelter-in-place[J]. Journal of Hazardous Materials, A109: 1-11

Spicer T O, Havens J A. 1985. Modeling the phase I thorney island eGperiments[J]. Journal of Hazardous Materials, (11): 237-260

Sklavounos S, Rigas F. 2004. Validation of turbulence models in heavy gas dispersion over obstacles[J]. Journal of Hazardous Materials, 108 (1-2): 9-20

US/DHS. 2006. National planning scenarios (Final Version 21. 3) [R]. Washington D C

US/DHS. 2008. National response framework[R]. Washington D C

US/DHS. 2013. Homeland security eGercise and evaluation program[R]. Washington D C

Wilson I. 2000. From scenario thinking to strategic action[J]. Technological Forecasting and Social Change, 65(1): 23-29

Wilson R, Crouch E A C. 1987. Risk assessment and comparison: an introduction[J]. Science, 236(4799): 267-270